JN091550

留学していたカナダ・アルバータ州での恐竜化石発掘の様子。

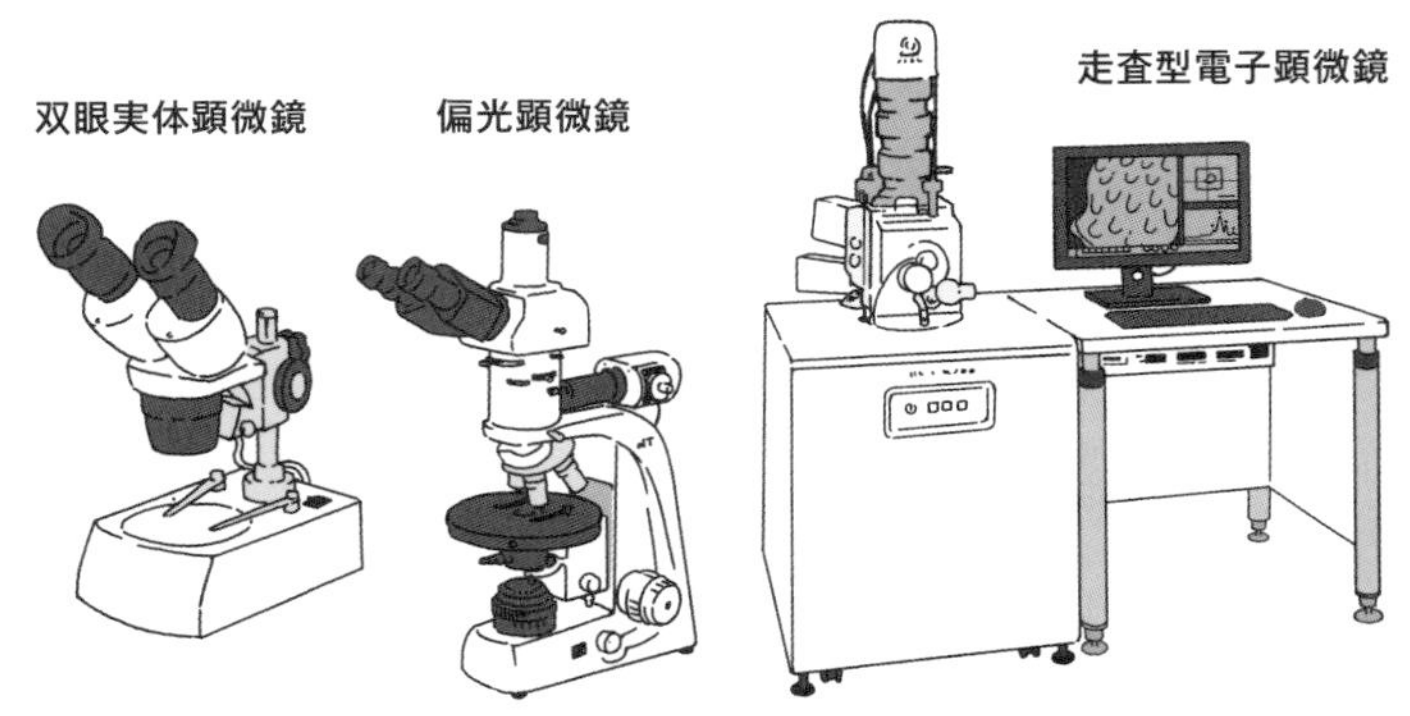

卵殻の観察に使う顕微鏡。それぞれ役割が異なる。

カナダ・アルバータ州にある恐竜営巣地「悪魔の峡谷」
では無数の卵殻化石が散らばっている。

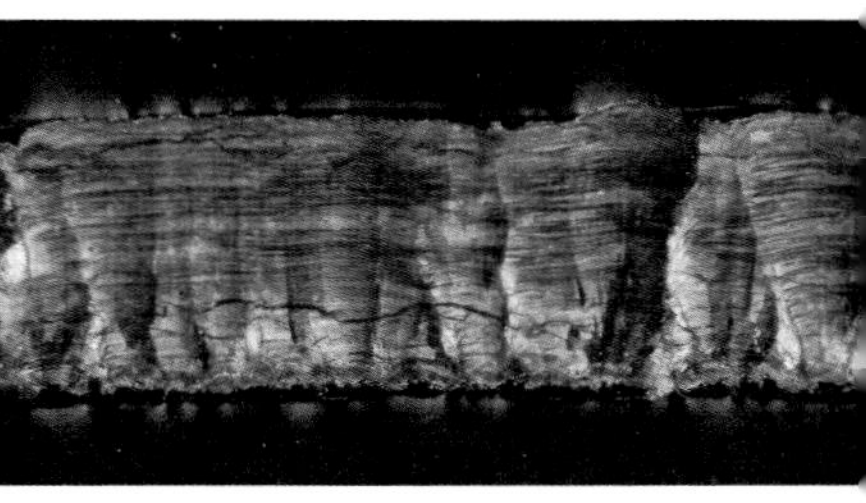

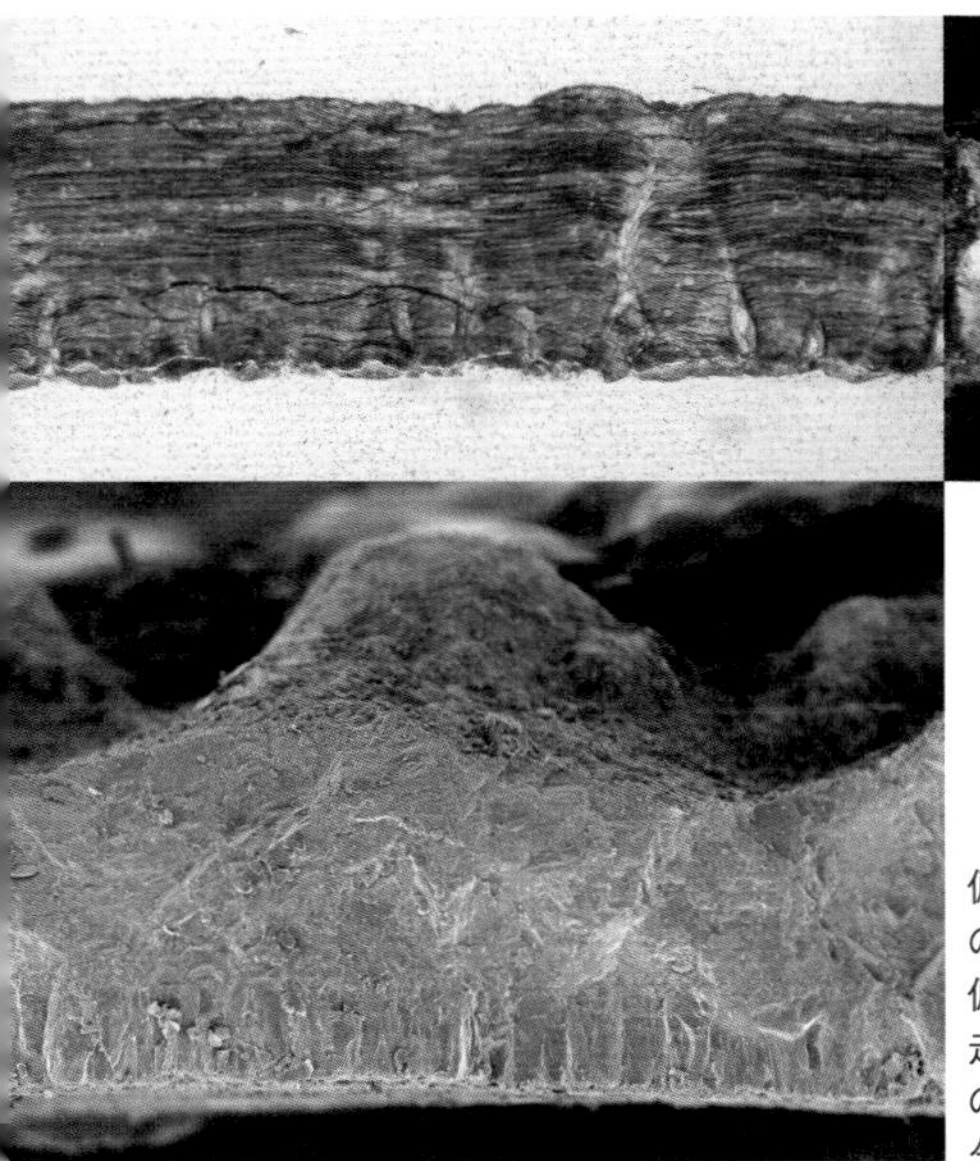

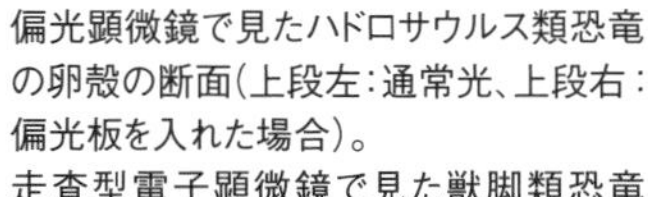

偏光顕微鏡で見たハドロサウルス類恐竜の卵殻の断面（上段左：通常光、上段右：偏光板を入れた場合）。
走査型電子顕微鏡で見た獣脚類恐竜の卵殻の断面。２層になっていることが分かる。

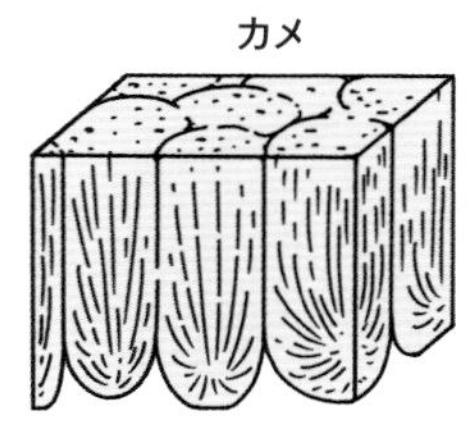

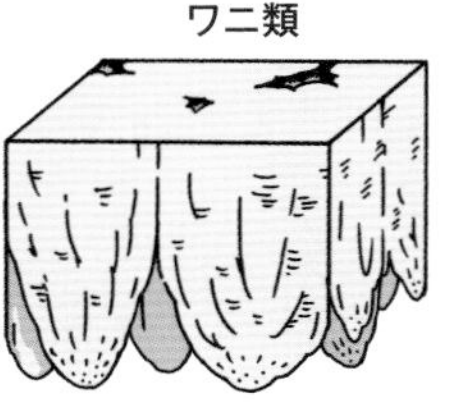

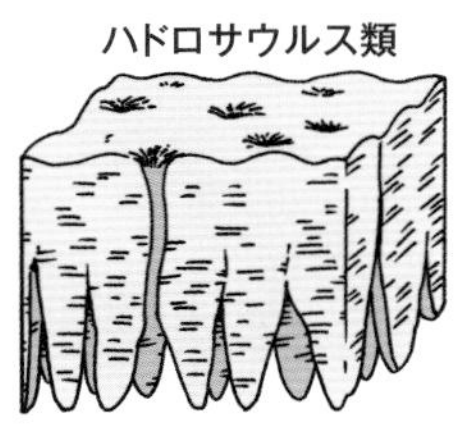

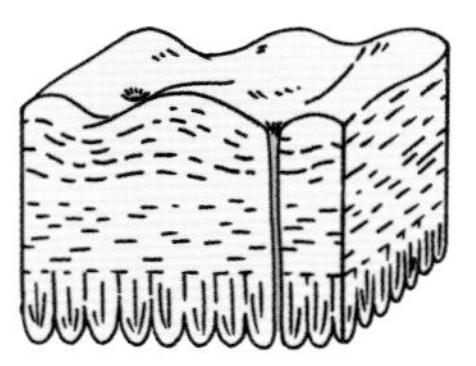

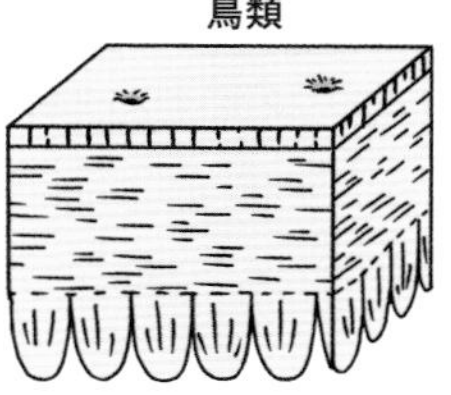

卵殻構造の模式図。グループによって卵殻の構造が異なる。

モンゴル・ゴビ砂漠でのフィールドワークの様子。テントを設営し、まずは１杯！

小型オヴィラプトロサウルス類の見事なクラッチ化石（中国江西省産）。卵が円形に並んでいる。

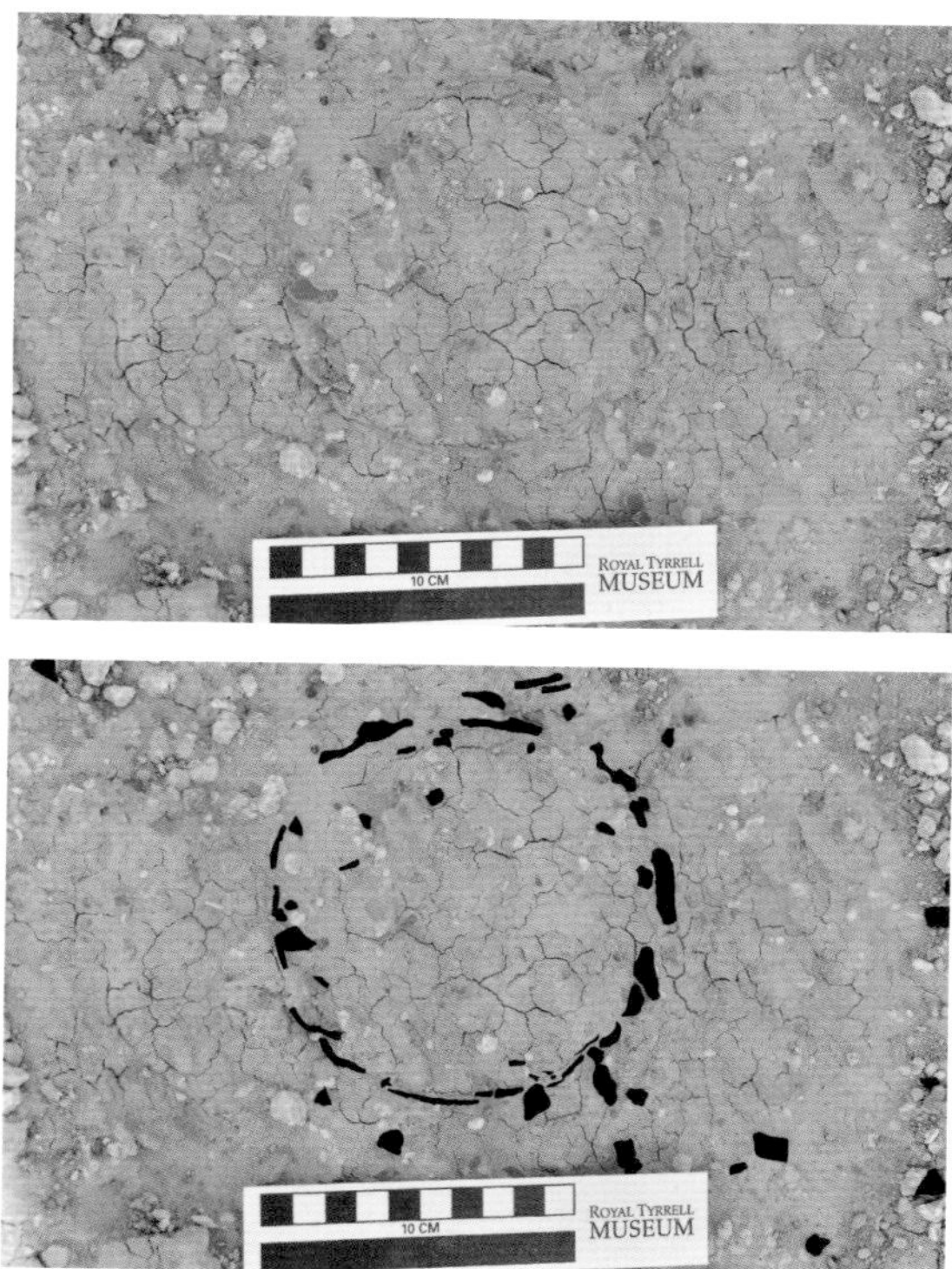

テリジノサウルス類の卵化石が地面から顔を出している。下の写真では卵殻片を黒色で示している。

上：カナダ・ダイナソー州立公園での恐竜化石の発掘。露出した化石をマス目ごとに記録する。
中：新緑のノーズヒル公園(カルガリー)。お気に入りの散歩コースのひとつ。
下：ロイヤル・ティレル古生物博物館の収蔵庫。引き出しの中には小さな化石がいっぱい。

薄暗い標本保管室で卵化石を計測している様子。この作業を朝から晩まで繰り返す。

ウズベキスタンでのフィールドワーク。果たして恐竜化石は見つかるだろうか。

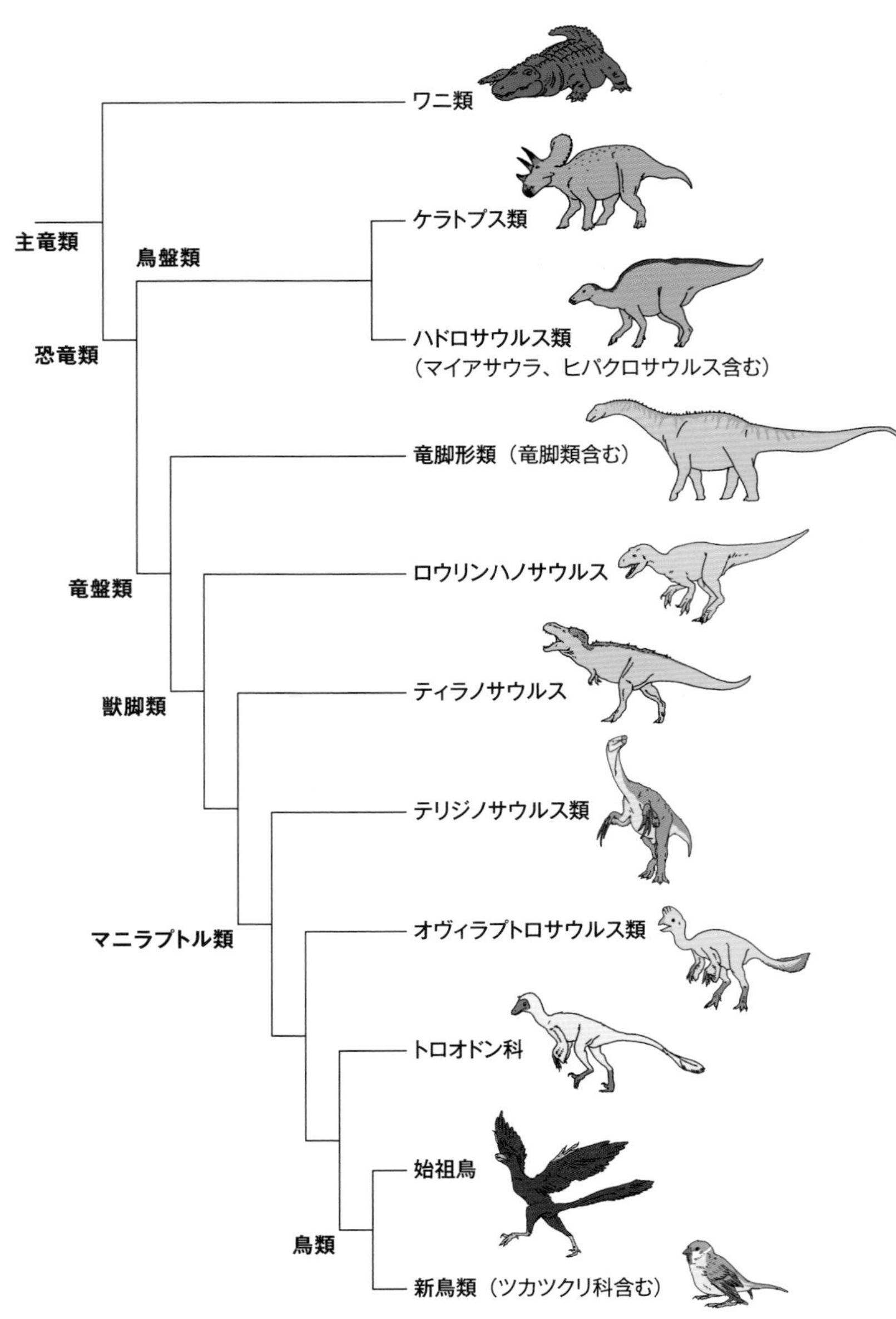

本書に登場する主な恐竜とそれに近縁な動物たちの系統樹。

恐竜学者は止まらない！

読み解け、卵化石ミステリー

田中康平

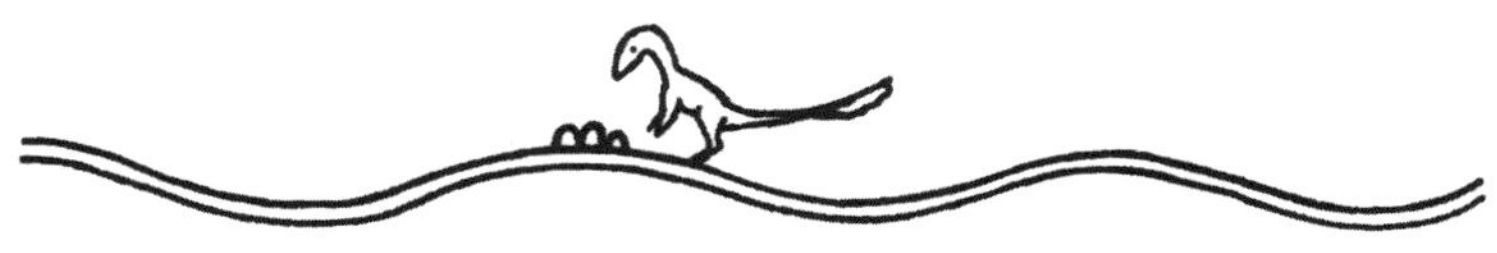

創元社

はじめに

「恐竜研究をしていて、つらいと思ったことは何ですか？」

先日、ある中学校のクラスでお話しする機会があった。いろいろな職業の人に質問をぶつけ、生の声を聞いてみる授業だ。新型コロナウィルスの感染が広がる二〇二〇年、私はリモート会議で富山県の中学一年生に恐竜研究についてお話しした。画面の中で、生徒たちが礼儀正しく起立、礼、着席する。自然と私の背筋もピンと伸びた。

「つらいと思ったことはまったくありませんヨ。楽しいことならたくさんあります！」

私はそう答えた。未来ある中学生に話を盛っているわけでも、嘘を言っているわけでもない。恐竜研究をしていて、本当に楽しく、つらいと思ったことは一度もないのだ。

では、恐竜研究のどういうところが楽しいのか。本屋さんに行けば恐竜の本がたくさん並んでいるけれど、研究者の生の声を伝えた本は意外と少ない。研究はたいてい、成果しか取り上げられない。その過程にこそ、ドラマがあったりするのに。そこで本書は、恐竜研究がどうやって生まれ、完成するのか、私の研究を例にお話ししたいと思う。

恐竜研究の舞台裏——これは、私が子供の時の疑問でもあった。「大人になったら恐竜研究をするんだ」と勇み立ってみても、外国の砂漠で化石の発掘調査をしている様子以外、イメージが湧かない。そもそも研究者って、毎日いったい何をして過ごしているのだろう。これは、大いにナゾであった。当時、それに答えてくれる本はなかったし、そんな大人も私の周りにはいなかった。でも今なら恐竜研究者の日常について答えることができる。私自身の日常をお話しすればよいのだ。

自分の研究について講演すると、お客さんから「ほほー、まるで見てきたようなことを言いますね」とコメントをもらうことがある。ごもっともだ。タイムマシンを持っていない以上、生きた恐竜を見に行くことはできない。研究者の言っていることが一〇〇%正しいとは限らない。そこで私は「研究のすえ、現段階でこれがもっともらしい仮説なのです」と答えることになる。どうしてそういう結論に行き着いたのか。それをお見せするのが本書である。第1章だけは導入として私自身の経験が話の中心だけれど、それ以降の章は研究そのものが主役だ。

そういうわけで、本書は恐竜について知識を深めるための本ではありません。恐竜について詳しく知りたいと思っている方は、本書をそっと本棚にお返しください。そして同じ棚に並ぶ拙監訳書『恐竜の教科書』(創元社)あたりを手に取ってもらうのはどうだろう!

本題に入る前に、読者の皆さんにお断りしておきたいことが一つある。私は恐竜を研究していると言っても、ティラノサウルスやトリケラトプスなどのスター恐竜を扱っているわけではないし、日本から見つかったレアな骨格化石を調べているわけでもない。私のメインの研究対象は、地味な卵化石である。本書にはチビッコ憧れのティラノサウルスもトリケラトプスも登場しない。出てくるのはマニアックな卵化石ばかりだ。カッコいい恐竜ファンの皆さんへ、この下に最初で最後のティラノとトリケラのイラストを載せておきます。ご査収ください。

卵化石と聞いて、なんかつまらなそうだなあ、興味ないなあ、と思った方、ちょいとお待ちを。

皆さんは、「化石」と聞くと何を思い浮かべるだろうか。「アンモナイト」「三葉虫」「マンモス」「恐竜」？　あるいは、「大昔のもの」とか「古臭い」とか「死」だろうか。

「化石」には、「死」のイメージが付きまとう。大昔の生き物の遺体や遺物が化石になるのだから、それは当然だろう。でも、化石になった生き物にも、地上を駆け回り、水中をスイスイ泳ぎ、大空を自由に飛びまわり、生を謳歌（おうか）した時代があった。

私が題材にしている恐竜の卵化石は、「恐竜が誕生する瞬間」の化石である。恐竜たちが生きていたという強烈な証なのだ。

卵化石の研究によって、恐竜の中には群れを成して巣を作ったり、緑色の卵を産んだり、鳥のように抱卵（ほうらん）した種がいたことまで分かっている。オスが巣作りを行うイクメン恐竜がいたことだって知られている。化石から、恐竜たちの生き生きとした行動や習性が垣間見（かいまみ）られるのだ。

そう言われると、卵化石も案外面白そうだと思いませんか？　本書が伝えたいのは「恐竜研究は楽しい」ということ。本書は中高生・大学生、そして一般の方に読んでもらいたいと思っているが、教訓じみたことや研究者になるためのアドバイスは出てこない。研究者を志す若い皆さんには、研究の楽しささえ伝われば十分なはずだ。

さあ、丸くて硬くて面白い、恐竜の卵化石研究の世界へ、いざ行かん！

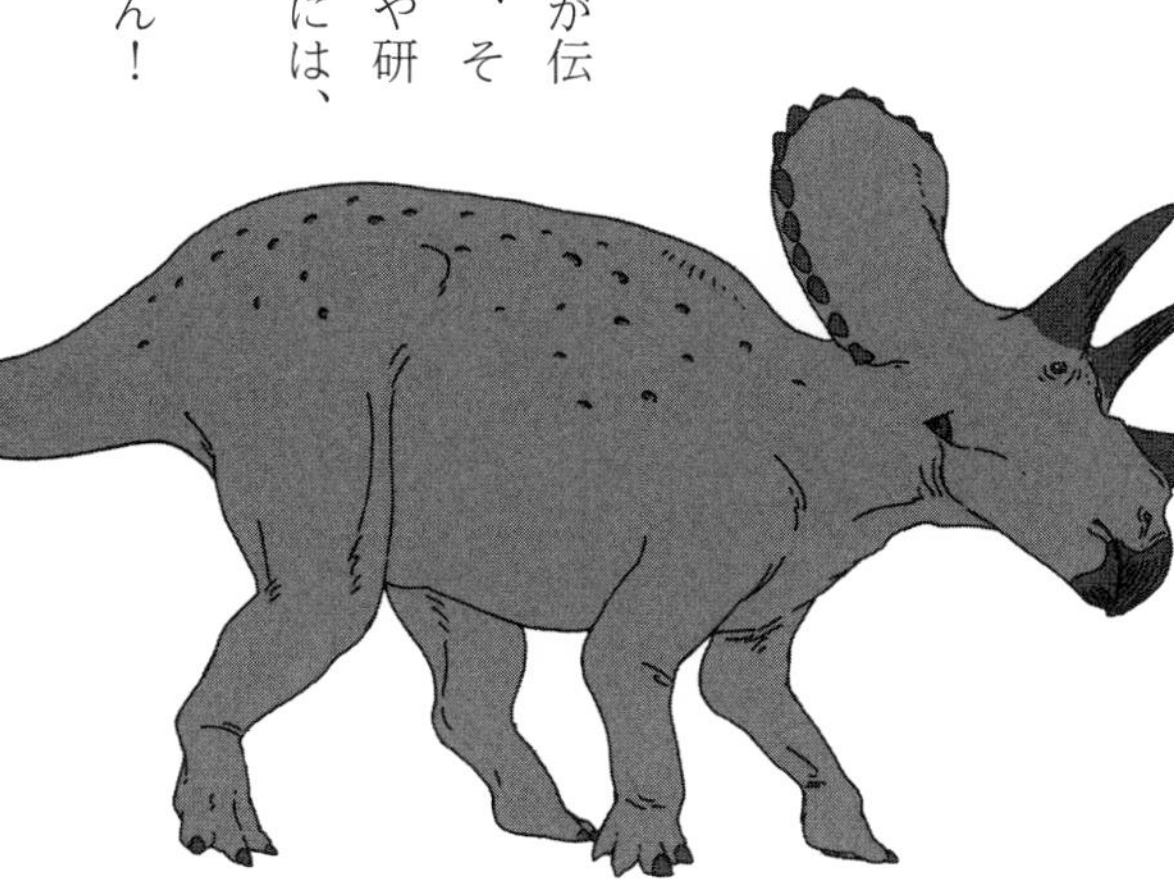

目次

第5章 ゴビ砂漠の集団営巣のナゾを追え！……255

第6章 安楽椅子研究のススメ……299

CANADA
CALGARY

第1章
さあ、カナダで恐竜研究を始めよう！

1　ジャックポット！

鈍く光る破片

目の前に、地層がむき出しの小山が一つ。そこを目指して調査チームのメンバーが歩き始める。乾いた風が頬を撫（な）でた。土や草の匂いを含んでいて、カナダ・アルバータ州の夏を実感する。斜面の中腹に張り付いて目を凝（こ）らす。泥が固まってできた地層は、表面が風化していて、足を置くたびにボロボロと崩れていく。

「どこだ、どこにある？」

ギリギリまで顔を斜面に近づけて、視界の隅々まで凝視する。狙っている獲物はとても小さい。土砂の中に紛れ込んでいるはずだ。

小石の中に混ざって、鈍く光る黒い破片が見えた。

「あった！　卵殻（らんかく）だ」

小指のツメよりも小さな破片は、八四〇〇万年も前に恐竜たちが生きていた証だ。化石と聞くと、「死」のイメージがあるが、卵殻化石は違う。「誕生」の証なのだ。卵殻は、恐竜の赤ちゃんが最初に触れるもの。恐竜たちの一生は、卵からスタートする。卵を調べれば、恐竜たちの

「生きる」が見えてくるはずだ。私はそれを追い求めている。

カナダ・アルバータ州バーディグリス峡谷で卵殻化石を探す。

卵殻は一つ見つかると、次々と見つけられるようになる。目が慣れてきて、視野の中で自動的に小石と卵殻が選別されていく。私が張り付いている斜面のあちこちに、卵殻が散らばっていることが分かった。

「ダーラ、ここです。このあたりに卵殻が密集しています」

指導教官のダーラ・ザレニツキー博士も登ってきて卵殻を探す。みるみるうちに、サンプル袋がいっぱいになった。私たちが夢中になっていたので、小山の下で化石を探していたフランソワ・テリエン博士が声を張り上げた。

「どうしたんだい？　そこに何がある？」

風で声が消えてしまわないよう、ダーラが嬉しそうに叫んだ。

「ジャックポット（大当たり）を引き当てたわ！」

白亜紀の万華鏡

　フランソワの運転でカルガリーに戻り、私は一目散に研究室の顕微鏡に向かった。卵殻を観察するのが待ちきれない。いったい、どんな卵殻なのだろう。

　双眼実体（そうがんじったい）顕微鏡をのぞくと、肉眼では捉えられない卵殻化石の美しい世界が広がった。黒い卵殻、茶色い卵殻、クリーム色の卵殻。表面がつるつるしていたり、ザラザラしていたり……。山脈のように険しい稜線（りょうせん）が表面を覆っているものや、筋や小山のようなコブがあるもの、しずくのような装飾模様がついているものまである。よく見ると、殻の表面に小さな穴も開いている。破片には、一つとして同じ形状のものはない。顕微鏡の丸い視野の中には卵殻の破片が無数に散らばり、あたかも白亜紀（はくあき）の万華鏡のようだ。私は今、白亜紀をのぞいている。

　この中に、いったい何種類の卵殻が含まれているのだろう。私が見ている卵殻は、アルバータ州の恐竜時代の地層の中でも、ちょっと珍しい時代のものだ。恐竜化石があまり見つかっていなくて、どのような恐竜が生きていたのか、情報が少ない。空白時代だ。その上に堆積した新しい時代の地層からは、恐竜の骨格化石がたくさん見つかっている。発見があまりにも多いから、世界遺産になった土地もある。そこを目指して、毎年夏になると世界中から恐竜研究者が集まる。アルバータ州が恐竜研究のメッカと言われるゆえんだ。

レアな地層の卵殻化石はなぜ重要か。これらの卵殻を産んだ恐竜の種類が分かれば、不明だったこの時代の恐竜たちの存在を明らかにすることができる。ほんの小さな卵殻片でも、重要な情報を秘めている可能性がある。含んでいる情報が違うので、骨化石ではできないことが、卵殻化石では可能だ。私たちはそこに目をつけ、「バーディグリス峡谷（クーリー）」と呼ばれる荒野で卵殻化石を探していた。このエリアでは前年に初めて卵殻化石が見つかり、今回、卵殻化石の出どころとなる層を探し当てたのだ。

カナダで恐竜の卵化石をとことん研究する！　恐竜の「生きる」を探るために。卵化石の魅力に取りつかれた私は、大発見を目指して、日夜研究に取り組んでいた。

2　卵化石研究との出会い

恐竜学者登場

私が卵化石にのめり込んだ理由、それは、卵化石研究が面白いからに他ならない。研究に没頭する機会を作ってくれたのは、多くの素晴らしい研究者たちだ。彼らと出会えたおかげで、今の研究がある。

まず登場するのが、北海道大学総合博物館の小林快次（よしつぐ）博士だ。今や〝ダイナソー小林〟先生として名高い恐竜博士も、私が出会った頃は北大で職を得たばかりの若手研究者だった。小林先生は二〇〇五年五月、北大に赴任した。その時、私は北大理学部の二年生だった。

その日、私は授業が終わったあと、小林先生の研究室に向かった。北大札幌（さっぽろ）キャンパスの初夏は透きとおるようにさわやかだった。新緑のハルニレから木漏れ日が落ちて、理学部ローン[※1]の芝生をまだらに染めている。ただし淡い光は北大総合博物館の内部までは届かない。博物館は薄暗く、古い建物特有の独特の匂いが充満している。ここだけ時間が止まったかのようだ。つやつやした木の手すりに触れながら正面のらせん階段を上がると、アインシュタイン・ドームと呼ばれる白亜の天井が姿を現す。レリーフの中のフクロウを仰ぎ見ながら古生物展示室を横切り、「ここから先はスタッフ・オンリー」の廊下を進む。廊下はさらに暗い。両サイドには各教授の研究室が並び、部屋の前に雑多な書類や荷物が積み上げられている。部屋の中にもモノがあふれていることが容易に想像できる。廊下のずっと奥に、小林快次助手（当時）の研究室があった。

ノックすると、「はーい」という低い声が聞こえてきた。初めて会う恐竜学者。緊張はマックスに達した。小林先生の第一印象は、圧倒的威圧感を放つ兄貴といったところだ。エネルギーがみなぎっている。霊能力者でなくても、小林先生が身にまとう正のオーラが見えるようだ。こんなにも若い恐竜学者を初めて見た。

私を前にして、小林先生は堂々と言い放った。

「恐竜を研究したいんだったら、授業すべてで優を取りなさい。テストでは一番を取ってきなさい」

キャッキャとキャンパスライフを楽しんでいた大学二年生の私は、その日から、必死に授業に取り組むようになった。良い成績を収めないと恐竜を研究させてもらえない。是が非でも優の成績を取らなくてはいけない。明確な目標ができたことで、むしろ大学生活が充実していった。

そもそも、こんなラッキーなことはない。恐竜研究者の方から、私のいる大学にやってきたのだ。それまで、日本では恐竜を専門に扱う大学の研究室はなかった。学生の選ぶ道は、自己流で恐竜研究を始めるか、恐竜ではない古生物の研究をするか、あるいは研究が盛んな海外へ留学するかくらいしかない。

恐竜研究がしたい私は、高校二年生の終わり頃、福井県立恐竜博物館に進路相談をしてみた。電話で対応してくれた学芸員の方は大変親切で、いくつか大学名を挙げてアドバイスしてくれた。そのうちの一つが北海道大学だった。

「ただ、北大は恐竜を扱っていないし、君が卒業研究を始めるまでには、今いる古脊椎（こせきつい）動物学の先生は退官しちゃうよ」

どの大学に進もうが、恐竜研究者はいない。漫画『動物のお医者さん』（白泉社）を愛読し、北の大地にあこがれていた私は、北大に進学することにした。すると大学二年生の春、恐竜学者がやってきた。

「君が恐竜を研究したい学生だね。前の職場で話を聞いていたよ。運が良かったねえ。電話対応は僕の担当だったんだけど、あの日はたまたま席を外していてね。代わりに親切な同僚が答えてくれたんだ」

小林先生の前職は福井県立恐竜博物館の学芸員だった。なんでも、あの手の電話はよくかかってくるから、小林先生は「東大かハーバード大に行ってください」と言って電話を切ってしまうそうだ。真偽の程は定かではないが、ここでも私はラッキーだったことを知った。

卵化石パラダイス

その後何とか良い成績をマークし、私は希望どおり、小林研究室に配属された。卒業研究のテーマは「中国広東（カントン）省と河南（かなん）省の恐竜卵化石の記載と分類」。なぜ卵化石を研究することになったかと言うと、小林先生がいくつか研究テーマのヒントをくれた際、一番ピンと来たからだ。

特に卵化石に思い入れがあったというわけではなく、直感的に「あ、じゃあそれをやらせてください」と選んだだけだ。まさかその後、今に至るまで卵化石を研究し続けることになるとは夢にも思っていなかった。

卒業研究が始まると、大学生活はより忙しくなり、より充実したものになった。すぐに中国での調査が計画され、単身ポーンと送り出された。中国に行くのは初めてだ。ここでお世話になったのが、私にとって第二の重要人物、ジュンチャン・ルー博士だ。

ジュンチャンは小林先生の大親友であり、大学院時代の後輩だ。北京の地質科学院で恐竜や翼竜の研究をしている。私が大学三年生だった秋、三か月間だけ北大総合博物館の客員研究員としてやってきて、意気投合した（と感じた）。その後、メールでやり取りをし、大学四年生の初めに中国へ卵化石を調査しに行くことが決まった。

「卵化石たくさんアルヨ」と言われるままに中国の奥地にやってきた。私が訪れた村の一つはあまりにも田舎で、私が外国人と言っても信用してもらえなかった。パスポートを見せると、村人はとても驚いた。

「本当に日本人（リーベンレン）か！」

私の顔は南方系の中国人に似ているらしい。Wi-Fiも飛んでいない二〇〇七年、世界はまだ広かった。

ジュンチャンは努力の恐竜学者だ。自分の足でコツコツ歩いて恐竜化石を探す。田舎の村に行き、一軒一軒、農家を訪ねてまわる。化石の情報を聞き出し、発見の機会を探る。その途中で卵化石を見つけて、私に調査の機会を与えてくれる。ジュンチャンのことはお話ししたいことがたくさんあるので、また別の章で詳しく触れることにしよう。

ジュンチャンと訪れた広東省河源（ヘーユアン）市は、卵化石研究を始めた私にとって、衝撃的な町だった。博物館の倉庫に収められていたのは、床を埋め尽くす卵化石。壁際には卵を入れたケースが高く積み上げられている。ここだけで、何千個もあるのではないだろうか。広東省河源市は、卵化石が世界で最もたくさん見つかる地域としてギネスブックにも載ったほどだ。その日も博物館に「卵化石が見つかった！」という連絡があり、工事現場に向かった。私も同行させてもらい、卵化石の回収作業に立ち会う。赤茶色の岩から丸い卵がポコポコと顔を出していた。河源市では、そこらじゅうで卵化石が発見されている。

にもかかわらず、この地で卵化石を研究する人は誰もいないという。幸運にも、卒業研究に取り組み始めて一か月にも満たない私が研究させてもらえることになった。こんなラッキーなことはない。ジュンチャン、小林先生、ありがとうございます。

その日から一〇日間、卵化石をひたすら調査する毎日が始まった。片っ端から計測し、写真を撮る。表面の特徴を記録し、調査ノートに気づいたことをメモする。ソフトボールほどの卵化石は内部が土砂で満たされていて、ずっしりと重い。一日中、かがみ込んで卵化石を調べていると腰が痛くなる。でも痛みを忘れるぐらい、調査は楽しい。徐々に調査ノートにデータが増えていくことが嬉しくてたまらない。新発見が待っているかもしれないと思うと、やめられないのだ。研究って、こんなに楽しいものだったのか。

小林先生の足音

世界随一の卵化石パラダイスから北大に戻ってきて、得られた卵化石データの分析を開始した。広東省河源市の卵化石には、大きさや形状が違うものがあり、明らかに何種類か含まれているようだった。この地域は骨化石があまり見つかっていないので、卵化石が当時の恐竜の多様性を知る指標になりそうだ。恐竜化石としては珍しく、卵化石は大量にデータを集めることができる。そこで見よう見まねで統計分析をしてみることにした。卵化石を、統計処理によって分類できるだろうか。

中国河源市でひたすら卵化石を計測する日々を送る。

私たち古脊椎動物学生の部屋は、総合博物館の南西端最上階にあった。小林先生の研究室のある廊下を突きあたりまで進み、屋上へと続く狭い階段を上がると、屋上に出る手前に部屋がある。屋上階に作られているから、そこだけ一軒家のようである。隠れ家のようで居心地がとても良い。屋上から眺める理学部ローンは格別だ。鳥の目線でハルニレの巨木を一望できる。

博物館は古いから、階段を上がると「ギイィー」と音がする。小林先生の足音が聞こえると、部屋には緊張が走る。

小林先生は研究に対して大変厳しく、学生にも容赦ない。私は、今やっている卵化石の統計分析の結果を説明した。

「このヒストグラム[※2]にはピークが二つあるので、二種類の卵化石が含まれていることが分かります。ピークとピークの間の、谷の部分で二つに分ければ……」

自分の考えを伝えると、小林先生はすべてを見透かしたような目で私の頭の中を読んでくる。

「ふーん。で、どうやって二つに分けるの？　そこは主観的に分けちゃうわけ？　そもそも、このヒストグラムにはもっとたくさんの卵の種類が含まれているかもしれないじゃん。強引に二種類に分けていいの？」

私よりも私の研究に詳しいし、一瞬で研究のあやふやな点を見抜いてしまう。ハヤブサに見つかったネズミの気分だ。私は統計学をもっと勉強することにする。

小林先生は厳しいが、学生思いである。常に学生のことを気にかけてくれ、ほどほどの距離感で道を踏み外さないように助言をくれる。私たち学生とも年齢が近く、兄貴のようだ。研究室メンバーで飲みに出かけては、研究の相談に乗り、テキーラを豪快に飲んでいた。

誰かいい学生いない？

小林先生のもとで研究するのは素晴らしいことだが、大学院では留学したいと思っていた。この頃はまだ、「恐竜研究と言えば海外へ留学」という考えが強かった時代だ。小林先生もかつて修業した北米で、本場の恐竜研究にまみれてみたかった。でも、どこに留学すればよいのだろう。自分は留学してどういう研究がしたいのだろう。このまま卵化石研究を続けるべきか。研究を始めたばかりの私にとって、留学先を決めるのは容易ではなかった。

そんなある日、モンゴル帰りの小林先生が嬉しいニュースを持ってきてくれた。ゴビ砂漠で発掘調査をしている時、同じ調査チームのカナダ人研究者、ダーラ・ザレニツキー博士が「ヨシ、誰かいい学生はいない？」と小林先生に相談を持ち掛けてきたのだ。ダーラはカルガリー大学地球科学科で職を得たばかりの研究者で、小林先生とは同世代。新しく研究室を立ち上げたため、学生を探しているということだった。

ダーラ・ザレニツキー博士と言えば、卵化石研究の第一人者じゃないか！

「Zelenitsky」という名前は、卵化石の論文で何度も見かけていた。名字に「sky」が入っていて、イカした名前だと思っていた。というか、名前が読めないので、「スカイ博士」で覚えていた。卵化石研究の巨人たち、例えば中国のチャオ、ロシアのミクハイロフ、アメリカのハーシュ[※3]などと並んでたくさんの論文を書いていたので、てっきり大御所（おおごしょ）の学者かと思っていた。まさか、小林先生と同世代の若手研究者だったとは。

卵化石を研究していて、大学院では留学したいと思っていたら、卵化石の専門家の方から学生を探しているという一報が舞い込んできた。しかもその人物は自分の指導教官の共同研究者。こんなラッキーな話があるだろうか。いや、ない！　ここでも運が味方してくれた。

さっそく私はダーラに連絡を取り、その年の秋にテキサス州オースティンで開かれた米国古脊椎動物学会で初めてダーラに会うことになった。自分の卒業研究をプレゼンしたところ、ダーラは熱心に聞いてくれた。これが功を奏し、カナダに来ても良いということになった。まだ英語が不安だから、まずは翌年の春から、英語学校へ通うことにした。

進学先が決まれば卒業研究にはさらに力が入る。卵もさらに好きになる。動物園や牧場に連絡し、いろいろな鳥や爬虫類（はちゅうるい）が産んだ要（い）らない卵殻を分けてもらった。鳥の卵殻をゴミ袋いっぱいに詰めて地下鉄に乗る姿は、さぞや怪しかったことだろう。安心してください。これは死体ではありません。ただの卵殻です。現在の動物の卵を集めて、恐竜卵化石との比較に使うのだ。現代の卵は、化石とはまた違った美しさがある。生き物が作り出した芸術品だ。卵の描く曲線、色、模様。自然という一見無秩序な世界にあって、卵は完成されている。ヨーロッパの貴族がかつて鳥の卵収集を趣味としていた気持ちが分かる。

ここまで、私はとても運が良かった。狙いすましたように学生生活の分岐点で幸運が舞い降りてきた。このまま運に身を委ね、カナダに乗り込み、恐竜の卵化石研究の世界に飛び込もう。

3　カナダにやってきた！

女武将ダーラ

ドアをノックすると、「カム・イン」という声が聞こえた。二〇〇八年六月中頃、私はダーラ・ザレニツキー博士の研究室を訪ねた。こぢんまりとした研究室にたたずむダーラはキリリとしていて、優しくも厳しい雰囲気。まるで女武将だ。顔つきから自分の意見を絶対に曲げない強い意志が感じとれる。

ダーラ・ザレニツキー博士。
卵化石研究のトップランナー。

「テストはどうだった？　英語学校はもう慣れた？」

カルガリー大学教育学部付属の英語学校に通い始めて一か月半、朝から午後三時頃まで毎日授業があった。その日は中間テストを受けていた。

「まあ、まずまずでした」

英語学校では、語学力に合わせて三段階のコースが設定されている。上級コースまで修了すると、TOEFL（トーフル）などの語学試験のスコアを提出しなくても、カルガリー大学と大学院に出願することができる。私は学期初めのプレースメント・テスト（クラス分けテスト）の結果、初級コースからのスタートとなった。

クラスには、高校生くらいのサウジアラビア人からボリビア出身の主婦まで、いろいろな年齢、国籍の学生が集まっている。日本人は私一人だけ。授業は当然、英語のみ。最初のうちは先生が何を言っているのか全然理解できなかった。初級クラスのはずなのに、みんな英語をペラペラ話した。しばらくカナダに住んでいる学生が大半だったのだ。「初級クラスなのに、ズルいぞ！」と思っても、「ズルい」を英語に訳せない。

私はしょっちゅう、仲良くなった隣の席のコロンビア人の学生に、「今、先生は何て言ったの？」とか「今は何をやればいいの？」とこっそり聞いていた。先生はそれに気づくと、「コーヘイ、分かったかい？」と助けてくれることがよくあった。

英語を喋れるようになりたければ、「すべて物事を英語だけで考えるようにしないといけない」そうだ。日本語を介して頭を使っていたら、いくら経っても上達はしない。「英語で夢を見られるようになったら、上達した証だ」と先生は言った。

研究テーマがほしい

一とおりつたない英語でダーラと英語学校のことや世間話をしたあと、私は本題を切り出した。

「何か、一年くらいで終わる研究テーマをください」

英語学校では、宿題や課題が毎日どっさり出る。これをこなすのは結構大変だ。それでも、修士課程に入るまでの間、研究から離れるのはつまらないと思い、ダーラに簡単な研究プロジェクトがほしいと訴えた。するとキャビネットからティッシュ箱くらいの紙箱を取り出して、「じゃあ、これを研究してみなさい」と標本を渡してくれた。中には、アメリカ・ニューメキシコ州フルーツランド層という白亜紀後期の地層から採集された卵殻の破片の化石がどっさり入っていた。

ダーラからのプロジェクト「ニューメキシコ州産の卵殻化石を同定せよ」がスタートした。

4　卵殻研究プロジェクト、始動！

君の親は誰なのさ

同定、それは、標本を分析し、その属性を明らかにすることである。この場合、卵殻化石の正体を突き止め、グループ分けすることだ。

では、卵化石をどうやって分類していくのか、ここで簡単に説明したい。古生物学者が卵化石と言う場合、それは厳密には卵殻化石だ。卵の中の黄身や白身、そして発育中の赤ちゃん(胚)は、たいてい化石として保存されていない。化石として残るのは、硬い炭酸カルシウムの卵殻だ。卵殻の内側にへばりつく卵殻膜も一緒に化石化している場合があるが、稀である。

たとえ完全な形状を保った卵でも、卵の中身は土砂に埋まって化石化する過程でなくなってしまう。卵は埋蔵されるうち、割れ目から入った土砂で満たされるか、空洞の中に二次的に炭酸カルシウムの結晶が形成される。私は、もともとの形状が残る化石を卵化石と呼び、破片になってしまったものを卵殻化石と呼んでいる。

卵化石研究には、とても大きな問題がある。それは、多くの場合、卵を産んだ親が誰だか分からないということだ。卵化石・卵殻化石だけが見つかる場合、親の恐竜は分からない。

例えば、皆さんが森を歩いていて、鳥の卵を一つだけ拾ったとしよう。巣から落ちてきたのかもしれない。よほど特徴的な場合を除いて、卵だけを見て、それを産んだ鳥の種類を特定できる人はほとんどいないと思う。どうすれば種類が分かるだろう。しばらく卵を温めて、ヒナを孵化させてみてはどうだろうか。ヒナが大人になる頃には、種類の判別がつきそうだ。つまり、卵だけでは難しいが、その動物個体と一緒だったら、種類を特定することができる。ちなみに、勝手に野鳥を飼育することは禁止されているのでご注意を。

卵化石も同じである。親の種類が特定できるのは、骨化石と一緒に見つかる場合だけだ。それは、①卵の中に赤ちゃん（胚）の骨の化石が入っている場合、②卵と一緒に孵化した赤ちゃんの骨格化石が見つかる場合、③卵を温めている最中（抱卵状態）の親の骨格化石が見つかる場合、そして④親のお腹の中に産卵前の卵化石が見つかる場合である。ただし、このような化石は超レアで、滅多にお目にかかれないシロモノだ。

卵化石自体は大量に報告されている。中国やアルゼンチンなどの化石産地では、何百、何千、何万という規模で見つかっている。私が卒業研究で訪れた広東省河源市が、卵化石パラダイスであることはすでに述べたとおりだ。ただし、こんなパラダイスでも、卵化石と一緒に見つかった骨化石はまだ一つもない。

一四〇年続く卵化石研究の中で、恐竜の胚化石が報告された例は三〇ほどだけだ。抱卵状態の化石や、卵をお腹に抱えた化石なんて、数例しかない。卵の持ち主を探すことは、実はめちゃくちゃ大変である。ここに、卵化石研究の難しさがある。

それでも、骨と卵が一緒に見つかった過去の事例から、いくつかのグループの恐竜ではどういう卵を産むのか判明している。例えば、ハドロサウルス類やプロトケラトプス、竜脚形類※4のマッソスポンディルスや竜脚類のティタノサウルス類、獣脚類のトルヴォサウルス、ロウリンハノサウルス、アロサウルス、テリジノサウルス類、アルヴァレツサウルス類、オヴィラプトロサウルス類、トロオドン科、デイノニクスなどでは卵化石が確認されている。逆に言えば、これら以外の恐竜では、卵化石がまだ見つかっていないということになる。有名なティラノサウルスもトリケラトプスもステゴサウルスも、卵はいまだ不明なのだ。もしかれらの卵化石を見つけることができれば、大発見になる。ダーラは以前、雑誌のインタビューで今後の目標を聞かれた時、「ティラノサウルスの卵化石を見つけたい」と語っていた。

卵化石の命名法

世界では何千、何万という卵化石が見つかっているので、その圧倒的多数は親の分からぬ名もなき卵ということになる。名前を与えられず、「卵化石」といっしょくたにしてしまっては、研究するうえで不便だ。だから、卵化石には独自の分類法が存在する。これを、卵の副分類法

（エッグ・パラタクソノミー）と言う。

　卵化石は、大きさや形状、殻の厚み、卵殻表面の特徴や卵殻の微細な構造によって分類されていく。生き物の場合、「ヒト科ヒト属ヒト」のように「科・属・種」などのカテゴリーがあるが、卵化石にも同じように「卵科（らんか）・卵属（らんぞく）・卵種（らんしゅ）」がある。例えば、アルバータ州で見つかる細長い卵化石は、「プリズマトウーリサス卵科」の「プリズマトウーリサス（卵属）・リーバイス（卵種）」という学名が付いている（「リーバイス」はダーラが大学院生の時に命名した）。これまでに、二〇ほどの卵科、六〇以上の卵属、一五〇以上の卵種が報告されている。

　つまり、卵化石は、骨化石と独立して命名法があるということだ。もし、卵の学名が決まったあとに胚化石が見つかり、親の種類が分かったらどうなるのか。この場合、骨の学名と卵の学名の両方が存在することになる。例えば、最近中国で見つかった恐竜の胚骨格化石は「ベイベロン・シネンシス」と命名された。この恐竜の卵化石は古くから知られていて「マクロエロンガトウーリサス・シーシャエンシス」と呼ばれている（卵化石の学名は往々にして長くて覚えづらい）。もともとは一つの恐竜由来なのに、それぞれの学名が付けられるのはちょっと不思議だ。卵そのものを指す場合は卵化石の学名が、親や赤ちゃん恐竜を指す場合は骨に基づく学名が使われる。ちなみに先の「プリズマトウーリサス・リーバイス」は「トロオドン・フォーモサス」という小型獣脚類恐竜の卵である。ホグワーツ魔法魔術学校の呪文みたいだ。

胚化石の発見により、ハドロサウルス類の産む卵は「スフェロウーリサス」、ティタノサウルス類の産む卵は「メガロウーリサス」というように、対応関係が分かっていれば、たとえ卵化石だけが見つかったとしても、親のグループを推測することができるようになる。さらに、新しい種類の卵化石であっても、既存の卵殻の構造と比較することにより、だいたいのグループが推測できるのだ。恐竜研究の主流は骨化石だが、卵化石にも、独自の世界が広がっている。

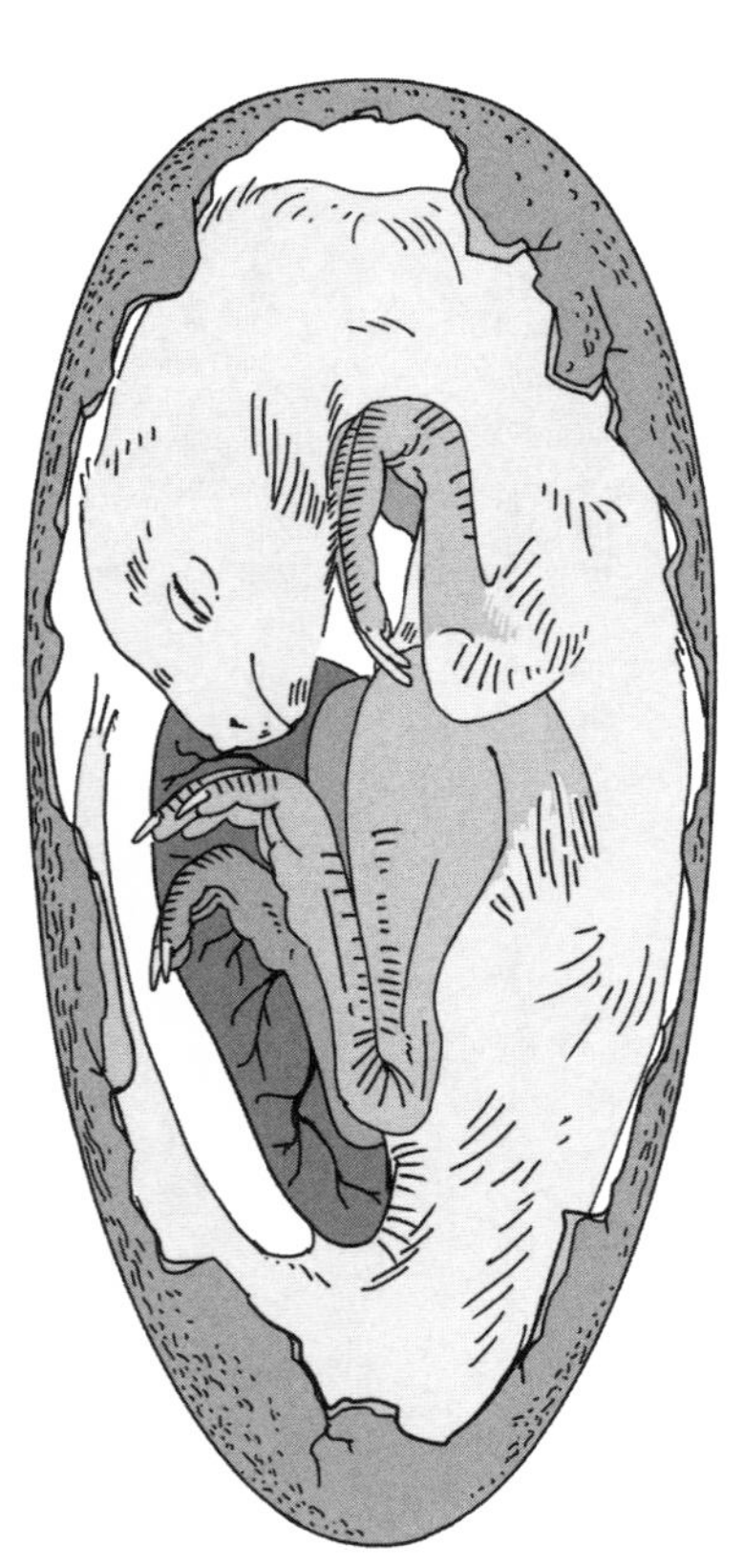

「ベイベロン」とその卵「マクロエロンガトウーリサス」。

ちょっと眠たくなる説明が続いてしまった。スミマセン。ニューメキシコ州の卵殻化石を与えられた私は、ダーラの学生たちが研究する院生室にデスクをもらい、さっそく標本の研究を開始した。

卵殻はとても小さく、ゴマ粒から親指の爪くらいの大きさしかない。とても小さくて、くしゃみをしたら吹き飛んでしまう。幸い、カナダには花粉症がないと言われている（ただし、ヘビー花粉症ユーザーの私はこの意見に懐疑的である）。

観察用の小さな小箱に卵殻を取り出して数えてみたら、一四七四枚あった。これを分類するのは、なかなか大変そうだ。ダーラにお礼を言い、この日はここまで。帰宅することにした。

コーヘイとクロエ

その頃、私はカナダ人家族の家にホームステイしていた。大学から家までは電車で二駅。カルガリーには、「カルガリー・トランジット」という路面電車とバスの交通網がある。電車（「Cトレイン」といって二路線ある）とバスはかなりルーズで、時刻表なんてない。反対側のホームはひっきりなしに電車が来ているのに、こちら側は何十分も待たされた、なんてこともたびたびある。夏ならまだしも、冬は地獄だ。マイナス三〇度の中、外で待たなければならない。私はひそかに「カルガリー・トランシット」と呼んでいた。「シット」とは「クソ」という意味である。ただし、電車から眺めるノーズ・ヒルの新緑やオリンピック・ジャンプ台は格別である。

ホストファミリーとの生活は、いろいろな意味で勉強になった。お父さんは大柄で真面目、お母さんは小柄で陽気。娘のクロエ（九歳）は私の小さな英語の先生だった。

お母さんはフランス出身で、一家はフランス語も喋れるバイリンガルだ（私に聞かれたくない時はフランス語で会話する。ただし、英語であっても私が理解できるかはアヤシイ）。お母さんの英語には、フレンチアクセントがあり、常々私を混乱させた。フランス語では「h」を発音しないらしく、クロエ（Cloe）と私の名前コーヘイ（Kohei）の発音がそっくり。綴り（つづ）を見る限り、信じがたいことだが、どうにもクロエ（「クォエ」）とコーヘイ（「コゥエ」）の違いが聞き取れない。クロエを呼んだつもりなのに、コーヘイがやってくる、という現象が何度も起こった。「いやいや、あなたじゃなくて、クォエよ」と言われても、やっぱりどっちなのか分からない。二人で苦笑いだ。

ホストファミリー。左からお母さん、お父さん、クロエ。

カルチャーショック多めの生活

ホストファミリーはモルモン教徒だった。モルモン教とはキリスト教の一派で、正式には末日聖徒イエス・キリスト教会と呼ぶそうだ。アメリカ・ユタ州に本部があり、私の住むカルガリー北西部は比較的多くの教徒が暮らしている。彼らとの生活は、驚きの連続だった。

ホストファミリーは、お酒やカフェインを含む飲み物は一切口にしない。ビールはもちろん、紅茶も緑茶も、コーラも飲まなかった。ビールを飲みたい私は、ダーラの学生とよく飲みに出かけた。恐竜研究者はたいていどこでもよく飲む印象だ。

日曜日は正装してモルモン教会へ出かける（私は日曜の朝はぐうぐう寝ている）。食事の前にはお祈りする。私も一緒になって目を閉じてじっとお祈りを聞く。彼らはお祈りの最後に「アーメン」と言うのだが、モルモン教でない私も同じように「アーメン」と言って良いものか。逆に言わないのは失礼だろうか。聞こえるか聞こえないかくらいの小さな声で「アーメン……」と言うことにしていた。じゃあ、外食の時はレストランの中でお祈りするのだろうか。一緒に和食レストラン「寿司ボート」へ行った時、謎が判明した。彼らは車の中でお祈りしてから出かけたのだ。なるほど、こういうやり方があるのか。これまで宗教とは無縁の生活をしていたから、一つひとつの行動が新鮮に映った。

五月の終わりから六月初め頃は、雨の日が続く。冬が長い分、植物は雨を浴びて一気に成長する。ある日の夕方、雨が途切れ、ふいに虹が現れた。カルガリーの空は広く、針葉樹の若葉から伸びる虹は見事な半円を描いた。私が夢中で写真を撮っていると、「虹は神さまの約束なんだよ」とお父さん。二度と洪水で世界を滅ぼさないよう、神が約束のしるしとして空に示したのが虹なのだそうだ。虹を見るとラッキーと思っていた私は、受けとる印象の違いにびっくりした。虹を見て「約束」を思い出すとはなかなかステキな話だ。

またある時、日本は自殺率が高いという話題になった。自殺者を減らすにはどうすべきか。「だったら、日本はもっと宗教が必要だな」とお父さん。そういう解決方法があるのか、その発想に驚いた。自分には無いものの見方で、これは面白いと思った。

ホストファミリーとカルチャーショック多めの生活をしながら、英語学校が終わると院生室に向かい、卵殻化石を分類する。だいたい生活パターンが決まってきた。卵殻の分類は地味な研究プロジェクトだと思われるかもしれないが、カナダに来たばかりの私にとって、楽しくて仕方がない研究の毎日だった。私が土日も大学へ行くので、ホストファミリーのお母さんは、「大学はコゥエの第二の家ね。たまには遊んでらっしゃいよ」と言うのだった。

英語学校では少しずつだが授業が理解できるようになっていった。今まで英語がうまいと思っていたクラスメイトの会話をよく聞いてみると、文法も発音もめちゃくちゃなことに気が付いた。知っている単語を並べて、あべこべに話していた。なるほど、そういうカラクリだったのか。ルール順守が絶対の日本人は、頭でっかちだったんだなあ。

真面目に授業に取り組んでいくうちに、だんだんと私に対するクラスメイトの見方が変わっていった。いつしか周りの学生に「ここを教えてよ」と聞かれるようになった。そして英語学校の初級コースも最終日となった七月のある日、とうとう夢にまで見た、英語の夢を見た。たった五分くらいだったが。語学力は少しずつだが上達している。これは励みになった。

5　卵殻化石を研究しよう

似た者同士に分ける

さて、卵殻化石の分類の話に戻りたい。まずは卵殻片をピンセットでつまみ、双眼実体顕微鏡で観察する。この作業はとても気を使う。というのも、ピンセットではじいてしまい、卵殻が飛んでいってしまうことがよくあるからだ。吹き飛んでしまうと、見つかるまで探さないといけない。床に這(は)いつくばって、ゴマ粒ほどの卵殻を回収する作業は骨が折れる。かつて大奥の「お針子さん」も床に這いつくばって失くした針を探したそうだ。私はお針子さんと意気投合できる自信がある。誰か、飲み会をセッティングしてください。

顕微鏡で卵殻の外側表面をよく観察して、似ているもの同士を見つける。箸で豆を皿から皿へ移す要領で、卵殻片をピンセットでつまみ、似た者同士の集まりを作っていく。

ふつう卵殻というとツルツルしているイメージだが、恐竜や爬虫類の卵殻外表面には、凝った装飾模様がついているものがある。小山が点在しているものやメロンのように網目状の筋が走っているものなど、いろいろな種類がある。超ミニチュアサイズの月面を見ているようである。研究ノートに「ツルツル」や「ツブツブ」「うねうね」「ガサガサ」など、グループごとに

ニューメキシコ州で見つかる恐竜類やワニ類の卵殻化石の例。卵殻の表面には独特の装飾模様がある。

表面の特徴をスケッチしていった。ひときわ大きなグループは、こぼれ落ちる涙のような模様がついた卵殻だ。これ、本当に涙のしずくっぽくて、めちゃくちゃ可愛い。こんな卵殻、初めて見た。

こうして分類していった結果、二〇ものグループができた。一か所の化石産地で二〇種類（卵種）の卵殻があるのはさすがに多すぎると思い、分類に間違いはないか再度確認していく。微妙な違いしかないグループがいくつかあった。おそらく、卵の個体差や風化具合の違いが含まれているのだろう。これらのグループは同じ種類と考えられる。ただし、さらに詳細な分析をするまでは確証が持てない。次に行うべきは、偏光（へんこう）顕微鏡を使った観察だ。

卵殻のイルミネーション

偏光顕微鏡とは、岩石を観察する時に使う顕微鏡のことで、結晶の特性が分かる。標本に光を通過させて観察するので、標本はガラス片に貼りつけてスライスにする。このようなスライスのことを薄片（はくへん）と言う。卒業研究に取り組んでいた時は自分で薄片を作っていたが、きれいに仕上げるには訓練が必要である。北大には匠の技を持つ薄片技術職員の方々がいて、大学四年生の時は何かとお世話になった。

カルガリーでは薄片を業者に発注することにした。正式な大学院生でない以上、勝手に地球科学科の薄片室を利用するわけにはいかない。それぞれのグループから代表的な卵殻を選び、ダーラに卵殻断面の薄片作成を依頼してもらった。

偏光顕微鏡をのぞく瞬間はいつもワクワクである。卵殻はきれいに保存されているだろうか、自分の思っていたとおりの種類だろうか、あるいは新種が含まれてないだろうか、期待に胸が膨らむ。

光が当てられた卵殻の美しいこと。飴色（あめいろ）に透き通った卵殻には幾重（いくえ）も切り込みが入り、氷の結晶のようだ。微細な構造が確認できる。次に、偏光板というフィルターのようなものを入れて、一定方向の光だけが通過するようにして観察してみる。背景が真っ暗になり、薄片の夜の世界が現れる。卵殻は光が通ってキラキラしている部分と、真っ暗に消光して闇に紛れる部分が出てくる。顕微鏡のステージを回転させると、キラキラしている部分と消光している部分が万華鏡のように移り変わっていく。卵殻の種類によってキラキラ具合は異なり、イルミネーションを見ているようだ。

もう一つ、卵殻化石には走査型電子（そうさがたでんし）顕微鏡を用いた観察方法がある。卵殻に電子ビームを当て、卵殻断面の微細な凹凸を観察するのが走査型電子顕微鏡だ。この分析には、フランソワ・テリエン博士にご協力いただいた。

フランソワはダーラの共同研究者で、ロイヤル・ティレル古生物博物館の学芸員（キュレーター）だ。恐竜が生きていた時代の環境や、恐竜のいろいろな生態を研究している。フランソワの研究室に卓上の走査型電子顕微鏡があるそうなので、車に乗っけてもらい、ティレル博物館に行くことにした。

フランソワ・テリエン博士。

畑とイナゴと博物館

ティレル博物館まで二時間弱。カルガリーの市街地を抜けると大平原が広がり、アルバータ牛が放牧されている。トウモロコシ畑や小麦畑もある。小麦は黄金色に輝き、見渡す限りずっと続いている。アルバータの広大さを実感できる。アルバータ州だけで日本の二倍近い面積があるそうだ。

一直線の道をひたすら東へ走っていると、小麦畑から何かが飛び出してきて、「ブチッ！」「ブチッ！」と嫌な汁を出してフロントガラスにぶつかる。

「フランソワ、この気持ち悪い飛翔体（ひしょうたい）は何ですか？」

「これはグラスホッパー（イナゴ）だよ。ガラスが汚れているのは全部こいつらのしわざさ。ほら、ワイパーにも挟まっている」

ドラムヘラーの気の抜けた恐竜像。

小麦地帯と言えばイナゴなのか、カルガリーの地ビール会社「ビッグ・ロック・ブリューリー」のビールには「グラスホッパー（イナゴ）」という、イナゴがデザインされたビールがあるとフランソワが教えてくれた。後日飲んでみたが、このビールは美味です。イナゴは混入していない。

美味しいグラスホッパー。

そういえば、かつてアメリカ・ユタ州でバッタが大量発生し、さっそうと現れたカモメがバッタを退治したという奇跡があるそうだ。ホストファミリーが前に話していたのを思い出した。当時のモルモン開拓者を救ったため、モルモン教の間では伝説的に語り継がれている逸話だ。穀倉地帯では、時にバッタは脅威になる。

しばらく走っていると突如として深く削られた谷が現れ、車は谷の中へ吸い込まれていく。坂を下りきったところで

「ウェルカム・トゥ・ドラムヘラー」の標識が現れた。恐竜の街、ドラムヘラーに到着だ。まるで西部劇に出てきそうな古い街並みだが、いたるところに恐竜の像（ハリボテ）が立っている。どの恐竜もだらしない顔をしている。

中心部には、「世界最大の恐竜の像（おそらく自称）」という超巨大なティラノサウルスが立っている。そのティラノは展望台になっていて、お金を払えば口の中からドラムヘラーの街並みを一望できる。

巨大ティラノを抜けてしばらく走ると、ティレル博物館が見えてきた。地層むき出しの荒野の中に立つ、カナダ恐竜研究の城だ。

裏手のスタッフエントランスから中へ。博物館のバックヤードは複雑な構造で、何度来ても迷子になってしまう。フランソワの研究室は博物館の南側三階にあり、窓からは荒野を一望できた。ポストカードのような大変ステキな景色だった。部屋の入口には卓上の走査型電子顕微鏡が据え付けてあった。今日のミッションは走査型電子顕微鏡を使ってニューメキシコ州の卵殻化石を観察することだ。

恐竜研究の聖地ロイヤル・ティレル古生物博物館。

電子顕微鏡で見る卵殻の世界

走査型電子顕微鏡に卵殻標本をセットし、「真空」ボタンを押す。するとブオーンとポンプがうなり出し、徐々に空気が抜けていく。しばらくして卵殻に電子ビームを当てる準備が整い、スタートボタンを押した。操作と観察はすべてパソコンで行う。パソコン画面には、モノクロのミクロ世界が映し出された。卵殻の断面はごつごつしていて、一見すると探査機が撮影した岩石惑星の映像のようだ。

卵殻の分類には、この断面構造がとても重要である。動物グループによって、卵殻の断面構造は異なる。一九八〇年代から九〇年代初頭にかけて、チャオやミクハイロフ、ハーシュといった研究者が、今日使われている卵殻の分類法を確立した。

動物の中で、硬い炭酸カルシウムの卵殻を作るのは主にカメ類、ヤモリ類、ワニ類、非鳥類型恐竜類[※5]、そして鳥類である。カメ類の卵殻だけがアラゴナイト（アラレ石）という結晶でできていて、アラゴナイトは針のような細い結晶が特徴的である。だから電子顕微鏡で見れば、カメの卵殻だと簡単に見分けがつく。

それ以外のグループの卵殻は、アラゴナイトと成分は同じだけど結晶構造の違うカルサイト（方解石）という鉱物でできている。カルサイトはブロック状の結晶で、例えて言うならレゴブロックだ。レゴブロックが組み合わさって、卵殻が形作られている。卵殻の断面を顕微鏡で観察すると、鉛筆のような形状の柱が束になってできていることが分かる。簡単に言うと、この鉛筆の形が動物のグループによって異なる。太かったり、細かったり、丸みを帯びていたり、とんがりコーンのような形だったり……といった具合だ。卵殻を顕微鏡で観察すれば、卵の分類ができるというわけだ。

と言えば簡単そうに聞こえるが、これがなかなか難しい。一口に非鳥類型恐竜類の卵殻と言っても、前に述べたように、二〇ほどの卵科、六〇以上の卵属、一五〇以上の卵種が知られている。この中から正解を見つけ出さなくてはならない。

しかも、私が扱うのは七五〇〇万年前の化石。長い年月を地中に埋まっているうちに、結晶が壊れたり、再結晶したりして、構造がめちゃくちゃになっている。卵殻の分類は簡単ではない。

その後、何度もティレル博物館を訪れて観察を繰り返し、二〇あったニューメキシコ州の卵殻のグループは最終的に六に収まった。分類にも決着がついた。小型獣脚類恐竜の卵殻が四種類と、カメ類とワニ類の卵殻だ。

割合で言えば、小型獣脚類の卵殻がやたら多い。見つかった卵殻全体の八五%に達する。この地層（ニューメキシコ州のフルーツランド層）では、パラサウロロフスなどのハドロサウルス類やペンタケラトプスなどのケラトプス類の骨化石が多く見つかると聞いていた。しかし、かれらの卵殻は含まれていない。骨化石としてはマイナーなはずの獣脚類恐竜が、卵殻ではたくさん見つかるというのは興味深い事実だ。なぜなんだろうか。その理由は、当時の私にはまだ分からなかった。

この謎に本格的に取り組んだのはそれから七年後、博士課程も終わりに近づいた頃だった。その研究の話は第6章まで取っておこう。

6　別れは突然に

モルモン教と古生物学

カルガリーの夏は短い。というか、冬がとても長い。カルガリーでは八月後半になると風が冷気を帯びてくる。この年、八月三一日には日中の気温が五度を記録し、冬が近づいていることを感じた。それからしばらくさわやかな秋の陽気が続いたが、九月二四日には急降下してマイナス二度になった。雪が降るのも時間の問題だろうと思っていたら、一〇月八日にあっさりと雪が舞った。最後に雪が降ったのは五月八日だから、ちょうど五か月ぶりだ。カナダの一年の半分以上は冬。あるカナダ人は言った。

「カナダで雪が降らない月はない」

本当にそのとおりで、六月や八月に雪が降る年もあった。たとえ真夏でも、カルガリーの朝晩は涼しい。カルガリーへ旅行に行く際は、真夏でも長袖必須です。「内陸＋高地＋高緯度」という特殊な地理条件が、カルガリーを過酷な土地にしている。地元の名古屋から札幌に引っ越し、さらにカナダに進出した私は、己の北上作戦を後悔した。なぜ、ハワイで南国生物学者（アロハ・バイオロジスト）にならなかったのか。

そのかわり、カナダの家は暖房がくまなく効いていて、冬でもカナダ人はＴシャツ一枚で過ごしている。北国にありがちなパターンだ。ただし、欧米人はアジア人と体温が違うのか、私はちょっと肌寒く感じる。もう少しセントラルヒーティングの温度を上げていただきたい。ホストファミリーの家には暖炉があり、寒い日にはその前でぬくぬくと英語学校の課題を片づけるようになった。

ある日、いつものようにホストファミリーのお父さんに宿題を見てもらっていた。どういう課題だったかは覚えていないが、私の書いた英語に「人間はサルの仲間にすぎない」という文があった。それを見てお父さんは急に顔色を変えた。怒り心頭で真っ赤になっている。しまったと思ったが遅かった。「進化」はモルモン教の教えにはない。

モルモン教の教えと、私が大学で習ってきた古生物学では、考え方が違いすぎる。地球の年齢や生き物が（種として）どう生まれたかなど、見解がまるで異なる。お父さんは私をにらみつけた。まったくこんな考えは理解できない、と顔に書いてある。幸い、懐の広いカナダ国民と最高学府に通う留学生との対峙（たいじ）だったので、一触即発は免れた。取っ組み合いのけんかを始めていたら、それこそケモノと認めているようなものである。

その一件以来、私は恐竜や生き物に関することを家の中で一切話さないようになった。一緒に住んでいくうちに、モルモン教と古生物学者の会話のNGラインがだんだん分かってきた気がした。ホストファミリーは、古生物学を志す留学生がやってきたので、きっと最初はとまどったことだろう。

このことをダーラに話すと、「まあ、それは大変だったわね」と苦笑い。地質学者の中にもモルモン教徒はいるらしい。どうやって折り合いをつけているかは分からないそうだ。ダーラとの会話は、いつも雑談から入る。

「それはそうと、大学院の書類は準備しているの？」

この頃、私は翌年の大学院入学に向けて、書類の準備を始めていた。北米の大学院では、入学試験はなく、学部生の時の成績と語学能力スコア、近しい教員からの推薦書、そして大学院でやりたいことを記した書類が必要だ。北米の大学と大学院は九月始まりで、入学の願書受付はその年の二月初めが締め切りとなる。ダーラの学生に文章をチェックしてもらいながら、書類を作成していた。

私はもちろんダーラの下で修士課程を始めたいと考えていた。ダーラは、私にとって卵化石について深く議論できる初めての研究者だった。研究のことであれば、つたない英語でも考えを伝えることができる。目標が同じだから、議論がとても楽しく感じる。ダーラは小林先生と同様、学生にも容赦なく、いや、学生も研究者とみなし、対等に議論に付き合ってくれた。来年もぜひここで研究がしたい。

荒波がここにも……

しかし、予想だにしない出来事が起こった。私は自分のことで頭がいっぱいだったが、世界はリーマンショックの荒波に翻弄され始めていた。まさかその波に自分も揉(も)まれることになるとは、この時は知る由(よし)もなかった。

リーマンショックの波が私のところにやってきたのはいまだ寒い二〇〇九年三月半ばだ。私はダーラに呼ばれて、ダーラ行きつけのコーヒーショップに向かった。大学では話しづらい内容らしい。

地層のようなお菓子、ナナイモバー。

レジでブラックコーヒーとナナイモバーを注文し、席に着く。ナナイモバーは四角い地層のようなお菓子で、一齧りするだけでのどが焼けるように甘かった。慌ててコーヒーをすする。

「コーヘイ、大事な話よ。よく聞きなさい」

ダーラが真剣な顔で言った。

「来年あなたを大学院生として採用することはできないと思う」

ダーラは何を言っているのだろうか。ダーラの研究室で卵化石を研究するため、私はカルガリーにやって来たのだ。来年度からカルガリーで大学院生を始めるつもりでいた。出願書類ももう提出済みだ。

「世界経済が今、大変なのを知っているでしょう？　就職をあきらめた大学生がみんな大学院に進学を希望しているの。すごい数の出願よ。学科が採用できる学生数には限りがあるの。採用は私の力ではどうにもならないのよ。ごめん」

なんということ！　通常、地球科学科では、学生を支援する制度が整っている。多くの学生をティーチング・アシスタントとして雇い、給料を支払っている。さらに、自国の学生に対して倍の学費がかかる留学生には、上乗せされた分の学費を学科が負担していた。これは、資源が豊富でエネルギー産業が盛んなアルバータ州だからこそできたサポートだ。おそらく、石油・オイル会社からの寄付があったためと思われる。しかし、リーマンショックが事態を変えた。経済の先行きが不透明な今、学生支援には限りがあるのだ。ダーラは、学科に流れる重い空気から、私の採用は難しいと悟ったらしい。

意気揚々とカナダにやってきたのに、来年度から大学院に通えない。早くも計画がとん挫してしまった。運もいよいよ尽きたか。

幸いにして、北大修士課程は休学にしてある。修士課程入学と同時に休学し、カナダに来ていたのだ。「何かあった時のために、北大に籍を残しておいた方がいい」という小林先生のアドバイスが効力を発揮した。まさか、その何かが起こるとは！

ホストファミリーとも別れの時がやってきた。別れの時、クロエは泣いていた。私にとって、カナダの小さな妹であった。時間があればいつも家で一緒に遊んでいた。

この両親は、小さな一人娘がいるにもかかわらず、どうしてホームステイを引き受けることにしたのだろう。どんな留学生がやってくるかも分からないのに。私がやって来る前は、イスラム教徒のサウジアラビア人がホームステイしていたそうだ。懐が広いじゃないか。

最後だからお父さんに聞いてみた。すると、「これは娘の勉強のためにもなることなんだ。つまり、広い視野で物事が考えられるようになると思うんだ。娘にとって、そして私たちにとって、留学生を受け入れるのは大切なことだよ」

そういえばお父さんは昔、モルモン教のミッショナリー（宣教師）として、フランスに住んでいたことがあったそうだ。その時に出会ったのが今の奥さん。なるほど、外国人の気持ちも分かるんだろうなあ。

その後、予定どおり英語学校の上級コースを修了し、アルバータで夏のフィールドワーク（野外調査）をこなしたり、アメリカ・モンタナ州で開かれた国際会議「恐竜の卵と赤ちゃんシンポジウム」でニューメキシコ州の卵殻化石の研究発表をしたりするうちに、一年ちょっとのカナダ留学生活が終わった。

7　黄金色の光が降り注ぐ

武器とお金を手に入れよう

二〇〇九年一〇月、北海道大学大学院に復帰した。北大札幌キャンパスはあいかわらず美しい。北13条門前のイチョウ並木が黄金色に輝き、観光客を楽しませていた。モダン・ゴシック建築の総合博物館に張り付く蔦（つた）も赤く色づき始めるこの時期、札幌には誘惑がたくさんある。

私は総合博物館南西端の学生部屋にいた。ここでくすぶっているつもりはない。北大は落ち着くが、今となっては居心地が良くない。何としてでもカルガリーに戻るのだ。

計画を練った。今度は万全の準備で挑もう。私がとった行動は二つだ。

まずは、ダーラがくれた研究プロジェクト、ニューメキシコ州の卵殻化石を論文として発表することだ。研究者として、論文は最大の武器になる。大学院に進学しようという学生が、すでに論文を発表していたら、そのインパクトは大きい。

私は夏の間、論文の原稿を書き、ダーラに添削してもらっては修正する、というやりとりをメールで繰り返していた。ダーラは何度も文章を見直してくれ、推敲（すいこう）を重ねて少しずつ完成形を作っていった。やり取りを繰り返し、だいたい二〇回くらい改稿を重ねたところで、ようやくダーラからのゴーサインが出る。学生の論文にこんなにも時間をかけて手直ししてくれる教員はなかなかいない。

ダーラは狙いすまして、一発で敵を射るタイプだ。無駄な矢は使わない。そのため、用意は周到になる。そのおかげで、投稿した論文が受理されるまでの時間は短い。女武将と（私に）言われるゆえんだ。

その日、私は初めての論文となる原稿を海外の専門雑誌に投稿した。あとは結果を待つばかりだ。この論文が掲載されれば、昨年の留学生活が報われる。

続いてもう一つ、来年カナダに留学するにあたり、お金の問題をクリアしなくてはならない。留学生にとって、お金は重大な問題だ。指導教員が多くの研究資金を持っていれば、お金がない学生を雇うこともできるだろう。しかし古脊椎動物学において、潤沢な研究費を持つ教員などめったにいない。教員にとっても、学科にとっても、留学生を採用するのはハードルが高い。

そこで自分で財源を獲得しておく必要がある。次の留学は親に頼るわけにはいかない。再起をかけて、奨学金に挑むことにした。日本人学生が留学のために利用できる奨学金は少ない。返済の義務のない給与奨学金ならなおさらだ。数少ない採用枠をめぐって、熾烈(しれつ)な競争が繰り広げられる。

当時の私に応募可能な財団は三つあった。そのうち二つは書類選考の時点で不合格となった。残りは一つ。公益財団法人吉田育英会の「派遣留学プログラム」だ。学費、研究費、生活費、渡航費が支払われる。これにかけるしかない。

幸い、「書類選考は合格しました」との通知を数週間前に受け取った。書類選考では、研究計画と学部の成績、そして研究業績が重要だ。研究業績に当たる論文は、もうすぐ受理される見込みだった。

学部の成績も良いに越したことはない。私は、あの時、小林先生が「恐竜を研究したいんだったら、授業すべてで優を取りなさい。テストでは一番を取ってきなさい」と言っていた意味がようやく分かった気がした。成績が良くないと、奨学金にしろ、大学院進学にしろ、申請ができないのだ。ダーラも、学生を受け入れる時は学部の成績を重視すると言っていた。それで学生の真面目度をはかるのだ。つくづく、小林先生サマサマであった。

あとは面接選考だ。面接選考では、一五分の研究発表と試験官との口頭試問が待っている。発表スライドはCD-ROMに焼いてすでに送ってある。明日の朝、東京に発(た)つことになっていた。いよいよ、勝負の時を迎える。

その時は急にやってきた

私は自分の発表を誰にも見せていなかった。というか、小林先生にだけは見せたくなかった。小林先生なら、発表の弱点をハヤブサのごとく見つけ出し、私の自信を木っ端(こっぱ)みじんに打ち砕くであろう。東京へ発つ前日に、自信を喪失することだけは避けたい。なるべく小林先生に見つからないよう、今日は静かに過ごそう。

しかし、神はそれを許さなかった。ゼミが終わったあと、しれ~っと退室する私を見つけ、「君、発表はどうなっている？」と小林先生が聞いた。私は、自分の体が「ギクリ」と言うのを確かに聞いた。

「あー、あれですか？」

「ちょっと発表して見せてよ」

かくして、小林先生は発表の弱点をことごとく見つけ出し、私の自信を粉末にした。いや、もしかしたら最初から自信などなかったのかもしれない。

「全然だめだね。不合格です。ナニコレ」

しかし、同時にアドバイスもくれた。

「僕だったらこのスライドを使って合格する自信がある。明日の朝まで時間はあるでしょ？まだ間に合う」

小林先生が的確なアドバイスをくれ、「魅せる」発表の極意を学んだ。小林先生は要点しか言わなかった。あとは自分で解釈して自分のものにするだけだ。

ただ今の時刻、午後六時。さあ、明日の朝までに間に合うだろうか。突貫工事が始まった。セリフを組み直し、声が枯れるまで練習し、発表をボイスレコーダに録音した。明け方いったん下宿に戻り、荷造りをして、札幌駅へと向かう。

途中、大学キャンパスのメインストリートに出た。下を向いて、ボイスレコーダの声を聴きながら、黙々と歩く。昨日の小林先生のアドバイスの意味を考える。どうすれば聴衆が興味を持ってくれる発表になるか。どうすれば、この研究をサポートしたいと思ってもらえるか。言葉の断片が現れては消え、少しずつ形を作っていった。

ふいに「こうすればうまくいくんじゃないか」という自分なりの考えが頭の中でまとまった。見上げると、両サイドのハルニレの木々がトンネルのようにメインストリートを包み込み、黄金色の光が紅葉のすき間から自分に降り注いでくるのを感じた。この瞬間、神が舞い降りた。「いける！」と確信した。

今まで補助輪付きでしか乗れなかった自転車に、ふいに補助輪なしでも乗れるようになるのと同じように、その時は急にやってきた。自分の中で、「こうやればうまくいく」という感覚をつかんだ。今でもあの時の光景をはっきりと思い出せる。確かに神が舞い降りた。おそらく、私の研究者人生において、もっとも重大な瞬間の一つだったと思う。

面接は成功した。採用が決まった。吉田育英会のご支援をいただき、二〇一〇年の五月からまた留学できることになった（九月開始よりも留学時期を早めた）。

財団からは、資金以上に大きなものを得た気がした。あの時つかんだ感覚のおかげで、自分なりに発表の正解ルートが見えるようになったのだ。自分の研究のだいご味を理解してもらうスキル。このスキルは、研究費獲得にしろ、学会発表にしろ、一般向けの講演にしろ、役に立つ。それがこの時身についた。研究者として、とても重要なステップだった。

さあ、本格的な恐竜の卵化石研究はこれから始まる！　カナダよ、今行くぞ！

※1　総合博物館の南側にある芝生広場のこと。当時、北大生は昼夜問わずジンギスカンパーティー（通称、ジンパ）を行っていた。

※2　度数分布を表したグラフ。データのばらつきが見て取れる。

※3　一九七〇年代以降、恐竜卵化石を精力的に分類した研究者たち。今日使われている卵化石の分類法は、彼らの功績が大きい。

※4　プラテオサウルスやブラキオサウルスなど、首が長くて体の大きな恐竜のグループ。竜脚形類の中でも進化したタイプは竜脚類と呼ばれる。

※5　鳥類も恐竜類に含まれるため、鳥以外の恐竜たちのことを「非鳥類型恐竜」と呼ぶ。ちなみに鳥は「鳥類型恐竜」である。本書では断りがない限り、「恐竜」と言えば「非鳥類型恐竜」のことを指す。

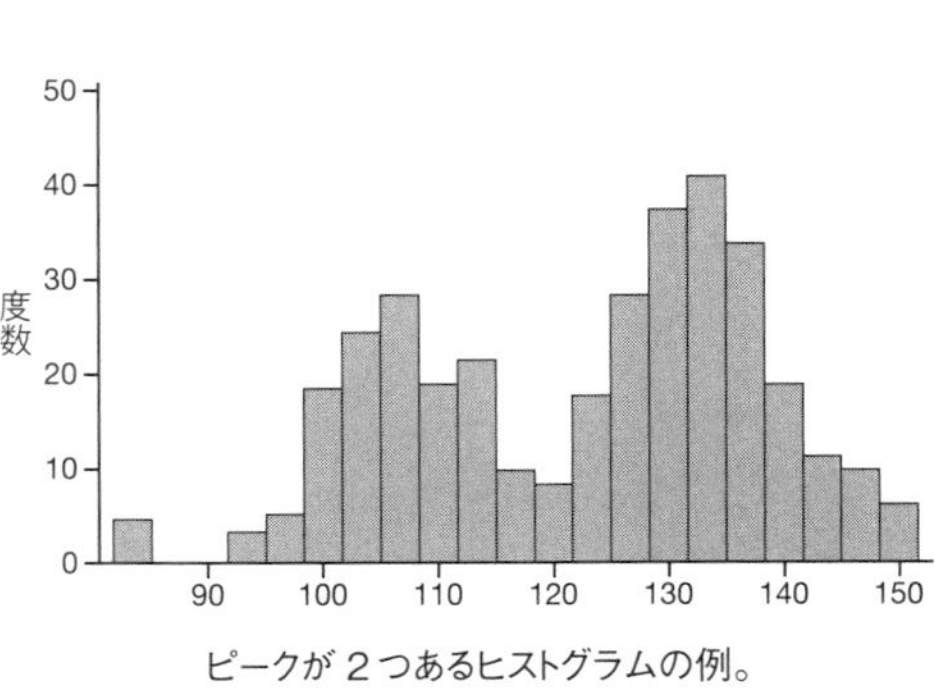

ピークが２つあるヒストグラムの例。

コラム　カナダの至宝、ブラック・ビューティ

ロイヤル・ティレル古生物博物館は、荒涼とした大地の中にたたずむ世界屈指の恐竜博物館である。入り口にはパキリノサウルスやアルバートサウルスの精密な実物大模型が飾られている。展示室に入ると、そこには白亜紀後期カンパニアン期のアルバータを再現したジオラマが展開されている。アルバートサウルスの家族が、薄暗い森の中で獲物を探している。足元には沼があり、カメや小動物がじっとアルバートサウルスが去るのを待っている。こんな情景が本当に七〇〇〇万年前に繰り広げられていたのかと思うと、恐竜研究に勤しむ者と言えど、驚くべきことである。ああ、生きたアルバートサウルスを見てみたい。

展示室をさらに進むと、ティラノサウルス・レックスの骨格標本に出くわす。それはもう、見事な標本である。イナバウアーのように背中をそらせ、天に向かって咆哮している。これをデス・ポーズといい、恐竜化石によく見られる姿勢だ。死後、背中の腱が収縮してこのポーズになると言われているが、別の見解もある。ただしこの標本の骨はバラバラの状態で見つかったので、展示してある骨格は本物から型取りし、後からデス・ポーズとして組み上げたレプリカである。本物は収蔵庫に大切にしまってあるけれど、頭骨だけは本物が展示してある。

そして何よりもこの標本が特別なのは、真っ黒ということである。ティラノサウルスの骨格標本はアメリカとカナダから五〇体ほどが見つかっているが、骨が黒い骨格標本はこれだけである。化石になる過程で、マンガンという元素がしみ込んだために黒くなったそうだ。ちなみにこの標本を見つけたのは釣りに来ていた地元の高校生。川横の崖から骨が顔を出しているのに気が付いたそうだ。

ティラノサウルスの骨格標本は、有名なものに愛称が付けられている。この標本は「ブラック・ビューティ」と呼ばれている。数あるティラノサウルスの骨格の中で「美しい」と評されるのはこの標本だけだろう。まさにティレル博物館が誇る至宝である。

ある時、私は収蔵庫に眠るブラック・ビューティの実物化石を研究する機会に恵まれた。そのプロジェクトの内容はヒミツであるが、実物を前にして「やっぱり黒いんだな」と当たり前のことに感動した。そして「また会ったなあ」と再会を喜んだ。

というのは八歳のとき、私はブラック・ビューティに会っている。一九九四年、大阪で特別展「世界最大の恐竜博」が開催された。父親に連れて行ってもらった、初めての恐竜展だ。ブラック・ビューティの美しい黒は、恐竜少年だった私の脳に焼き付いた。家に帰っても、興奮冷めやらぬ一日となった。「恐竜研究者になりたい」という夢がより強くなった。

それから一〇数年後、カナダに留学し、ブラック・ビューティの実物標本を調査することになるとは思ってもみなかった。恐竜研究の楽しさを実感させてくれる標本だ。そういうわけで、ブラック・ビューティは私にとって思い出の化石なのである。

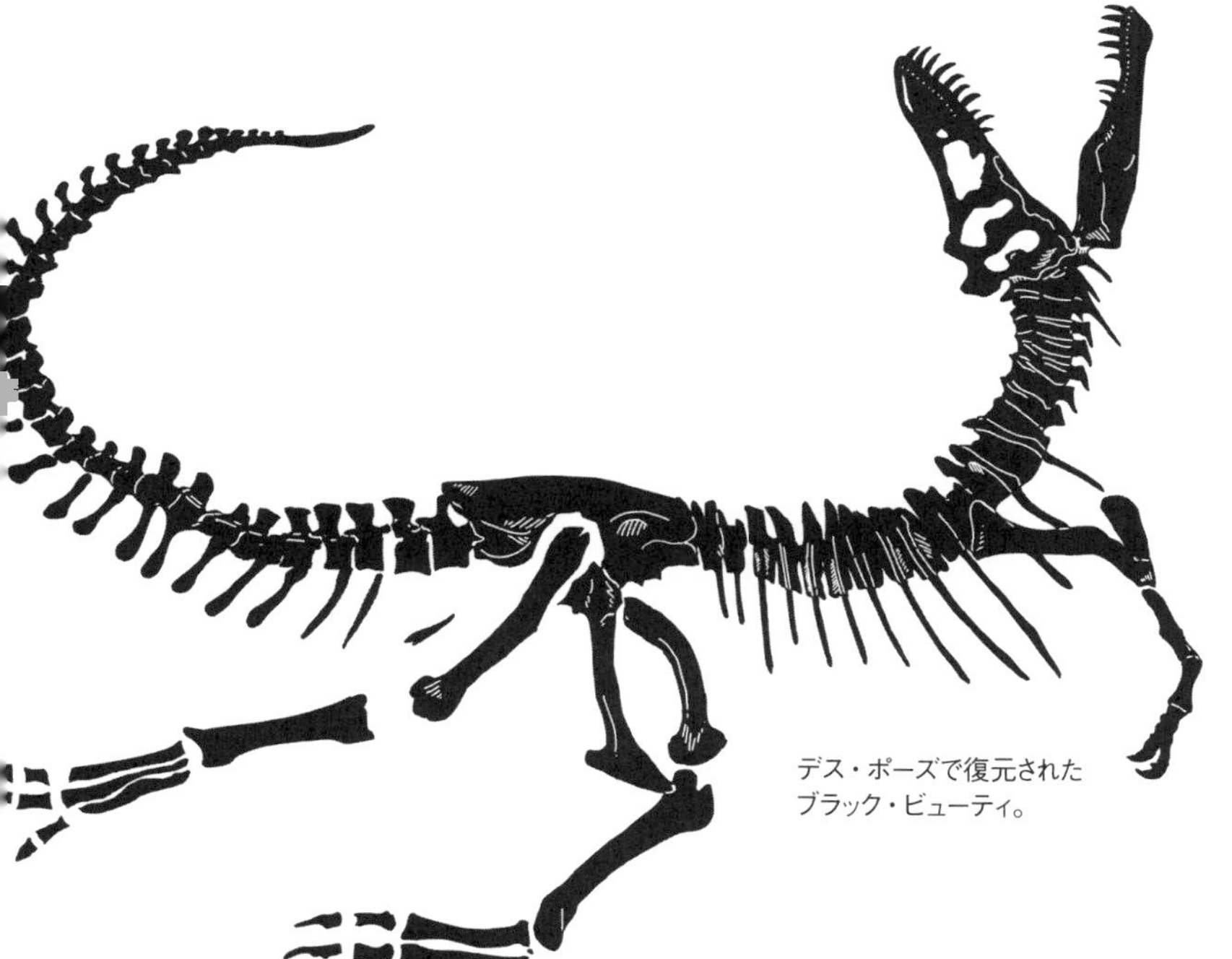

デス・ポーズで復元されたブラック・ビューティ。

コラム　カナダで初めてのフィールドワーク

英語学校も休みの八月、私はダーラの学生のフィールドワークに同行した。

訪れたのは恐竜発掘の聖地として知られる、ダイナソー州立公園（通称、ＤＰＰ）である。東京ドーム一五六〇個分という広大なエリアに、五〇種類ほどの恐竜化石が何百体と見つかっている。世界で見つかる恐竜化石の一割はここで見つかるそうだ。世界屈指の恐竜化石発掘地である。あまりにも魅力的な化石発掘場だから、一九七九年にはユネスコの世界遺産に登録された。

ある日私は、ダーラが指導する学生クリスから、ＤＰＰでフィールドワークをするから、手伝いに来ないかと誘われた。夏休み中で英語学校は休みだし、断る理由はない。ホストファミリーに部屋を空けることを告げ、私は一五日間の調査に出かけた。

カルガリーから車で三時間弱、大平原をひた走る。これまで平らな一本道だったのが嘘（うそ）のように、突如として深い谷が現れた。ドラムヘラーの街を訪れた時と似ている。しかし、ＤＰＰの規模はドラムヘラーの比ではなかった。車が峡谷（きょうこく）へと滑り込む直前、ＤＰＰ全体を一望できる展望デッキがあった。そこに立ってみると、グランドキャニオンのような地層むき出しの地形が、はるか彼方まで続いていた。このような荒涼とした大地

展望デッキから眺めるダイナソー州立公園。

のことを「バッドランド」と呼ぶ。深い谷の中をレッド・ディア・リバーという深緑色の川が大蛇のように右へ左へ折れ曲がりながら悠々と流れている。

私はその光景に大変な衝撃を受け、その日のことを「最もエキサイティングな日」とノートに綴っている。日本では見ることのできない、絶景だった。

谷を下ると、ビジターセンターや売店があり、ちょっとした観光スポットになっている。川のほとり近くには大規模なキャンプ場やバンガローもあるから、家族連れにはもってこいだ。

クリスの研究は、「古土壌」と呼ばれる化石化した土を調べることだった。白亜紀の土壌調査とは、わりと地味な研究だ。なぜクリスは地味な土に目を付けたのか。それは、古土壌を調べることで、当時の環境を推測できるからだ。精密な化学分析によって、白亜紀の降水量や気温などが推定できる。DPPでは恐竜化石がたくさん見つかっているが、その環境を調べた研究は意外と少ない。恐竜のことを知りたければ、環境も含めて知るべし！ クリスは、DPPが恐竜にとって棲みやすい環境だったのかを、古土壌を使って調べようとしていた。

古土壌のフィールドワークスタイルはいたってシンプルである。地層をひたすら掘り返すのだ。地層の表面は雨や風によって風化していて、フレッシュな岩石サンプルを採取することができない。泥が固まってできた泥岩の層は、風化によってポップコーンのようなモサモサの表面になっている。これは化学分析に適さない。

だから、ある程度地層を掘り込んで、〝新鮮な岩石〟を探すことになる。対象としている地層は、何十メートルもの厚さになるから、〝新鮮な岩石〟を探す作業はなかなか骨の折れる仕事だ。うーむ、クリスが手伝いを必要としている理由が分かった。

「さあ、コーヘイ、思う存分掘ろうじゃないか！」

そういうわけで、私ともう一人の手伝いの学生は、毎日、土木作業をすることになった。恐竜の骨の破片がそこらへんに転がっているが、私たちはそれに目もくれない。今は骨より岩だ。恐竜の化石は次回チャンスがあったらじっくり探そう。

ツルハシを振り上げて、地層に突き刺す。最初はサクッといくが、それは表面の風化したグダグダの岩石だけ。少し深いところにツルハシが当たると、たちまち硬い岩石にツルハシが跳ね返されてしまう。これはなかなか難しいぞ。クリスが「ツルハシはこうやって振るのだ」と見本を見せてくれるが、うまくいかない。ひ弱な日本人である私は、どうもツルハシがぶれてしまう。

炎天下、日陰なし。エジプトでピラミッド建設に精を出した奴隷（？）の気分が少し分かった気がした。ただし私は奴隷ではなく志願兵だ。ちなみに、DPPにはエジプトのラクダのように見える奇岩があって、研究者たちの写真スポットになっている。SNSにアップしたいところだが、ここはWi-Fiが飛んでいない。

ヘンテコな形をした岩は、フードゥーと呼ばれる。砂岩（さがん）や泥岩、そしてアイロンストーンと呼ばれる鉄分を多く含む岩石は、それぞれ雨風によって風化される速度が違うから、長年かけて独特な形状に削られる。DPPには硬いアイロンストーンを頭に乗せたキノコ形のフードゥーがたくさんあった。

ダイナソー州立公園の“インスタ映え”スポット、ラクダのフードゥー。

毎日少しずつ削り出し、クリスが岩石をサンプリングしていく。

「ほら、コーヘイ、ここに根っこの跡があるだろう。これは白亜紀の根っこだよ。根があるということは、当時ここが地表面で、植物の生える肥沃な土壌だったことが分かるね」

ジップロックに入れた岩石をリュックサックいっぱいに詰めて、車が通れる道まで運んでいく。振り返ると、斜面にはツルハシで掘り出した溝（トレンチという）が何十メートルも続いていた。

DPPには、観光客には見られない場所にトレーラーハウスがいくつもあって、研究者やパークレンジャーが宿泊できるようになっている。トレーラーハウスの中はとても快適である。キッチンやリビング、トイレとシャワー、そして四部屋ほど個室があった。

夏のカナダは夜一〇時頃まで明るいので、私たちは毎晩バーベキューをした。大自然の中のバーベキューは格別である。肉体労働の後のビールは最高にうまい。たまに雨降りで調査に出られない日は街へ買い出しに出かけ、西部劇に出てきそうなステーキピット（ステーキ専門店）で分厚いアルバータ牛を食べる。これもまた格別であった。

トレーラーハウスでは、すでに化石調査を開始していたティレル博物館のスタッフも一緒だった。DPPはティレル博物館のフィールド・ステーションにもなっている。

ティレル博物館の化石クリーニング・スタッフ[※1]であるダレン・タンキさんと一緒にバー

ベキューの火の番をしながら、ダラダラと話をする。

「タンキというのは日本語で『短気（ショート・テンパー）』という意味なんだろ？　俺は短気なのだ」

笑いながら話すので、まったく短気には見えない。

「ダレンはここでどういう調査をしているのですか？」

「今は他のクルーと一緒に、ある恐竜の発掘をしているよ。化石を探して歩く日もある。それから、ミステリー・クオリーの調査も行っているよ」

ミステリー・クオリーとは、所在不明の化石発掘場所のことだ。今から一〇〇年ほど前、この地でバーナム・ブラウンやチャールズ・スターンバーグなどの歴史的な化石ハンターが、たくさんの素晴らしい恐竜化石を掘り出した。競って化石が発掘された、カナダ恐竜ゴールドラッシュ時代である。

しかし、今となっては発掘地点の正確な位置情報が不明となっているクオリーもあるそうだ。そこでダレンは当時の白黒写真を手掛かりに、発掘場所を再び見つけようとしていた。現場には、空き缶や新聞紙などがまだ残っている場合がある。限られた証拠から現場を見つけるさまは、さながら探偵のようだった。

ＤＰＰには、ティレル博物館スタッフの他にも、パークレンジャーが住み込みで働いていた。パークレンジャーはたいてい大学生のアルバイトで、私たちと同世代だった。

調査も終盤に近づいた頃のこと、いつものように一日の作業が終わってトレーラーハウスに戻ると、パークレンジャーがやってきた。

「やあやあ、今日はバッドランドの中で一夜を明かさないかい？」

DPPの真ん中で、野宿しようというのだ。なんて楽しそうな思い付きだろう。夕食を食べ終えると、さっそく私たちは寝袋をつかんでパークレンジャーの運転する小型バスに乗り込んだ。バスは、観光客のツアー用に使っているもので、これでバッドランドの中まで進む。バスの中は、すでに他のパークレンジャーが何人か乗り込んでいて、若者の熱気に包まれていた。ワクワクしてきた。

夜のDPPは、漆黒の闇に包まれている。バスのライト以外、何も見えない。バスは峡谷の中の、曲がりくねって起伏の激しい狭い道をずんずん進んでいった。パークレンジャーは毎日何度も運転するから、頭に道が叩(たた)き込まれているのだろう。

ふいに、シカが前をはねていった。さながらナイトサファリのようだ。私たちは野生動物の世界に入り込んでいた。

バスが停車し、歩いて高台を目指す。懐中電灯で足元を照らしながら、パークレンジャーの後に続く。フードゥーに囲まれた平らな場所を見つけ、円を描いておのおのが寝袋の中に収まった。とても静かだ。時々、ゴーっという風の音にのって、コヨーテの遠吠(とおぼ)えが聞こえてくる。昼間の熱気を含んだ風と違って、夜の風はなんとも心地よい。大自然の中にいることを実感する。

その日は満天の星が輝いていた。私は中学・高校と天体観測に明け暮れる毎日を送っていたが、これほどの星空を見たことがない。そのすさまじい数に、畏怖すら感じる。天の川が天球で地上のフードゥーとフードゥーをつないでいる。そこに流星が幾度となく流れた。どうやらペルセウス座流星群のものらしい。しばらくその光景に見とれていた。どんと背中を押され、宇宙に放り出されたような気分だ。空に、いつのまにか雲のような白くてモヤモヤしたものが現れた。

「あー残念、ちょっと曇ってきたのかなあ」

「コーヘイ、あれは雲ではないよ。オーロラだよ」

隣のクリスが囁いた。なんと、あれはオーロラなのか。初めて見た真夏の淡いオーロラは、亡霊のように弱々しく天を滑っていった。

足元には恐竜が眠り、頭上には満天の星が輝く。こんな贅沢な体験が他にあるだろうか。悠久の時の流れを、全身で感じる。嬉しくてなかなか寝付けない。

私は子供の頃に恐竜に興味を持ち、中高で天文にはまった。その両方を体験できる恐竜研究は、夢のような仕事だと確信した。この時に見た景色は、生涯忘れることはないだろう。

※1　博物館には研究を行う学芸員と、化石の整備や管理を行う技術スタッフがいる。掘り出したままの化石をきれいにクリーニングし、研究・展示できる状態に持っていくのが化石剖出スタッフの仕事。匠の技を持つ。

第2章

読み解け、化石からの伝言

1　パンクな生活が始まる

再びカルガリーへ

二〇一〇年五月、再びカルガリーにやってきた。修士課程が始まり、今度こそダーラ・ザレニツキー博士の下で卵化石の研究ができそうだ。

今回の留学では、モルモン教ファミリーの家にはホームステイできなかった。残念ながら、お父さんの仕事の都合で一家はエジプトに引っ越してしまったのだ。今はカイロのカナダ大使館で働いているらしい。クロエは元気でやっているだろうか。今度手紙を送ろう。

その代わり、お父さんの両親（クロエのおじいちゃんとおばあちゃん）の家に一時的にホームステイさせてもらっていた。二人はモルモン教ではなかったので、よく私がおじいちゃんのお酒の相手になっていたものだ。おばあちゃんは私にカナダの文化や料理を教えてくれた。

庭にはルバーブという、大きなフキが生えていて、お菓子の材料になる。ダイス状に切ったルバーブの茎とイチゴを煮詰めて生地で包み、オーブンで焼く。北米ではおなじみのお菓子、ルバーブパイの完成だ。甘酸っぱい初夏の味がする。

おじいちゃんとおばあちゃんの家では、朝晩の食事を出してもらい、時にはデザートやビールまでふるまってもらった。破格の値段で居候していたから、三か月も経つとさすがにこれは申し訳ないと思い、寂しいけれど自分で新たな家を探すことにした。

カナダでは、不動産会社の仲介ではなく、個人契約するのが一般的である。モノを売ったり買ったりしたい人が集まる地元のウェブサイトをチェックし、「部屋貸します」の告知を探した。カルガリーは物価が高いため、なかなか条件に合う物件がない。そんな中、カタコトの日本語で書かれた知らせを見つけた。

「日本人学生に部屋カシマス」

大学まで徒歩圏内でリーズナブルな家賃。しかも家具付き、光熱費とインターネット代も込み。完ぺきだ。しかし、なにゆえ日本人オンリー？　日本人を狙った新手の詐欺だろうか？　怪訝に思いながらも電話して、部屋の見学に行くことにした。

大学の隣駅「ブレントウッド」と呼ばれるエリア。閑静な住宅街で、背の高い木々が天蓋のように空を覆っていた。森の匂いがする。軽井沢の別荘地のようである。

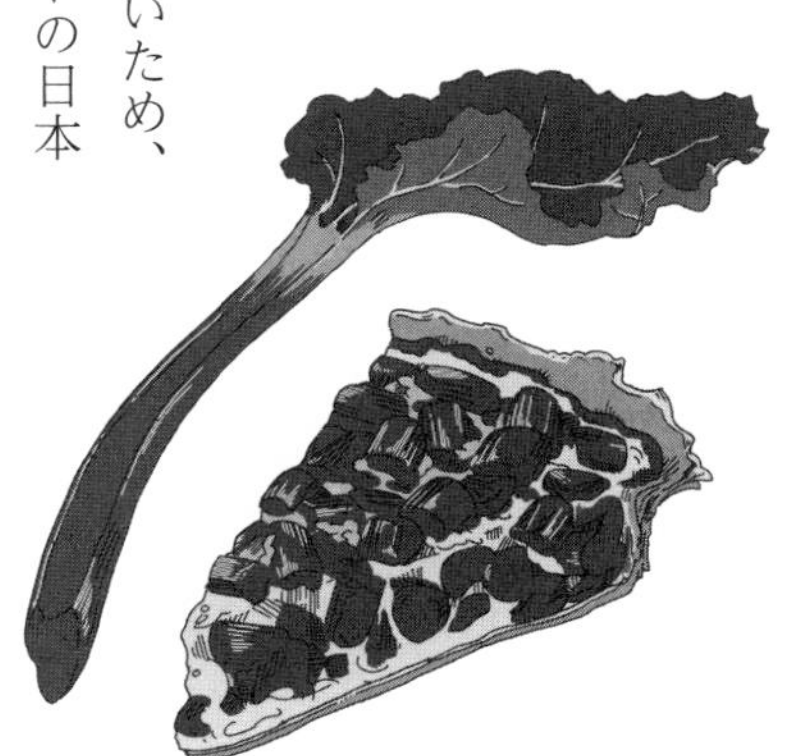

ルバーブの茎を煮詰めて作るパイ。
ほどよい酸味がおいしい。

この家に決めた!

インターホンを押して、現れたのは若いカナダ人家族。日本人ではなかった。

「なぜ日本語の広告を出したのですか?」

「日本人は静かでパーティーをしないでしょう? 前に部屋を貸した住人がうるさかったんだ」

なんだ、そういうことか。奥さん(キャッシー)は日系カナダ人(ただし、日本語はカタコト)、お父さん(ケネス、通称KJ)はくしゃくしゃ髪のオランダ系カナダ人。なんとなくマイケル・J・フォックスぽい。娘のハナちゃん(日本語でハナ、オランダ語でハンナ)はまだ八か月だった。可愛らしい。若干(じゃっかん)、部屋は散らかっている。ワイルドなギターがたくさん転がっている。穏やかでとても親切そうな家族だった。

KJの家は二世帯住宅のようになっていて、KJ家族は二階に住む。一階部分が貸し部屋だそうだ。一九五〇年代に建てられたというレトロな内装。一階は簡易キッチン付きのリビング、シャワールーム、そしてベッドルームが付いている。一人では十分すぎるほどの広さだ。窓からは杉の木が生えたひときわ大きな庭が見えた。ナナカマドの枝の上で黒いリスがキィーキィー鳴いている。通りの角にあり、このあたりでは一番広い敷地だった。

決めた！　この家に居候させてもらうことにしよう。書類にサインする。

「ところで、お父さんは何の仕事をしているんですか」

「パンクロックをやっているよ」

モルモン教の次はパンク。面白そうじゃないか！

2　恐竜の抱卵をめぐるナゾ

テーマは抱卵

修士課程が始まると同時に、恐竜の繁殖に関する研究プロジェクトも始動した。この章と第3章では、私が修士課程の初めから博士課程の終わりまで、とても長い時間をかけて取り組んだ研究を紹介したい。その研究とは、「恐竜たちは鳥のように抱卵（ほうらん）したのか」だ。このプロジェクトは、指導教官であるダーラとともに考えたものだ。

その日、私は修士研究のテーマを決めるべく、ダーラの研究室に向かった。ちょうど冬学期が終わった五月のキャンパスは学生の姿もまばらで、静かな緑地公園のようだった。芝生の広場ではウサギがゴロゴロしていて、暖かな春の日差しを楽しんでいる。噴水ではカモがスイスイ泳いでいる。木の上ではリスが忙しそうにしている。この時期は学生よりも野生動物の方が多い。「プレーリーチキン」と呼ばれるヘンテコなオブジェの横を通り、地球科学棟を目指した。

ドアをノックすると、二年前に会った時と同じように「カム・イン」というダーラの声が聞こえてきた。ダーラの研究室はこぢんまりとしていて、本や論文が整然と並んでいる。洗濯物を色の順に並べる私と同じくらい几帳面だ。顕微鏡サイズの標本を扱う卵化石研究者は、几帳面な人が多いのだろうか。壁には、ダーラがＦＢＩ（アメリカ連邦捜査局）に協力した時に贈られた感謝状が飾られている。卵化石をめぐって、ＦＢＩとどんな冒険があったのか、また今度聞くことにしよう。研究者の本棚やインテリアを眺めるのは大変楽しいことだが、今回はさっそく、本題に入った。

「コーヘイはどんな研究をやりたいと考えているの？」

カルガリー大学キャンパスにある芝生の広場。銀色のオブジェ（中央）がプレーリーチキン。

ダーラが尋ねる。

「恐竜たちはどういう繁殖行動をしていたのかを研究してみたいです」

これまでの卵化石研究というのは、どこでどういう卵化石が見つかったか、という報告ばかりだった。歴史の初期に恐竜の卵化石を分析したのは、ヴィクトール・ファン・ストレーレンというベルギー人だ。一九二〇年代にストレーレンは、顕微鏡を使ってモンゴルの卵殻化石を詳細に記述した。今見てもその的を射たスケッチは色あせない。というか、白黒なので色がない。それ以降、卵化石に関する何百もの報告があった。卵化石の記載論文は淡々としていて、読んでいるとちょっと眠たくなってしまう。

実はこれまで、恐竜がどうやって卵を産み、孵化させ、子育てしていたのか、恐竜の生きざまを推定した一歩踏み込んだ研究は少なかった。繁殖は、生き物にとって最も重要な活動の一つだ。繁殖なくして命のリレーは続かないし、進化は起こらない。恐竜の繁殖行動の直接的な証拠こそが、卵化石なのだ。それにもかかわらず、これまでは繁殖行動に関する研究がなおざりになっていた。私は卵化石を通して恐竜の「生きる」を探りたい。見つかった卵殻化石を同定するのもいいけど、もっと踏み込んだ研究がしたいと思っていた。世界の卵化石の分類研究がひと段落した今こそ、繁殖研究に挑む絶好のタイミングだ。

私はその考えをぶつけてみたが、ダーラは口を結んで考えた。

「そうね、だけどテーマが広すぎてちょっと漠然としているわ。何を調査すれば良いのか分からない。もう少し絞ったテーマでないと」

そうか、そのとおりだ。修士課程という短い期間では、目標と手順がはっきりした研究の方が良さそうだ。そこでダーラが提案したのは、「恐竜たちは鳥のように抱卵したのか」というテーマだ。

抱卵とは、鳥が巣の中で卵（やヒナ）の上にちょこんと座り、保護する行動である。抱卵は、恐竜から鳥への進化を考えるうえでとても重要な行動だ。鳥では当たり前である抱卵行動は、進化のどの段階で獲得されたのだろうか。鳥が進化してから生まれたのか、それとも鳥以前の恐竜に起源しているのか。鳥はいつ頃から、行動まで「鳥」になっていったのだろう。抱卵を推定できれば、現在の鳥類に見られる繁殖方法がどのように進化していったのかを考えることができる。テーマは決まった！　抱卵の推定だ！

研究者は探偵!?

とは言っても、抱卵など、絶滅した動物の「行動」を推定することはとても難しい。たいてい、行動は化石として残らないからだ。愛犬が死んで骨になったら、お手が得意だったとどうして推測できようか。ハチ公がエライ犬だったことは、生前の行動が語り継がれているから分かるのだ。ちなみにハチ公の内臓は東京大学農学資料館に展示されているそうだ。内臓を見て忠犬ぶりを認識できる人がいたら教えてほしい。

つまり、「行動」の推定は古生物学の難題である。私たちが使える証拠と言えば、骨化石や卵化石、足跡化石くらいしかない。限られた証拠の中で答えを見つけ出すのは、さながら探偵のようだ。死者の残した証拠を伝言のように読み解き、真相を求める。どうすれば答えが見つかるだろう。答えにたどり着くために、何か斬新なアイディアが必要だ。研究者の腕の見せ所である。

実は、恐竜の抱卵行動に挑んだのは私が最初ではない。「抱卵」というキーワードで論文を読み込んでいったところ、これまでに何人かの研究者が挑み、称賛され、返り討ちにあってきたようだ。

まず、骨化石を使って恐竜の抱卵行動を推定した例を紹介しよう。一九九〇年代に、モンゴル・ゴビ砂漠でオヴィラプトロサウルス類の骨格化石と卵化石がセットになった化石が見つかった。オヴィラプトロサウルス類は、オウムのような顔にダチョウのような体つきをした小型の羽毛恐竜である。名前が長いので、私たちは「オヴィ」と略して呼んでいる。オヴィラプトロサウルス類はどちらかというと可愛らしいタイプの恐竜だ。驚くべきなのは、見つかった骨格化石の姿勢である。複数の卵がドーナツ状に並べられていて、その上で卵を抱えるような状態だったのだ。鳥が卵を抱くポーズとよく似ている。研究者はこれを、親が抱卵したまま化石になったのだと解釈した。この発見によって、一部の恐竜は抱卵したと考えられるようになった。

ゴビ砂漠で見つかった抱卵姿勢の標本を見てもらえれば、多くの人はオヴィラプトロサウルス類が抱卵したと納得するだろう。この有名な標本は「ビッグ・ママ」という愛称で知られていて、レプリカが日本の恐竜展でも何度か展示されている。ちなみに、本当はママではなく「ビッグ・パパ」であったことは、また別の章でお話ししたい。オヴィラプトロサウルス類はイクメン恐竜だったようだ。

「抱卵姿勢の化石が見つかっているなら、もう恐竜は抱卵したで決まりじゃん」とツッコむ読者の皆さん、ちょいとお待ちいただきたい。オヴィラプトロサウルス類の抱卵については、いくつかの反論が出ている。これだけでは証拠不十分というのだ。

反論として、卵の上に植物などの巣材がドーム状に積み上げられていて、そのドームの上に親の恐竜が乗っ

オヴィラプトロサウルス類。

オヴィラプトロサウルス類の２つの仮説。ドーム状の巣の上で卵を守る仮説（左）と巣の中で抱卵する仮説（右）。

かって巣を守っていただけ、という解釈がある。現在のワニ類がこのような方法をとる。植物などの巣の素材は化石として残ることは滅多にないから、この可能性は否定できない。

これまでの研究から、オヴィラプトロサウルス類は鳥のように抱卵した、あるいはワニのように卵が埋まった巣を保護した、という二つの見解がある。抱卵をしたか、あるいはしなかったかを判断する方法は、他にないだろうか。骨がだめなら卵だ。卵化石こそ、恐竜の繁殖を探る救世主。私は、卵化石に注目した。

現在は過去の鍵

この場合、まずは「卵化石を分析すると、抱卵行動が推定できる」という研究の土台作りが必要である。卵化石に、抱卵のヒントになる特徴が残っていないだろうか。

卵化石だけを眺めていても、その答えは分からない。卵化石の前に、まずは現在生きている種（絶滅種と区別するため、現生種という）の卵を探る必要があるだろう。現生種で抱卵行動と卵殻の構造に何らかの関係性が見出せれば、それを化石種にも応用できるはずだ。

「現在は過去の鍵である」とは、イギリスの地質学者チャールズ・ライエルが広めた言葉である。これは恐竜研究にも当てはまる。現在の動物は、過去の動物を知る鍵である。恐竜のことを知りたければ、それ以上に今生きている動物のことを知らなくてはいけない。そういうわけで私の研究のモットーは「現生種七割、恐竜三割」である。私の研究は、ほとんどの時間を現生種の調査に費やす。もっとも、このスタイルが誕生したのは抱卵研究のおかげであった。最初にお断りしておこう。この章と第3章のほとんどは現在の動物の話です。

　現生種の中でも、特に重要なのが、ワニ類と鳥類である。一見関連がなさそうな二つのグループだが、実は、「主竜類（しゅりゅうるい）」という同じグループに束ねられる。現在の主竜類はワニ類と鳥類しかいないが、過去には他にもさまざまなグループがいた。例えば、プテラノドンなどの空を飛ぶ翼竜も主竜類である。そして何を隠そう、絶滅した恐竜も主竜類なのだ。しかも進化上、絶滅した恐竜類はワニ類と鳥類の間に収まる。中生代三畳紀（ちゅうせいだいさんじょうき）の初め頃、主竜類は二つのグループに分かれた。一方はワニに至る系統、もう一方は恐竜に至る系統である。鳥類は恐竜の系統内で生じたグループだ。現在の鳥類は、恐竜たちの増えすぎた末裔（まつえい）なのである。

　つまり、現在のワニ類と鳥類で関係性が見出せれば、その間に位置する恐竜類にも関係性を当てはめることができる。恐竜の生態を知りたければ、まずはワニと鳥を理解せよ、と言われるゆえんだ。このように、現在生きている動物で恐竜を挟み撃ちして生態や特徴を推測するやり方を「系統ブラケッティング」と呼ぶ。

言葉にすると簡単だが、行動の推定は一筋縄ではいかない。実際、めちゃくちゃ頭を使った。このタイプの研究は、化石に残る構造から行動を推定する方法をいかにして見つけ出すかが最大の難関と言える。修士研究のほとんどの時間を、「抱卵行動と卵殻の構造に関係性を見い出すこと」に費やした。

果たして、抱卵行動は卵殻に記録されているのか。論争を巻き起こしている「恐竜の抱卵」について、修士課程を始めたばかりの院生の挑戦が始まった。

3 ティレル博物館のバックヤードに潜入！

鍵は巣のタイプ

新しい研究を始める時、まずは下調べが必要である。私は、恐竜の抱卵研究にポッと湧いて出た新人である。いきなり「俺の意見はこうだ」と主張したところで、他の研究者には相手にされない。というか、まだ主張がない。まずは過去の研究を探り、知識を深め、研究の最前線がどこにあるのかを知る必要がある。そこで抱卵や巣作りに関する論文を片っ端からかき集めることにした。

論文を読み進めるうちに、あることに気が付いた。それは、恐竜たちの抱卵行動を知るには「かれらがどんな巣を作ったか」を知れば良いということだ。

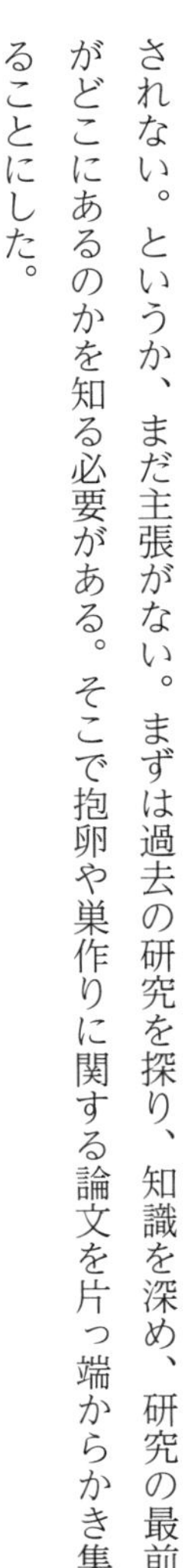

ツカツクリ科の鳥の例（ヤブツカツクリ）。上野動物園にいます。

ある程度簡略化した話になってしまうが、「どんな巣を作ったか」という疑問は、「抱卵したのか」という疑問と直結している。なぜかというと、抱卵する種としない種で、巣の形態がまったく異なるからだ。現在のワニ類とごく一部の鳥は、地面の中に卵を埋めたり、卵の上に巣材をかぶせてドームを作ったりする。卵は埋められているから、抱卵はしない。ごく一部の鳥とは、ツカツクリ科と呼ばれるニワトリやシチメンチョウの仲間の鳥のことだ。かれらはオーストラリアやオセアニアに棲（す）んでいて、鳥のくせに抱卵しないというアウトローである。本書にはツカツクリ科がわりとよく登場するので、ぜひ覚えておいていただきたい。ここではこのタイプの巣のことを「埋蔵型の巣」と呼ぶことにしよう。ちなみに、カッコウなどの一部の鳥も抱卵しない。かれらは他の鳥の巣に卵を産み付け、「托卵(たくらん)」するちゃっかり者だ。卵が抱卵されることに違いはないから、ツカツクリ科のようなアウトローではない。

ほとんどの鳥類は、カップ状の巣を作る。卵は巣の中で露出し、空気にさらされている。卵が巣の中で露出する場合、卵を温める方法はそう多くない。親が上から乗っかって抱卵することで、卵は一定の温度を保つことができる。このような巣のことを「オープンな巣」と呼ぶことにしよう。

つまり、「埋蔵型の巣」であれば抱卵はしないけど、「オープンな巣」なら抱卵をする、あるいはしただろうという関係性が見えてくる。抱卵行動を知りたければ、恐竜の巣のタイプが分かれば良いのだ。

であれば話は簡単。恐竜の巣化石を観察して、どっちのタイプに属するか調べればいいだけだ。化石標本を確認しに博物館へ行きたくなってきた。

埋蔵型の巣（ワニ類・ツカツクリ科）

オープンな巣（多くの鳥類）

埋蔵型の巣とオープンな巣。

季節は夏に向かっていた。大学は休みなので、出かけるにはちょうど良いタイミングである。

アニーとバッドランドの夏

ある日、ダーラの研究室で同じく修士課程の研究を進めるアニーが、ドラムヘラーへフィールドワークの手伝いをしに来ないかと誘ってくれた。ドラムヘラーと言えば、ロイヤル・ティレル古生物博物館がある街だ。フィールドワークのついでに、ティレル博物館で標本を観察することができる。私は、二つ返事で引き受けた。

アニーは私よりも一年早く修士課程を始めている。恐竜の都、ドラムヘラー出身であり、ティレル博物館でアルバイトをして育った古生物学界のサラブレッドだ。とにかく体を動かすことが大好きで、三時間以上椅子に座っていられない体質である（ただし、学業優秀である）。修士研究では、ドラムヘラーに露出する白亜紀後期の地層の調査をしていた。地層から当時の環境を推定し、環境の変化と化石記録がどうマッチしているのかを調べる研究である。体を動かすことが大好きなアニーにはピッタリの研究テーマだった。

そんなわけでＫＪ家に引っ越す直前の三週間、私はドラムヘラーで過ごすことになった。ドラムヘラーでは、知り合いのモルモン教の家にホームステイさせてもらうことにした。私のモルモン教ネットワークを甘く見てはいけませんぜ。

ナナイモバーのような色の違いが美しいホースシュー・キャニオン層。

ホームステイの前半はアニーのフィールドワークの手伝い、後半はティレル博物館で卵化石標本を分析させてもらう計画だ。ティレル博物館収蔵の卵標本をまだしっかりと観察したことがなかったので、この機会に全部見てしまおうと思っていた。この時の経験が、その後、恐竜の抱卵研究に重要なヒントを与えてくれることになった。

アニーの調査地は、ホースシュー・キャニオン層と呼ばれる地層である。前章のコラムに登場したクリスの調査地よりも、数百万年ほど新しい時代にあたる。茶色や白、黒などの色の違う地層が幾重（いくえ）にも連なり、バッドランドと呼ばれる荒涼とした大地を彩っている。ホースシュー・キャニオン層は、図鑑に載っている、たくさんの恐竜たちのふるさとだ。アルバートサウルスやエドモントサウルス、パキリノサウルスなど、二〇種以上の恐竜化石が見つかっている。

一方で、卵殻化石は滅多に見つからない。あわよくばアルバートサウルスの卵化石を、と思ったが、現実はそんなに甘くない。調査のかたわら、化石を探してみたが、卵殻化石はまったく見つからなかった。ハドロサウルス類や最近ではティラノサウルスの仲間の赤ちゃん化石は見つかっているから、この地層に限って恐竜たちが繁殖していなかったわけではないだろう。どうやら、卵殻が保存されにくい性質の地層らしい。地層によって、卵殻化石がたくさん見つかったり、見つからなかったりするのは興味深い。

アニーの調査は、地層のレイヤーごとに岩石を削り出して採集することが目的だった。地層をツルハシで削り、岩石を記録し、ジップロックに入れていく。これを地層の下から上まで続ける。

バッドランドでは太陽がジリジリと肌を焼いた。カルガリーの夏は日本人の私からすると、ちょっと温かい風が頬を優しく撫(な)でる程度だが、バッドランドは違う。ツルハシを振るごとに、じわっと汗がにじむ。こうやって暑い中で体を動かすのも悪くないなと思った。

大量のジップロックを毎日アニーの実家に運び込むから、家はみるみるうちに岩石でいっぱいになった。おおらかなアニーの両親はそれを見てニコニコ笑っていた。採集した岩石サンプルは、カルガリーで詳細に分析する予定だそうだ。こうして一週間のフィールドワークはあっという間に終わった。

収蔵庫の標本たち

次の二週間、私はティレル博物館に通い、収蔵庫の卵化石を見せてもらった。ティレル博物館は圧巻の恐竜展示が来館者の目を引くが、実は一般の来館者が入れないバックヤードに、知られざる世界が広がっている。発掘現場から運び込まれた標本がそのままの状態で高く積み上げられた一時保管庫、化石のクリーニングや修復、レプリカ作りなどを行うプレパレーション室、そしてクリーニングが終わった標本が行き着く収蔵庫と、バックヤードこそティレル博物館の真骨頂（しんこっちょう）である。展示室は博物館のごく一部にすぎない。

収蔵庫はちょっとした体育館くらいの広さがあった。頑丈な棚には、動物のグループごとや発掘地ごとに化石標本が保管されている。長い年月をかけて岩石に置き換わった恐竜化石はとても重たいので、フォークリフトを使って標本の出し入れを行っている。

卵化石は、産地別の棚の中に収蔵されている。どの棚に卵殻が入っているか分からないので、まずはコレクション・マネージャーと呼ばれる標本管理を専門に行うスタッフに聞いてみた。すると、卵標本が収蔵されている棚や引き出しの番号をプリントアウトしてくれた。卵化石だけなのにとんでもない数があり、リストは何ページにも及ぶ。

リストを手に、目標の棚を探すのだが、これが宝探しのようで楽しい。適当に引き出しを開けてみると、卵殻化石だけでなく、恐竜の歯やツメ、小さな背骨など、さまざまな化石が整理・分類され、大切に保管されていた。一日中引き出しを眺めていても飽きない。研究者の本棚を眺めるのが面白いように、博物館の収蔵庫で標本を見て過ごすのは大変ステキである。

引き出しの中の小さな化石は、一つひとつにきちんとラベルが付けられ、標本番号が割り振られていた。一つの引き出しには何十という数の標本があり、一つの棚には何十という引き出しがある。さらに棚は、テトリスのように収蔵庫の中に詰まっている。膨大な資料を整理するコレクション・マネージャーに敬意を表したい。

ティレル博物館のバックヤードには宝がいっぱい。

複数の卵化石がまとまって見つかる、いわゆる巣の状態の標本は、大きな棚の中に保管されていた。その多くが、アルバータ州南部の「悪魔の峡谷（デビルズ・クーリー）」と呼ばれる営巣地（えいそうち）

で見つかったものだ。スタッフにフォークリフトを出してもらい、標本を床に降ろしてもらった。

トロオドンの巣（クラッチ）化石。ロイヤル・ティレル古生物博物館所蔵。

トロオドンという、小型の肉食恐竜の巣化石標本では、細長い卵の下半分が、緑灰色の泥岩（でいがん）に立った状態で保存されていた。卵を突き刺すようにして産んでいたのだろう。

上部は風化によって失われている。卵は合計八個ほどあった。アメリカ・モンタナ州では、一つの巣から最大二四個の卵が見つかっているから、これは巣の一部ということだろう。母岩（ぼがん）である泥岩を観察するも、巣の構造らしきものはよく分からない。発掘時のノートも確認させてもらったが、巣の痕跡は現場でも見つかっていないようだ。

トロオドン。

ヒパクロサウルス。

同じように、ヒパクロサウルスというハドロサウルス類の巣化石も観察させてもらった。やはり巣のような構造は見られない。巨大な丸い卵がランダムに並んでいるだけだった。生きていた当時は、この上に植物片などの巣材がかぶせてあったのかもしれないが、そのような痕跡も確認できなかった。

次に、「タイプ標本庫」を見せてもらった。「タイプ標本」とは、新種と認定された生物の標本のことである。新種か否かはタイプ標本を基準に同定されるため、タイプ標本はその生物が存在した証拠で、未来永劫（みらいえいごう）受け継がれるべき標本である。そのため、タイプ標本庫の管理は厳重だった。タイプ標本庫があるのは収蔵庫の一番奥。常に鍵が掛けられている。カナダ恐竜研究の聖地であるティレル博物館にはたくさんのタイプ標本があり、カナダの恐竜化石の豊かさを物語っていた。

タイプ標本庫の中には、最近ダーラが新卵属（らんぞく）・新卵種（らんしゅ）として記載した「モンタノウーリサス・ストロンゴラム」と呼ばれる卵化石があった。属名の「モンタノウーリサス」とは「モンタナの卵の石」というド直球の意味で、モンタナ州から見つかったことに由来している。

この標本には、巣の土台が残されていた。直径が四〇センチメートル程度の小山状の土台の側面に、細長い卵が部分的に並んでいる。風化が激しく、卵そのものというよりも、卵が並んでいた跡（印象）が残されている。よく見ると、印象部分にまだ卵殻が張り付いている。七五〇〇万年前の当時、ちょうどこの上に恐竜が座り、産卵したのかと思うと、感慨深い。

この巣の形には見覚えがあった。以前、中国で見たオヴィラプトロサウルス類の巣化石にそっくりなのだ。おそらく、近い種類の恐竜が産んだ卵だろう。盛り土をして土台を作ったことまでは分かるが、その上で親が抱卵したのか、卵の上に巣材をかぶせて抱卵しなかったのかは、これだけでは分からなかった。

「モンタノウーリサス」の巣（クラッチ）化石。卵が小山の上に並んでいる。ロイヤル・ティレル古生物博物館所蔵。

緻密とスカスカ

残念ながら、ティレル博物館にある標本から、恐竜の巣のタイプを判定することはできなかった。実をいうと、恐竜の巣のタイプはたいてい不明なのだ。巣の構造が残っている場合なんてほとんどないし、卵の上にかぶさる土砂以外、巣の素材が化石化して見つかった事例は皆無である。世界中で何千、何万という数の卵化石が見つかっているにもかかわらず、だ。巣化石を見れば巣のタイプが分かるだろう、というもくろみはもろくも崩れた。研究は、そんなに簡単ではないようだ。

ただし、稀ではあるが、モンタナ州のマイアサウラやトロオドンがクレーター型の巣を作っていたという報告がある。ここでは、クレーター状の巣の縁が卵や卵殻の周りに残されていた。ただし、前述のように、巣の土台が分かっても、卵を埋めたかどうかの判定の基準にはならない。

ほとんどの場合、巣の縁は残っておらず、卵化石だけがたくさん集まった状態で発見される。私たちは卵の集合を見て、「恐竜が生きていた当時、ここは巣だったんだな」と認識する。この、一度の繁殖期に産み落とされる卵の集合のことを、巣と区別して「クラッチ」と呼ぶ。ティレル博物館で見たトロオドンやヒパクロサウルス、モンタノウーリサスの標本も、

マイアサウラ。

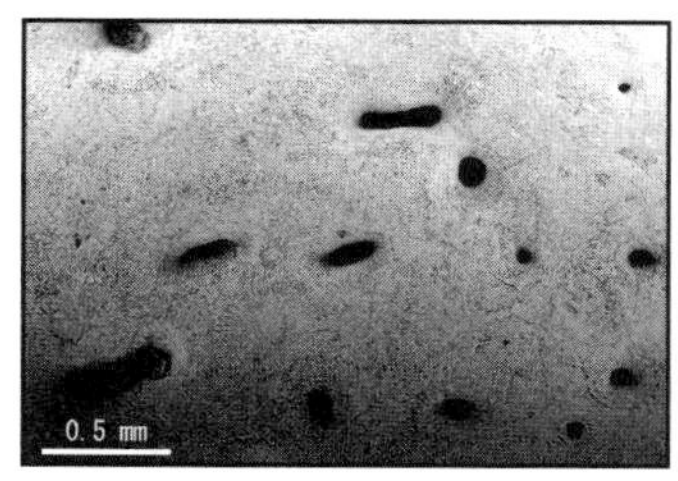

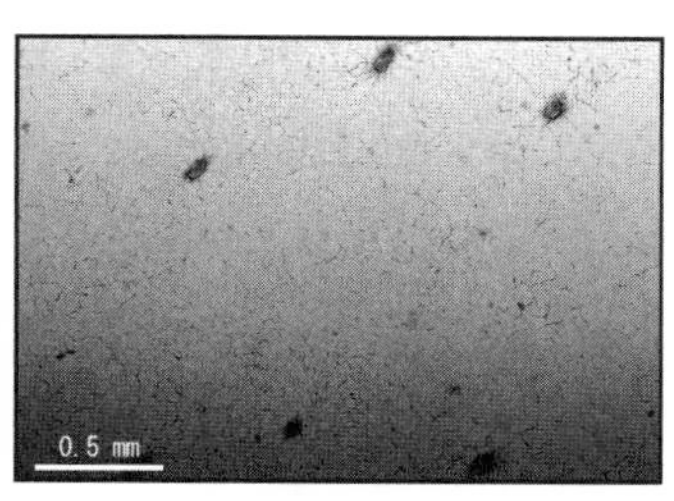

マイアサウラ（左）とトロオドン（右）の卵殻表面の電子顕微鏡写真。気孔の数や大きさが違うことが分かる。

クラッチ化石だ。本書では今後も「クラッチ」という言葉がたびたび出てくるので、「クラッチ」と言えば、卵の集合なんだな、と覚えておいてほしい。

ティレル博物館での調査では、クラッチ化石以外にも、収蔵されている卵殻化石もすべて観察することにした。気になる標本は作業台まで運び、ルーペで詳しく観察した。さらに詳しく見たい場合は、フランソワ・テリエン博士の走査型電子顕微鏡を借り、微細な構造を観察することにした。

いろいろな種類の卵殻化石を電子顕微鏡で観察し、比べてみると、面白いことに気が付いた。例えば、アルバータ州でよく見つかるマイアサウラとトロオドンの卵殻は、構造の違いがはっきりしている。二種類の卵殻化石は、同じ産地から見つかっていて、同じくらいの厚みがある。だが、マイアサウラの卵殻は穴だらけでスカスカ、マンガに出てくるチーズのようである。一方、トロオドンの卵殻はとても緻密で穴が少ないし、穴の直径も小さい。文献上では知っていた知識だったが、実際にそれを目の当たりにすることは重要な経験であった。

なぜ、二種類の卵殻はこんなにも違っているのだろう。これが、恐竜の抱卵行動を推定する重大な手掛かりであると気づくのは、このすぐ後のことであった。

4　魔法の値、卵殻のガスコンダクタンスとは？

大学での勉強術

ドラムヘラーでの調査が終わり、新学期が始まった。キャンパスに学生が戻ってきて、休み時間になると、廊下は教室から教室へ移動する学生であふれかえった。濁流のようである。流れに反して通路を進むのは容易ではない。屈強なカナダ人学生の流れにひ弱な日本人留学生が飛び込むのは、マグロの水槽で泳ぐイワシに似ている。

研究のかたわら、私は時間があれば学部の授業に潜り込み、地球科学や生物学を学ぶことにした。専門用語を英語で理解できなければ、研究者と会話できないと考えたからだ。

北米の講義はたった五〇分で終わる。北海道大学では九〇分もあったので、それに比べるとずいぶんと短い。大学院生には、平均A以上（「優」に相当）の成績を収めないと（平均がB以下になると）、退学になるというなんともコワいシステムがあった。「そこにとどまりたければ、全力で走り続けないといけない」という『鏡の国のアリス』の「赤の女王」[※1]を彷彿とさせる。学部の授業とて、本気で挑まなくてはならない。「地球科学入門」くらいの授業ならさほど問題ないが、「古生態学」や「堆積学」、「比較解剖学」になると格段にレベルがアップした。

そこで私は小林快次先生の勉強術に倣い、授業に取り組むことにした。担当の先生に許可をもらい、講義をボイスレコーダで録音する。録音しているから、講義中はノートに気を取られず、先生の話に集中できる。講義後、ボイスレコーダを再生し、ノートの清書を作る。手間だが分からなかった箇所を何度も聞き返せるので、確実に講義を理解できる方法だった。

巣のタイプの推測法

授業がない時はひたすら研究室にこもり、論文を読みふけった。だんだんと研究背景が分かってきた。

恐竜の抱卵研究について、要点をここでまとめたい。

一、抱卵行動の有無は、巣のタイプが指標になる。

二、巣のタイプは、クラッチ化石を見ただけでは分からない。

巣のタイプ(「埋蔵型の巣」か「オープンな巣」か)を推定するには、何か新しい着眼点が必要だ。卵殻の特徴から、巣のタイプを推測できないだろうか。

過去の研究者は、すでに巣のタイプを推測する方法を見つけ出していた。論文を読んでみると、繰り返し「ガスコンダクタンス」というキーワードが出てくる。「卵殻のガスコンダクタンスを使って、恐竜たちがどのような巣に卵を産んだのかを推定した」とある。

ガスコンダクタンス？　この言葉には聞き覚えがあった。あれは確か、前年、モンタナ州で開かれた国際会議「恐竜の卵と赤ちゃんシンポジウム」に出席した時に聞いた言葉だ。

世界には「恐竜の卵と赤ちゃんシンポジウム」なる会議がある。世界広しと言えども、極めてマニアックな会議と言わざるを得ない。世界中の大学教授や研究者が集い、恐竜の卵や赤ちゃんについて議論するのだ。ただし、ほとんどが知り合い同士なので、同窓会のようである。三年に一度くらいのペースで開かれ、三〇名ほどが参加する。新参者の私は、ダーラの学生が運転する車で、会議が開かれるモンタナ州立大学（ボーズマンという街にある）に向かった。モンタナと言えば、子育て恐竜マイアサウラの集団営巣跡が見つかったことで有名だ。その仮説を提唱したジャック・ホーナー博士も会議に出席していた（ちなみに、還暦を超えたホーナー博士の容姿は、なんとなく『バック・トゥ・ザ・フューチャー』の科学者ドクを思わせた）。

モンタナ州はアルバータ州の南に位置するため、「お隣さん」の印象がある。しかし車だとカルガリーから国境を越えてアメリカに入国し、ボーズマンに到着するまで八時間ほどかかるので、遠すぎるお隣さんである。これは、東京から広島までの距離に匹敵する。

余談だが、車で国境を超える際、関所のような建物でパスポートを見せる。ドライブスルーのようなゲートで止まると、イカツイ関所の番人が、パスポートをよこせと指をクイッとした。私のパスポートを見るや否や、番人は「君は不法滞在しているのか」とすごんだ。はじめはわけが分からなかったが、番人はパスポートに挟まった期限切れの就学ビザを見つめていた。新しいビザに更新した際、破棄するのを忘れて挟まったままだったのだ。当然、新しいビザも挟まっている。幸い、同乗していたダーラの学生が事情を説明してくれ、事なきを得た。ヒヤッとする出来事であった。

アメリカに入ると、急にロードコンディションが悪くなり、看板の表記がキロメートルからマイルに変わった。同じ道なのに、国境の存在は不思議議である。

前置きが長くなってしまった。「恐竜の卵と赤ちゃんシンポジウム」で発表された研究の一つに、ガスコンダクタンスの話題があった。ショーン・コネリーに似たチョイワル風の研究者の発表だ。なんでも、卵殻のガスコンダクタンスを調べて、オヴィラプトロサウルス類は、ワニのように湿度の高い巣材の中に卵を産んでいたと判定したそうだ。恐竜の抱卵否定説である。このあと、ショーン・コネリーは、「恐竜は子育てした」と主張する科学者ドクことジャック・ホーナー博士と（あくまでアカデミックに）バチバチやりあっていた。残念ながら、当時の私の英語力では、彼らの議論をほとんど理解できなかった。今考えると、非常に惜しいことをした。ジェームズ・ボンドと科学者ドクの結びの一番を、字幕なしで鑑賞したようなものである。

ガスコンダクタンスと巣のタイプ

それでは、恐竜の巣のタイプが分かる魔法の値（あたい）、卵殻のガスコンダクタンスとはいったい何なのだろうか。論文を読んで調べてみる。簡単に言うと、「ガス（ここでは水蒸気）の通りやすさ」のことらしい。卵の内部と外部は、硬い卵殻によって隔てられている。卵殻は、いわば卵の中の赤ちゃん（胚（はい））を守る強靱（きょうじん）な壁である。壁によって中の世界は平和と秩序が保たれている。城の中のお姫様のようだ。しかし、四方が壁で囲まれた生活は、息が詰まってしまう。たまには息抜きが必要である。そういうわけで、壁には秘密の抜け穴があって、こっそりと外部との密会を許している。穴がたくさんあれば、ガス抜きがたくさんできる。ガス抜きがたくさんできる状態の時、ガスコンダクタンス値は高いと言える。一方、穴が少なければ、ガス抜きしづらく、ガスコンダクタンスの値は低くなる。このように、壁を通したガスの移動のしやすさのことを、ガスコンダクタンスという。

抽象的な説明になってしまったので、具体的に補足しておく。この穴（「気孔」という）は卵殻に何千、何万とあり、胚の呼吸を助けている。外界から酸素を取り入れて、二酸化炭素を吐き出す連絡口である。気孔がないと胚は窒息して死んでしまう。気孔の存在は、ゆで卵を作る時、卵の表面にプチプチと気泡ができることから確認できる。皆さんも、ゆで卵を作る時は、プチプチを見て命を実感してほしい。ニワトリの卵にはおおよそ一万二〇〇〇個の気孔がある。

気孔は、酸素や二酸化炭素の他に、水分（正確には、水蒸気というガス）の通り道にもなっている。穴が開いている以上、卵の中の水分は、乾燥した外界へと徐々に抜け出

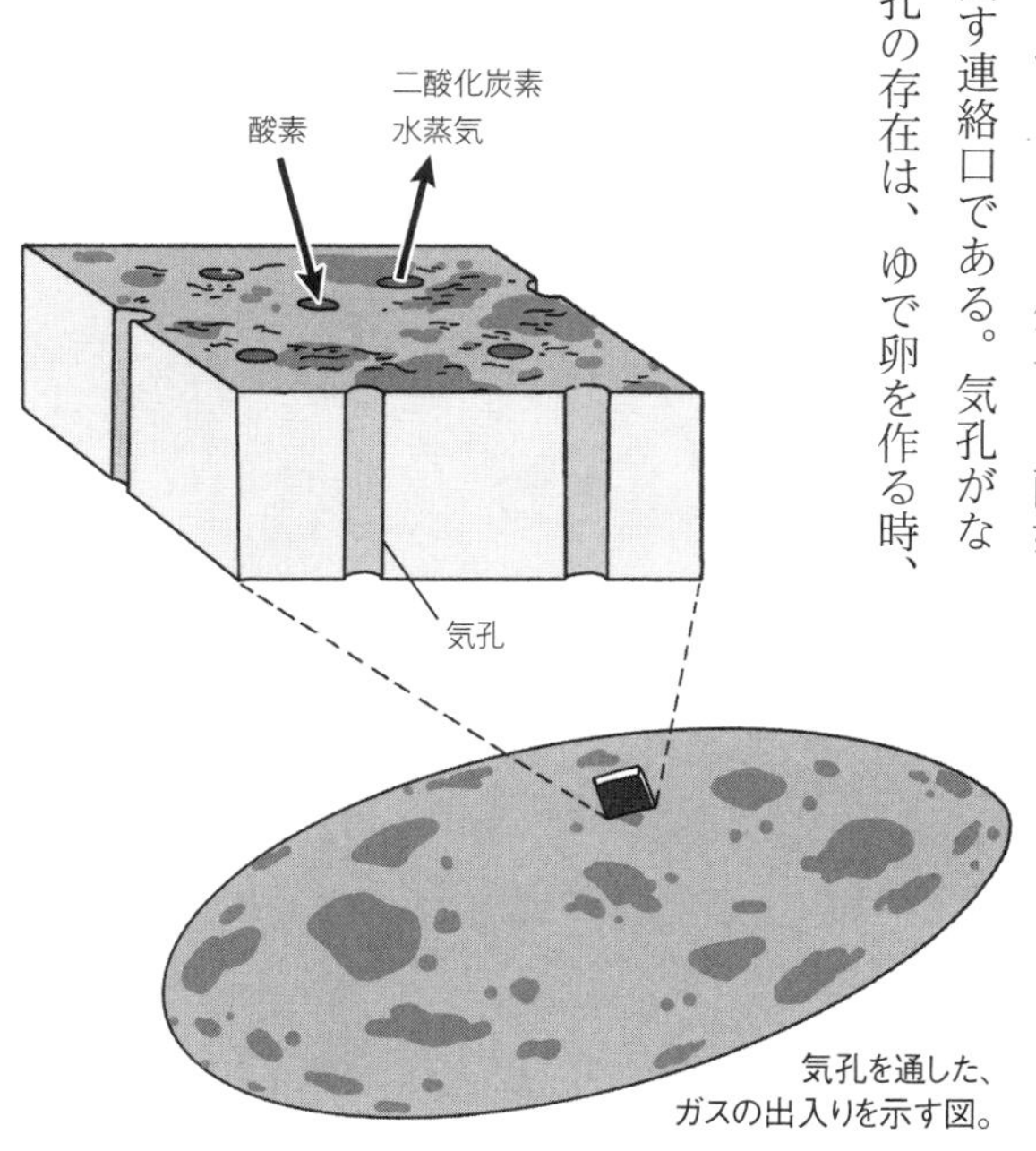

気孔を通した、
ガスの出入りを示す図。

て行ってしまう。水蒸気がたくさん拡散されれば、それはガスコンダクタンスが高い証拠と言える。実は、卵にとっては水分を失うことも重要で、孵化までの間に一定の割合（卵の重さのおよそ一五％の水分）を失うようにできている。

だから、水蒸気の通りやすさ（＝ガスコンダクタンス）は、巣のタイプによってちょうどよくなるように設計されている。乾燥した巣に産み付けられる卵であれば、過度の水分蒸発を防ぐため、水分が通りづらい卵殻になるはずだ。つまり、ガスコンダクタンスの値は低くなる。一つひとつの気孔が小さく、数も少なくなり、緻密な卵殻になる。一方、湿度が非常に高い巣に産み付けられる卵であれば、乾燥対策はさほど必要ない。ガスコンダクタンスの値は高くなる。気孔だらけのスカスカ卵殻になる。

ここで言う、乾燥した巣とは、多くの鳥が作る「オープンな巣」のことであり、湿度が非常に高い巣とは、ワニ類やツカツクリ科が作る「埋蔵型の巣」のことである。つまり、ガスコンダクタンス値が高いか低いかで、巣のタイプが判断できるというわけだ。先のショーン・コネリーによるオヴィラプトロサウルス類の研究発表は、このカラクリを利用して、巣のタイプ、ひいては抱卵の有無を推測していた。

卵化石での計算法

ガスコンダクタンスの概念はやや回りくどい。ガスコンダクタンスじゃなくて、卵殻がスカスカか緻密かで説明した方が、直観的で分かりやすいと思ってしまう。

でも、ガスコンダクタンスが広く用いられるのにはわけがある。生卵の場合、ガスコンダクタンスは実験室で簡単に測定できるのだ。巣から卵を拝借してきて、湿度一定の乾燥した小部屋に入れる。卵は気孔を通して水分が徐々に抜けて軽くなっていく。時間の経過とともに卵の重さを繰り返し量れば、一定時間内に抜け出た水分量が分かる。ガスコンダクタンスは一定時間・一定条件下における水分の損失量と定義される。気孔の数やサイズを測定しなくても、卵の水分損失量さえ分かれば、卵殻の「水蒸気の通りやすさ」を知ることができるのだ。

これは、ガスコンダクタンス研究が盛んになった一九七〇年代に考案された方法である。この方法なら、卵の重さを量るだけで手間がいらない。ただし、生きた卵を奪うことになるので、親鳥にプンスカ怒られること必至だ。怒った鳥は大変コワい。

気孔の数や大きさを直接測定してガスコンダクタンスを求める、というやり方も可能ではある。だが、これは大変骨の折れる作業である。微細で無数にある気孔の数を数えないといけないし、気孔の直径も計測しないといけない。当時の鳥類学者や動物生理学者たちは、「面倒だなあ。やりたくないなあ」と思ったはずだ。

一方、恐竜の卵化石では、水分損失量を測定するわけにはいかない。そこでガスコンダクタンスは、気孔のサイズや数に基づいて計算される。古生物学者は、手間と時間がかかる方法を強いられているのである。気孔の計測値からガスコンダクタンスを導出する方法は、フィックの法則[※2]という物理法則によって説明することができる。

以前ティレル博物館で見た、マイアサウラのスカスカの卵殻とトロオドンの緻密な卵殻は、ガスコンダクタンスの違いを示していると言えそうだ。直観的な解釈だが、マイアサウラの卵殻はガスコンダクタンス値が高く、トロオドンの卵殻は値が低いはずだ。

難しい話が続いてスミマセン。もう一度まとめると、

一、抱卵行動の有無は、巣のタイプが指標になる。
二、巣のタイプは、クラッチ化石を見ただけでは分からない。
三、巣のタイプはガスコンダクタンスの値によって判定できる。
四、ガスコンダクタンスは、卵殻化石でも計算できる。

これだ！　卵化石から、抱卵行動を推測するプランが見えた。

5　ガスコンダクタンス研究に穴あり！

ガスコンダクタンスを使った研究は、これまで繰り返し行われてきた。新参者が新たに研究に参入する余地など、残されているのだろうか。

埋蔵仮説への疑問

「抱卵行動を推測するプランが見えた」とは言え、ガスコンダクタンスの研究者は、恐竜は「埋蔵型の巣」に卵を埋め、抱卵しなかったと結論付けている。抱卵姿勢の骨格化石が見つかっているオヴィラプトロサウルス類も含めてだ。

私には、この見解に、一部納得できない点があった。オヴィラプトロサウルス類のクラッチ化石を見てみると、きれいに卵が輪っか状に並んでいる。「埋蔵型の巣」であるならば、巣材で卵を覆うわけだから、わざわざ卵をきれいに並べる必要があるだろうか。この事実は、埋蔵型の巣を作る現生種とは異なる。埋蔵型の巣を作るワニ類やツカツクリ科と呼ばれる鳥は、巣を作ってから、卵をランダムに産み付ける。巣の中で、十分な温度と湿度が保たれる場所に埋まってさえいればよいのだ。

もう一つ、オヴィラプトロサウルス類は、一日（か、数日おき）に二個ずつ卵を産んでいたことが分かっている。お腹の中に二個の卵を宿した、いわば妊娠中の化石が見つかったことから判明した。オヴィラプトロサウルス類の巣には、最大で三五個の卵が並ぶから、一つのクラッチは二週間程度で完成する計算だ。かれらはいつ卵に巣材をかぶせたのだろう。すべての卵を産み付けた後であれば、二週間ほど卵をそのまま放置していたのだろうか。卵を守るために巣の上に乗っかっていたのだろうか。先ほど述べたように現生ワニ類やツカツクリ科は、まず先に巣を作り、そのあとに卵を埋める。オヴィラプトロサウルス類のクラッチの形状からすると、埋蔵仮説はどうも説明がつかないような気がする。

となると、過去に調査されたオヴィラプトロサウルス類のガスコンダクタンス値は、本当に正しい結果を示していると言えるのだろうか、疑問が湧いてきた。本当は「オープンな巣」タイプなのに、間違った解釈をされているのではないだろうか。

そこでもう一度、卵化石のガスコンダクタンス論文を慎重に読み返してみた。すると種類や大きさの異なる卵化石が同一のものとして扱われてガスコンダクタンス値が計算されているなど、現在の研究の精度で考えれば、データの扱いや正確性に疑問符が付くものがいくつも出てきた。大きな誤差が生じている可能性がある。ここでご注意願いたいのは、私は過去の論文にケチを付けているわけではないということである。これらは、恐竜のガスコンダクタンス研究のパイオニア的存在であるし、当時の最善の方法を用いている。私はワクワクしながら論文を読んだ読者の一人だ。先駆者のおかげで、今日の研究がある。先人たちの研究には、敬意を表したい。データの改ざんや捏造（ねつぞう）ではなく、卵化石の理解が進む前のデータが使用されていた、というだけのことである。卵化石についてさらに理解が深まった現在、データをアップデートする必要があるだろう。

研究の盲点は？

気になった点はもう一つあった。過去の研究は、恐竜のガスコンダクタンス値が高いか低いかを判定する基準があいまいだということだ。例えば、オヴィラプトロサウルス類卵のガスコンダクタンス値は、同じ大きさの鳥の卵の値よりも二～五倍高いから、埋蔵型の巣を作っただろう、といった具合だ。果たして二～五倍は本当に意味のある数字なのだろうか。どこで線引きするかによって、解釈は変わる。解釈は人によって違うのだ。同じ竜脚類のガスコンダクタンスを調べたある研究者は、その値が高かったと言い、また別の研究者は低かったと言っている。客観的な統計分析がなされていないから、いささか主観的に判断されているようだ。

このことを研究室でダーラに話すと、ダーラも同じことを考えていたらしい。さらに研究の弱点を突いてくれた。

「恐竜の卵化石にガスコンダクタンスを適用するのは時期尚早だと思うわ。そもそも、巣のタイプによって、本当にガスコンダクタンス値に違いが出るのか、検証されていないもの」「埋蔵型の巣」を作る現生種と「オープンな巣」を作る現生種で、ガスコンダクタンス値は本当に（統計学的に有意に）異なるのか、実は十分な検証がされていない。現生種で違いが明らかになっていなければ、化石種には応用できない。現生種の分析にすら穴があったのだ。穴の研究に穴が見つかるとは、あな可笑しきことよ。

これは驚くべきことだった。これまでに、累計三〇〇種ほどの現生鳥類でガスコンダクタンス値が計測されている。ガスコンダクタンス研究のパイオニアであるテルアビブ大学（イスラエル）のアー教授やニューヨーク州立大学バッファロー校のラーン教授が発表した初期の論文は、その後五〇〇本を超える論文によって引用されている。研究が活発だった一九七〇年代から一九九〇年代まで、多くの研究者がガスコンダクタンス研究に取り組んでいた証だ。気孔の果たす役割を、鮮やかに解いて見せたガスコンダクタンス。シンプルかつ理にかなった気孔の機能形態は、多くの研究者を魅了した。当時、研究者たちがいろいろな種の卵を集めてきて、ガスコンダクタンスを測定したようだ。一とおり主要な鳥類グループで測定が終わり、ガスコンダクタンス値の解釈が済むと、研究は徐々に下火になっていった。

あれだけたくさんの論文が発表され、ガスコンダクタンス値が議論されてきたのに、化石標本に適用するための前提条件である「ガスコンダクタンス値は現生種の巣のタイプによって本当に異なるのか」は、誰にも調査されていなかった。こんなことがあるんだな、と思い、それからというもの、私は研究の盲点はどこだろうと考えながら論文を読むようになった。

どんな研究分野にも盲点はあるものだ。そこには新しい研究の可能性が隠されている。ただし、他人の揚げ足を取ったり、重箱の隅をつついたりする研究はつまらない。私の場合、抱卵行動の進化を明らかにする、という大きな目標がある。そのために、まずは足場をしっかり固めないといけない。そうでないと、過去の研究の二の舞になってしまう。

データを集めて足場を固めよ

そういうわけで、私はもう一度論理を整理し、一から検証していくことにした。まずは現生種の巣のタイプの分け方について、もう一度見直した。主竜類が抱卵するかしないかは、「埋蔵型の巣」と「オープンな巣」という、巣のタイプによって区別できる。「埋蔵型の巣」を作るのは、すべての現生ワニ類（二三種[※3]）とすべての現生ツカツクリ科（二二種）である。一方、「オープンな巣」を作るのは、それ以外のすべての鳥である。もちろん「オープンな巣」と言えど、種によって巣の形はさまざまだから、これは大雑把な分類だ。とはいえ、巣のタイプ分けは問題なさそうだ。

次に、巣の湿度に注目した。巣の湿度は、「埋蔵型の巣」と「オープンな巣」でガスコンダクタンス値に差が出るという仮説の前提条件となる、重要な要素だ。ガスコンダクタンスの値は、とどのつまり、巣の湿度に基づいて設計されている。乾燥した巣では、卵がカピカピに干からびないよう、ガスコンダクタンス値が低くなると考えられており、逆に湿度の高い巣では、ガスコンダクタンス値が高くなると言われている。これまでの研究者は、「オープンな巣」は乾燥していて、「埋蔵型の巣」は湿度が高いと思い込んできた。詳細な分析は行われていない。本当にそうなのか、両タイプの巣の湿度を比較してみることにした。

まずは論文を読んで、ワニ類や鳥類の巣の湿度のデータを探す。なかなかドンピシャな論文が見つからない。そりゃそうか、巣の湿度を知りたい人なんて、滅多にいないだろう。超マニアックなデータだ。検索範囲を報告書まで広げ、なんとかいろいろな地域や場所、巣材で巣を作る五四種の現生主竜類のデータをかき集めた。

「埋蔵型の巣」と「オープンな巣」で巣の湿度を比較してみると、予想どおり、「埋蔵型の巣」の方が、湿度が高いことが分かった。「埋蔵型の巣」では、水蒸気がほぼ飽和状態である。「埋蔵型の巣」は水分をギュッと含んで多湿である一方、「オープンな巣」は乾いている。ただし、種によってはわりと乾いた「埋蔵型の巣」を作るものもいるだろうし、湿度高めな「オープンな巣」もありうるので、ある程度単純化した話であることはご理解いただきたい。ちなみにここで言う、巣の湿度とは、巣の中で卵が並ぶ空間の湿度である。先人たちは卵型の超小型湿度計を自作し、巣の中にこっそりと忍ばせていた。彼らの努力には感服（かんぷく）する。

巣の湿度は違うことが分かった。ということは、この二種類の巣タイプに産み落とされた卵は、ガスコンダクタンスの値が異なるだろうと仮説が立てられる。今度は、ガスコンダクタンスのデータをかき集めて仮説を検証することにした。先に述べたように、ガスコンダクタンスはとてもたくさんの論文が発表されている。可能な限り、すべての論文を入手し、目を通すこと

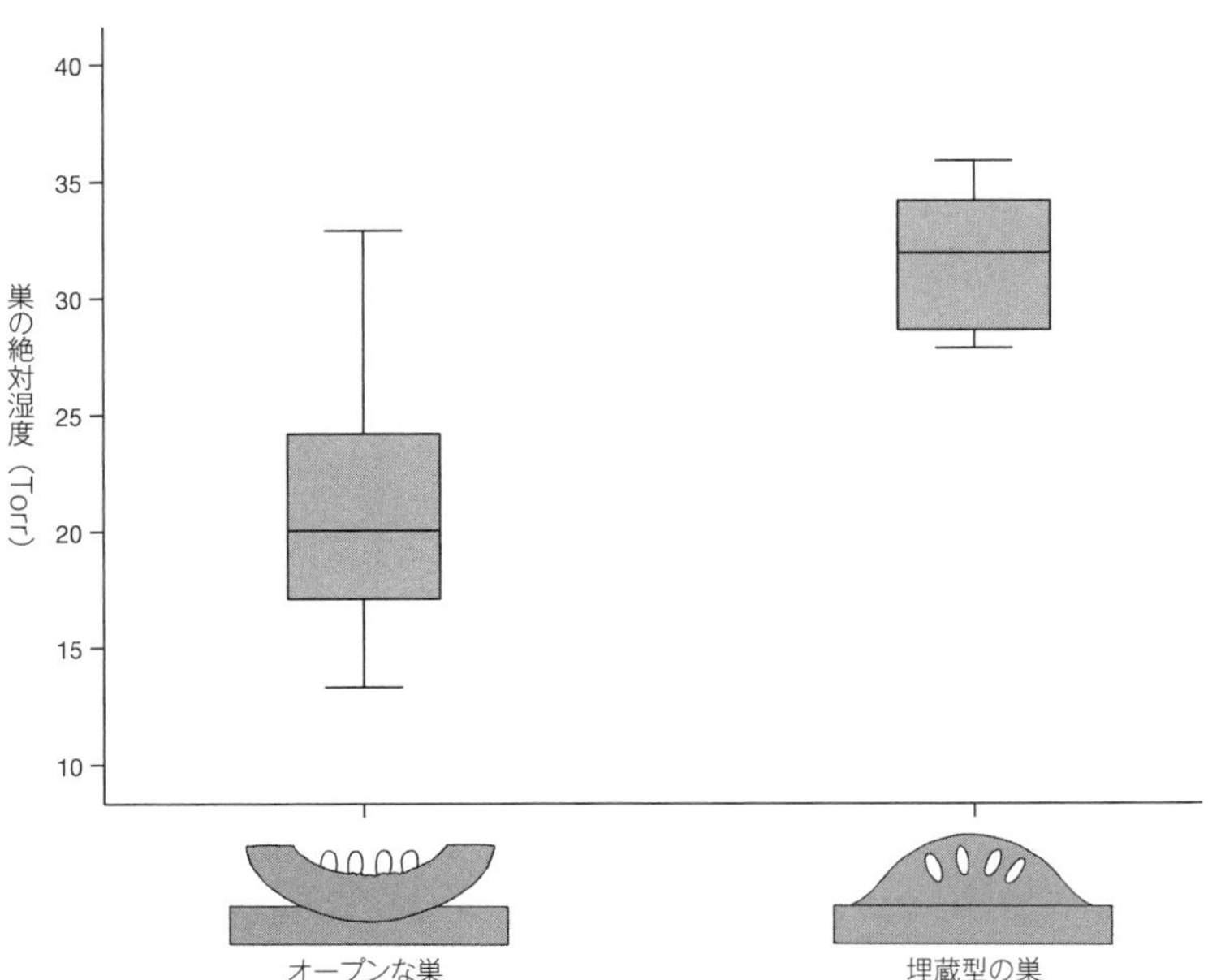

「埋蔵型の巣」と「オープンな巣」で、巣の湿度を比較した箱ヒゲ図。「埋蔵型の巣」の方が「オープンな巣」よりも湿度が高いことが分かる。

にした。「Google Scholar」などの論文検索サイトをチェックし、新しい論文が発表されていないか探るのは日課となった。ネットや大学図書館にはない珍しい文献は、図書館で取り寄せてもらった。幸い、カルガリー大学の図書館サービスは充実していたので、院生は無料で世界中の文献の取り寄せが可能であった。

ガスコンダクタンスが示された論文を見つけたら、詳しく論文を読み込む。過去の研究が用いたのは、野生の個体か、飼育個体か。ガスコンダクタンスを測る手順は何か。さらに、その種の卵や巣に関する情報も収集していった。卵の重量、サイズ、殻の厚みはどのくらいか。どんな場所に、どんな材料を使って、どういう巣を作るのか。ついでなので、分析に関係はないけど、重要そうなデータ（一度に産む卵の数や、孵化日数、孵化した時のヒナの成長具合、など）も調べあげた。このおかげで、鳥やワニの繁殖について、とても詳しくなった。大学院生のうちに労力を割いておくと、あとあと楽である。

合計で三〇〇種近い現生主竜類のガスコンダクタンスのデータが揃った。できる限り、多様なグループ、多様な巣作り方法の種が含まれるようにした。統計分析を使って、データを検証してみる。その結果、両グループには違いがあることが分かった。[※4] つまり、（卵の大きさを考慮した相対的な）ガスコンダクタンスの値は、「オープンな巣」の卵よりも、「埋蔵型の巣」の卵の方が有意に高くなることが確かめられた。ちなみに、ここでは一言で「確かめられた」と書いているが、実際は恐ろしく時間と手間がかかった。本書では省くが、「種の系統関係を考慮したとてもムズカシイ統計分析」を試行錯誤のうえ、行っている。

ようやく、恐竜の卵化石に適用するための足場が完成した。私はここまでの内容をまとめ、修士論文とした。残念ながら、恐竜卵化石への適用は、博士研究へと持ち越しとなった。

6　混ぜるな危険！

あきらめなさい

いったんはガスコンダクタンスを恐竜の卵化石へ適用する足場を作ったと思ったが、またも出鼻をくじかれる出来事があった。ガスコンダクタンスについて理解が深まるうちに、どうやらガスコンダクタンスは恐竜の卵化石には適用できないだろうということが発覚したのだ。ナンテコッタイ。

「どういうこと？」

研究室でコーヒー片手にダーラが尋ねる。

現生種の場合、ガスコンダクタンスは、生卵を使って測定されるのはすでに説明したとおりだ。湿度が一定の部屋の中に生卵を保管し、繰り返し卵の重さを量れば、ある時間に対する水分損失量が計算できる。とても簡単な方法なので、今生きている鳥を扱う研究者は、だいたいみんなこの実験的手法を用いる。

残念ながら、この手法は絶滅した恐竜類に用いることはできない。卵化石は、生卵ではないからだ。そこで卵化石の場合、別の方法でガスコンダクタンスを計算することになる。簡単に言うと、気孔のサイズや数に基づいた方法だ。気孔の直径や密度を測定し、卵殻のスカスカ度（間隙率（かんげきりつ）という）を測る。間隙率は、卵殻が穴だらけか緻密かの指標だ。そしてそこからガスコンダクタンス値を計算する。この形態的手法は時間がかかるし、とても面倒くさい方法だ。現生種を扱う研究者は、まずやらない。

まとめると、ガスコンダクタンスの測定方法は二とおりある。実験的手法と形態的手法だ。この二つの方法で割り出したガスコンダクタンス値が同じであれば、どちらの方法を使おうが問題ない。理論上は一致することになっている。しかし、両者で本当に一致した結果が得られるのかは、まだ検証されていなかった。

そこで私は念のため、手元にある形態的手法によるガスコンダクタンスのデータもかき集めて、両データを比較してみることにした。すると予想外の結果が出た。生卵を使った実験的手法と、気孔の形状を使った形態的手法では、ガスコンダクタンスの値が一致しないのだ。事実が理論と反する。考えられる限りの理由を考えたが、なぜそうなるのかは分からない。念のため、ガスコンダクタンス研究の先駆者の一人である著名な研究者にこの事実をメールで伝え、意見を聞いてみた。

「これはとても興味深い結果です。よく見つけましたね。だけど、なぜこうなったのかは分からない」

大御所（おおごしょ）の研究者でさえ頭を抱えた。実験的手法でも形態的手法でも、理論上はどちらも正しくガスコンダクタンスを計算できている。それでも両者は一致しない。それぞれの測定値には誤差が含まれているから、誤差によるズレなのだろうか。

「つまり、一致しない理由が分かるまでは、形態的手法を用いて計算した恐竜のガスコンダクタンス値と、現生種の実験的手法の値とを混ぜて使ってはいけないということね。なら、今はガスコンダクタンスは使うべきじゃないわ。恐竜の巣のタイプの推定はできないということよ。あきらめなさい」

ダーラはあっさりと言い放った。私が恐竜の卵化石に応用すべく、ガスコンダクタンスの研究を日夜行ってきたのを知っているのに、有用でないからここで研究を止めよ、と言うのだ。いささか潔すぎではありませんかい！

さらに悪いことに、この結果はイヤ～な事実を意味していた。すなわち、先人たちの努力が水泡に帰してしまう可能性がある。過去の研究では、恐竜のガスコンダクタンスの値が高いか低いかを、現生種の値（実験的手法）と比較して判断していた。しかし、実験的手法と形態的手法は比較できないことが発覚した今、恐竜のガスコンダクタンス値を現生種と比較することは避けるべきである。過去の研究の解釈はいったん保留ということになる。

「ここまでの研究は無駄ではないわ。現生種では、巣のタイプによってガスコンダクタンス値に違いが出る、ということを示しただけでも十分意義のある研究でしょう？」

それはそうだけど……。あまり釈然としない。私は古生物を研究する学生であって、動物学者ではない。恐竜に適用すべく、土台となる研究を進めてきたのだ。それが志半ばで、現生種の研究で終わってしまった。トホホ。

手法を統一すればいける！

ところで私はあきらめが悪い。その日、大学から自宅へ帰る道すがら、歩きながらこれまでの経緯を考えていた。私は歩くことが好きである。市内にはMy散歩コースがいくつかある。カルガリー大学地球科学棟からブレンドウッドの自宅までは、歩いて二五分ほど。交通量の多い道路を抜けると、閑静な住宅街が見えてくる。住宅街に入る直前には、「セーフウェイ」

「アハ体験」スポット、セーフウェイ。

というスーパーがあって、買い物して帰るには便利である。

大学を出て考えながら歩いていると、だいたいいつもセーフウェイの前の交差点あたりで考えがまとまる。そして、ひらめく。セーフウェイ前の交差点は、私にとって「アハ体験」スポットである。私が生み出してきた研究の多くは、この交差点で誕生している。

私はいつもおしりのポケットに小さなノートを忍ばせていて、どんな時でもメモを取れるようにしている。新しいアイディアが思い浮かんだ時、絶対に忘れたくないからだ。この習慣は今でも続いている。私はいまだにノートを使うアナログ人間である。歩きスマホは良くない。

その時も、考えを整理しながら歩いていた。これまでのガスコンダクタンス研究は、二つの手法が混在していた。お互い、比較して良いのか分からない手法が混ざっていたから、解釈の信ぴょう性に欠けていた。しかもここまでの私の研究は、論文を読んでデータを抽出し、統計分析の繰り返しだった。正直あまり面白くない。もっとこう、標本を直に分析し、手を動かす研究がしてみたい。

ちょうど交差点に差し掛かった頃、ピーンと来た。二つの手法の混在がダメなら、一つの手法に統一すればいいじゃないか。実験的手法は化石には適用できないから、必然的にやり方は決まる。形態的手法で統一すればよいのだ。現生種も形態的手法で調べる。そうすれば化石種のデータと比較することができる。考えてみればとても簡単な話だ。なぜこれに気が付かなかったのだろう。理論上、形態的手法だけを用いても問題ない。

ここから先、ガスコンダクタンスという名称を改め、「卵殻の間隙率研究」と呼ぶことにしよう。形態的手法なので、ガスコンダクタンスというよりも、間隙率の測定の方がしっくりくる。卵殻の間隙率に鞍替(くらが)えし、恐竜の巣のタイプと抱卵行動を探る研究はふりだしに戻った。研究手順はガスコンダクタンスの時と同じだ。まずは現生ワニ類と鳥類の間隙率データを集める。そして「オープンな巣」よりも「埋蔵型の巣」の方が、間隙率が高くなるか検証する。統計的にこれを示せれば、間隙率は巣のタイプを推定するための指標になり、恐竜の卵化石に適用できるようになる。卵化石の間隙率を測定し、恐竜の巣のタイプ、ひいては抱卵行動の有無が推定できる。化石から、「行動」を推定する方法がとうとう見つかった。

次の日、これをダーラに話すと、「次はいけるぞ！」と興奮した様子だった。ダーラは指導教官であるが、同じ目標を掲げる研究仲間という趣がある。

ただし、現生種の卵殻間隙率のデータが圧倒的に不足していた。これまで多くの研究者は、面倒な間隙率の測定を避けてきた。私は地道な調査が得意だったので、面倒な調査はむしろウェルカムである。まずは現生種で間隙率のデータを集めなくてはならない。自分自身で卵殻を調べる地道な調査が必要だ。

そこで私は研究室を出て、データ集めの旅に出ることにした。果たして恐竜は抱卵したのか。さあ、研究調査の旅へ、いざ行かん！

※1　ルイス・キャロルの小説『鏡の国のアリス』に登場するキャラクター。進化学には、「そのニッチに居座るには進化し続けなくてならない」という、「赤の女王仮説」がある。

※2　物質の拡散現象を説明した法則。第一法則では、単位面積・単位時間あたりの物質の拡散量は濃度勾配に比例することを説明している。

※3　本書では二三種としているが、ごく最近の研究でこれまで同種とされていた種が別種と分かり、現在では合計三〇種ほどが認識されている。種数が増えても個体数が増えたわけではないことに注意。

※4　「オープンな巣」を作る鳥でも、巣を作る場所や測定誤差などの理由でガスコンダクタンス値がやや高くなることがあるから、両グループを明確に区別するのは難しい。客観的な判断は統計分析に頼らざるを得ない。

コラム　バーベキューと焚き火の思い出

カナダ人はバーベキューが大好きである。カナダに留学してまず驚いたのは、どこの家庭にもほとんど必ずバーベキューコンロがあることだ。一軒家はもちろん、マンションのベランダにもたいていバーベキューコンロが置いてある。街中を見渡せば、必ず視界のどこかにバーベキューコンロがある。ところが食事は室内の場合が多い。外で食べることこそバーベキューのだいご味だと思っていた私には、いささかカルチャーショックであった。冬が長いカナダならではの文化なのだろうか。カナダ人は多少寒くても、バーベキューをするのだ。

バーベキューには、カナダ人の性格がよく分かる逸話（いつわ）がある。ある年の九月、季節外れの大雪になった。カルガリーといえど、さすがにこの時期の雪は早すぎる。まだ青々とした葉を生やした木々にベチャ雪が積もるのだから、その重みで枝がぽっきり折れてしまう。ブレントウッドじゅうの道には太い枝が散乱した。まるで台風の後のようだ。私は枝と雪を避けながら下校せねばならなかった。このせいで電線が切れ、ブレントウッド一帯は停電となった。

「電気が復旧するまでに、冷蔵庫の中身が腐ってしまうかもしれない！」

カナダ人は皆同じことを考えたのだろう。冷蔵庫の食材を使って、住民たちが一斉にバーベキューを始めた。下校中、雪の残るブレントウッドではそこかしこから肉の焼けるいい匂いが漂っていた。この状況でバーベキューを楽しむカナダ人に、私はとても感心した。

さて、KJの家にもバーベキューコンロがあって、夏になると毎日のように活躍していた。台所では焼けない大きな肉やハンバーガーがコンロに乗せられる。私もよくご相伴にあずかっていた。ありがたや。

私が部屋でパソコンとにらめっこしていると、庭から娘のハナちゃんがやってきて、コンコンと窓を叩く。

「ココ（ハナちゃんにはそう呼ばれている）、何してるの？　庭においでよ」

KJとキャッシーはバーベキュー作りに精を出しているから、ハナちゃんと遊ぶのは私の役目である。私は、ハナちゃんが生後一〇か月の時に引っ越してきて、七歳になるまで一緒にいたので、年の離れた兄妹のような存在だ。ハナちゃんは毎日のように私の部屋にやってきて、部屋に転がる恐竜のおもちゃをなで回したり、私を連れ出して広い庭で走り回ったりする。庭には姫リンゴのなる木があるし、杉の木の下には大きな虫がいるし、ウサギやリスが遊びに来るし、生ごみ入れの中には野ネズミ一家が棲んでいる。ハナちゃんにとってはステキすぎる庭だった。

そんな庭でＫＪ家族と一緒にバーベキューをするのはピクニックに出かけた気分だ。彼らは外で食事するのが好きなので、みんなで杉の木の下のウッドデッキを囲む。夏は夜でもしばらく明るいから、照明はいらない。

食事が済むと、ＫＪは焚き火の準備を始める。古い洗濯機の洗濯槽を改造して作った焚き火台だ。夏だろうと、木枯らしが吹く秋だろうと、みんなで火を囲んでマシュマロを焼き、ビールを飲む。ＫＪは火を見ながらギターを弾く。ピクニックというよりも、だんだんキャンプみたいになってきた。

「なんでバンドをやろうと思ったの？」

私は炎を見つめながら質問する。

「高校生の時の悪ふざけが始まりだよ」

「悪ふざけ？」

ＫＪは高校生の時、友人たちとレストランでバイトをしていたそうだ。バイトの仲良しグループで架空のバンドをでっちあげ、バンドTシャツを作った。それをレストランに来た客に売りさばいていた。すると、「君たちのバンドはいつライブをやるんだ？」とたびたび

KJ 一家。後に男の子が生まれた。

尋ねられるようになってしまった。そこで仕方なくTシャツの売上金で楽器を買い、各々練習することに。

そして迎えた初ライブの日、会場にはバンドのTシャツを着たお客さんが詰めかけたそうだ。なんという華々しいスタート！

「まあ、でも、演奏はひどいものだったよ。何しろ、音楽の時間以外、楽器に触れたことがなかったからね」

それでもライブを続けるうちに音楽関係者の目に留まり、デビューが決まったそう。ウソのようなホントの話だ。バンドは今でも北米やヨーロッパを中心にライブを行い、CDを出し続けている。KJの曲には「Daiso」や「Miso Ramen」など、日本びいきの曲が多い。

こうして焚き火を囲んで語り合い、ギターを弾いていると、新しい曲が生まれるそうだ。私はKJのバンドがとても好きだったので、新しい曲が誕生する瞬間に立ち会えるのはとても嬉（うれ）しいことである。

バーベキューや焚き火を見ると、私はKJ一家のことを思い出す。

コラム　カナダの美味しい誘惑

留学すると、太るか痩せるかのどちらかだと言われる。私の場合、久しぶりに会うと痩せたように見られるが、まったく体重は変化していないので、この仮説には検証の余地がある。しかし、時同じくしてトロント大学に留学していた同期の千葉謙太郎君（現・岡山理科大学助教）はぷくぷくと巨大化の一途をたどっていた。恐竜の成長を研究する彼自身が急成長するとはこれ如何に？　彼の場合、「コールドヌードル、コールドヌードル」と連呼し、四リットルの牛乳ボトルを持ってバッドランドをさまよう姿が目撃されているから、巨大化は無理もないだろう。「コールドヌードル」てなんやねん。

トロントには世界各国の美味しいレストランがたくさんあるから、誘惑がいっぱいある。実際にトロントを訪れた時は、おススメの店に連れて行ってもらった。千葉君の意向で、なぜか麺類の店ばかりだ。

トロントに比べたら、カルガリーはずっと田舎である。それでも日本では味わえないようなステキな食べ物がたくさんある。「ピザ3000」の巨大で安いぺペローニピザ、アイリッシュバー「キルケニー」のアイリッシュ・クリーム（エールビール）、小林快次先生お気に入りの韓国料理店のキムチチゲ、毎晩ヤンヤヤンヤと日本人に愛される「レッド

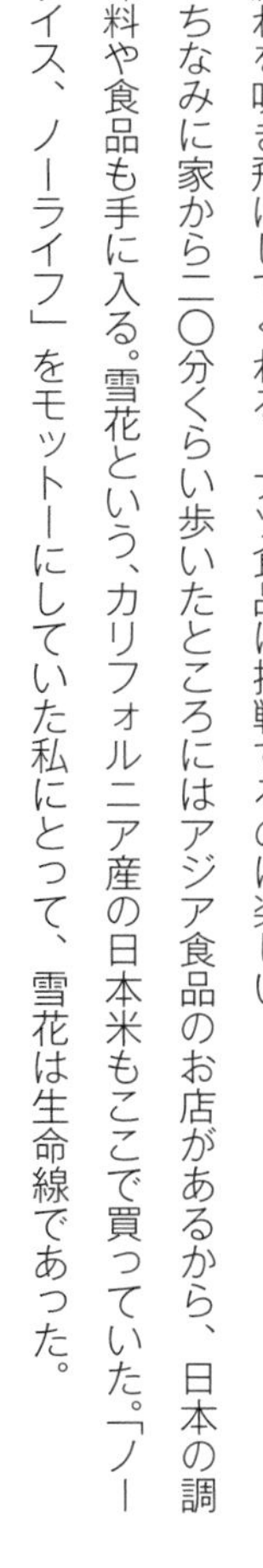

ヘッズカフェ」の日本食たち、「ハービーズ」のバナナペッパーをたくさん盛ったハンバーガー。「A&W」のカリカリベーコンが乗ったアンクルバーガーも捨てがたい。思い出すと、またすぐに食べに行きたくなる。

留学していた頃は節約生活をしていたから、外食は滅多に行けない行事だった。たいていは自炊である。

学校帰り、おなじみのスーパー、セーフウェイへ。日本で売っているよりも巨大で鮮やかな食材が山盛り並んでいる。ワカモレというアボカドのペーストは絶品だし、アーティチョークの酢漬けはビールのお供として最高である。ゆで卵のピクルスは爽やかな酸味が疲れを吹き飛ばしてくれる。ナゾ食品に挑戦するのは楽しい。

キルケニーのエールビール「アイリッシュ・クリーム」。

ちなみに家から二〇分くらい歩いたところにはアジア食品のお店があるから、日本の調味料や食品も手に入る。雪花という、カリフォルニア産の日本米もここで買っていた。「ノーライス、ノーライフ」をモットーにしていた私にとって、雪花は生命線であった。

意外にも、留学してからの方が日本食を頻繁に作るようになった。日本食レストランはとても高いから、日本食を食べたければ自分で作るしかないのだ。親子丼、牛丼、てんぷら、カレー。日本食の腕を上げたい人は、海外移住をおススメしたい。

ちなみに私は帰国すると日本の食材やレトルト食品、お菓子などをたくさん買い込んでカナダに戻ることにしていた。これは海外移住者あるあるのはず。次に帰国する時まで、それを大切に食べるのだ。しかし、私の「好きなものは後にとっておく」という性格が災いし、もったいなくていつまでたっても食べられない。何でもない普通の日に眺めては「今日じゃないだろう」と我慢する。そうこうするうちにいつの間にか忘れてしまい、消費期限が切れ始める。次の帰国日が間近に迫ってくる頃、「あれ、まだ残っているじゃん！」と気が付き、急いで食べる羽目に。

そういうわけで私は、海外で日本食を食べる〝適正タイミング〟をいまだに知らない。忘れるぐらいだから、無くてもやっていけるということなのかもしれない。

コラム　カナダの卵化石産地！　その名も悪魔の峡谷

北米には恐竜の営巣地（えいそうち）として知られる有名な卵化石産地が二つある。アメリカのモンタナ州とカナダのアルバータ州だ。モンタナ州は、一九七〇年代にジャック・ホーナー博士がマイアサウラの営巣地を発見したことでよく知られている。ホーナー博士は地元の人が見つけた小さな骨化石が、恐竜の赤ちゃん化石であることを見抜き、発掘を行った。博士はその恐竜を「良い母親トカゲ」という意味のマイアサウラと名付け、その一帯はかれらの集団営巣地だったことを示した。ホーナー博士は、マイアサウラが巣の中の赤ちゃんにエサを運び、子育てしていたと考えた。私はこの仮説を全面的に受け入れているわけではないが、恐竜が子育てしたという新しい仮説を世に送り出した功績はとても大きいと思っている。ホーナー博士は恐竜の繁殖行動をいきいきと説明してみせた最初の人物だ。ちなみに、モンタナ州の卵化石産地は、「エッグ・マウンテン」とか「エッグ・ガルチ（＝「小峡谷（しょうきょうこく）」という意味）」など、卵にちなんだステキな名前が付けられている。

もう一つ、アルバータ州も恐竜の営巣地として知られている。ただし、モンタナのように穏やかな丘からいくつも巣の痕跡が見つかったわけではなく、起伏の激しいバッドランドからクラッチ化石や卵殻片（らんかくへん）の化石が大量に産出している。この地は、悪魔の峡谷（デビルズ・クーリー）と呼ばれている。

悪魔の峡谷で最初に卵殻化石を見つけたのは、ウェンディ・スロボダという女性だ。ウェンディはカナダでは伝説的恐竜化石ハンターとしてよく知られていて、数々の大発見をしている。ウェンディケラトプスという恐竜は、彼女に献名[※1]されている。

彼女は悪魔の峡谷の近くに住んでいて、小さい頃からバッドランドを散歩していたそうだ。高校生の時、小石とは異なる破片が地面に散らばっていることに気が付いた。カナダで初めて大規模な恐竜の営巣地が見つかった瞬間である。

その後、アルバータ大学のフィル・カリー博士（当時はティレル博物館）やダーラ（当時はカルガリー大学の大学院生）たちが調査して、悪魔の峡谷の卵殻化石をまとめあげた。これまでに、八種類の卵殻化石が見つかっている。お隣のモンタナ州の化石産地とだいたい同じ時代の地層だから、見つかる卵殻の種類はよく似ている。悪魔の峡谷は現在、化石保護地区として厳重に管理されていて、勝手に立ち入ることはできない。

私はティレル博物館のフランソワたちと何度か悪魔の峡谷で化石探しを経験した。化石

ウェンディケラトプス。

悪魔の峡谷の様子。その名とは真逆で、可愛い恐竜の赤ちゃん化石が見つかる。

を歩いて探すことをプロスペクトと言う。悪魔の峡谷はそれほど広くないから、それぞれが行きたい方向へプロスペクトに出かけても、お互いの姿が遠くに確認できる。悪魔の峡谷には、いくつか化石がたくさん見つかる地点が知られていて、そこに行くと確実に卵殻化石が落ちている。毎年、雨や雪、風によって地表が削られるから、新たな化石が顔を出すのだ。例えば「リトル・ダイアブロズ・ヒル」と名付けられた地点では、ヒパクロサウルスというハドロサウルス類（九二ページ）のクラッチ化石や赤ちゃん化石が見つかっている。

地面に張り付いて化石を探すと、人間の小指の爪くらいしかない、とても小さな赤ちゃん恐竜の背骨が落ちていた。赤ちゃんはぐんぐん成長するため、栄養を届けるための孔がぶつぷつとたくさん開いている。恐竜の命が感じられる化石だ。とても可愛い。

悪魔の峡谷ではどういうわけか、大人の恐竜の骨格化石がほとんど見つからない。見つかるのは卵殻や赤ちゃんの骨化石ばかりなのである。極めて特異なエリアだが、まだ十分に研究が進んでいない。地層を調べて、当時どういう環境だったのかが分かれば、ヒントが得られるかもしれない。卵殻化石はたとえ小さな破片でも、だいたいの親のグループが推定できるから、その地域に棲(す)んでいた恐竜の存在を明らかにすることができる。同定可能な部位の発見が必要な、骨化石ではできないことだ。卵化石には卵化石の良さがある。

ある時、私はウェンディと一緒に悪魔の峡谷を歩く機会があった。彼女は次々と化石を発見してそれを見せてくれるのでとても楽しい。ここに卵化石が一つ埋まっているわよ、とか、そこに足跡化石があったわよと教えてくれる。周囲の岩石と同化していて、なかなか気づかない化石だ。私の目では見分けられない。小林快次(よしつぐ)先生もそうだが、小さい頃から化石探しを経験している人たちは、化石を見つける目と嗅覚が備わっているように感じられる。

営巣地でのフィールドワークはとても楽しい。繊細な骨や卵殻化石は、地面に散らばったパズルのピースのようでもある。恐竜という巨大な生物が、もっとも小さな状態で見つかることの不思議さ。化石と聞けば、「死」のイメージがあるが、卵化石からは「生」が感じられる。私たちは白亜紀(はくあき)のパズルピースを拾い上げ、恐竜たちが誕生する瞬間の絵を日々想像するのだ。

※1　研究者が自分の名前を新種に使うことはないが、功績をたたえて化石の発見者などの名前を付ける場合がある。

第3章
イクメン恐竜は卵を抱いたか？

1　いざ、卵殻のナゾを探る旅へ！

卵・タマゴ・たまご

目の前に、威風堂々とした建物がそびえている。名門トロント大学である。ある秋の日、私はカルガリーを飛び出し、カナダ最大都市トロントへやって来た。ここには、ロイヤル・オンタリオ博物館という、カナダ最大級の博物館がある。鳥類の卵コレクションはカナダ随一。卵殻（らんかく）の間隙率（かんげきりつ）調査を始めるにはちょうど良い博物館だ。

　オンタリオ博物館はトロント大学の一角にある。トロント大学はカルガリー大学よりもずっと歴史が古く、ハリー・ポッターに出てくるホグワーツ城のような建物がニョキニョキと並ぶキャンパスである。カルガリー大学の建物はイケてないと感じていたので、トロント大学がうらやましい。北海道大学にも通ずるところがある。これがダウンタウンの中にあるのだから、突然タイムスリップしたような、何とも不思議な雰囲気である。オンタリオ博物館を目指し、落ち葉の美しい「哲学者の小道」を歩いた。何やら偉業を成し遂げた人物の胸像の前を通り抜ける。胸像の名前を見てもピンとこない。誰ですか、このおじさんは。「北のテキサス」[※1]と呼ばれるカルガリーの住人が、トロント大学様に足を踏み入れてよいのだろうか。

オンタリオ博物館は、異様な形をしていた。レンガ造りの歴史的建造物に、宇宙クリスタルで作ったＵＦＯが突き刺さったような見た目である。ナニコレ。ハリー・ポッターではなく、スピルバーグ監督の『宇宙戦争』という映画を思い出した。

スタッフエントランスから入り、受付でサインする。受付のおじさんが、鳥類コレクションを統括しているコレクション・マネージャーのマークさんを呼んでくれた。

鳥類部門には、圧巻の卵コレクションがあった。一部屋まるごと、卵や巣の標本を保管する収蔵棚で埋まっていた。古い木製の引き出しを一つずつ開けて中を観察すると、卵が整然と並べられている。卵にはキリで小さな穴があけられていて、中身がす

ロイヤル・オンタリオ博物館の圧巻の鳥類卵コレクション。

べて取り出された状態だ。その美しさに息を呑む。先がとがってブチ模様のあるチドリ目の卵なんて、かっこよすぎる。中には、リョコウバトやハシジロキツツキなど、すでに絶滅してしまい、今となっては絶対に手に入らない卵まであった。思わず「すげー」とため息がこぼれる。ここではどんなに古い標本でも大切に、そして丁寧に保管されていて、とても嬉（うれ）しくなった。

破壊と研究

事前に調査依頼を出しておいた卵をマークさんに運び出してもらい、テーブルに並べた。調査開始だ。まずは計測と写真撮影を行う。ノギスで慎重に卵の大きさを測り、メモしていく。

サンプリングを許された標本に関しては、卵から破片を取り出すことになっていた。破片は借用してカルガリーへ持ち帰り、間隙率の測定に使う。

なるべく、標本箱に落ちている破片や、すでに壊れてしまっている卵から破片を借用するのが望ましいが、中には完全な卵しかない標本もある。傷をつけるのは気が引けるが、研究

リョコウバト（左）とハシジロキツツキ（右）。

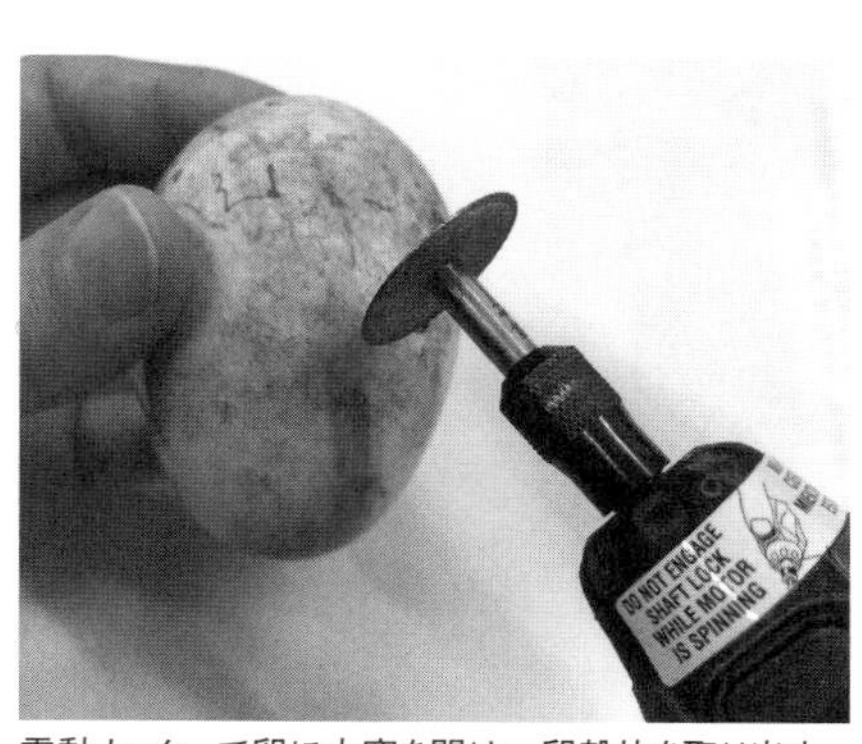

電動カッターで卵に小窓を開け、卵殻片を取り出す。

にはどうしても必要である。

小型の電動カッターで標本に穴をあける。一センチメートル角くらいの小窓をあける要領で、破片を切り出すのだ。この作業はとても神経を使った。中には小さな卵もあるので、クシャっとつぶしてしまわないよう、細心の注意を払う必要がある。不必要に標本を壊せば、貴重なコレクションに損害を与えたことになる。当然ながら壊れた標本は二度と元に戻らない。中には、一〇〇年以上も前に採集された歴史的な標本も含まれているから、失敗は絶対に許されない。問題を起こしたら、今後二度と研究させてもらえないかもしれない。

旅行前にニワトリやウズラの卵で何度も練習してきたが、やはり神経を使う作業だ。おのずと電動カッターを持つ手に力が入った。それでも、ふんわりと優しく、文字どおり卵を扱う手つきで標本に触れる。すべての標本のサンプリング作業が終わった時は、安堵（あんど）して思わず「ふーっ」と（静かに）息が漏れた。その数、六一種。無事、卵殻を切り出せた。

破壊を伴う研究は、何よりも綿密な計画と慎重さが要求される。卵殻の切り出しを行うのは、本当に必要な場合だけに限られる。まずは破壊を回避するため、他のありふれた標本で代用できないか、あるいは非破壊の手法がないかを自問しなくてはいけない。それでもサンプリングが必要な場合は、破壊を最小限に抑えるやり方を考える。事前にニワトリやウズラの卵殻を使って、サンプリング方法を吟味する。

博物館に標本の借用を打診する際は、その研究が重要であることをプレゼンし、相手に納得してもらわないといけない。詳細な研究計画も一緒に提出する。博物館は計画書をもとに、研究の可否を審議する。当然、断られることも多い。博物館は、標本を守る最後の番人である。厳しくてしかるべきだ。断られると、逆にほっとすることもある。

「ああ、良かった、自分の手で標本を壊さなくて済む」

オンタリオ博物館では、個数が多い標本でサンプリングが許可された。

「卵を研究する人はなかなかいないんだ。むしろ研究に使ってくれて嬉しいよ」

と、マークさん。卵破壊者（エッグ・デストロイヤー）である私に、なんという優しい言葉だろうか。これまでにも、同じような言葉を他の博物館でかけてもらったことがある。こういう、理解のある方々のおかげで、研究は進む。標本の破壊を無駄にしないためにも、卵殻の間隙率研究は絶対に完成させなくてはならない。

ビールとチキンウィングとトロント

調査が終わり、ほっと一息、トロント大学に通う友人たちとビールを酌み交わすことに。大学すぐ横の半地下のバー「アインシュタイン」へ。薄明りの中でバーカウンターがきらきら発光し、妖しい雰囲気が漂っている。奥の方ではトロント大生がビリヤードをしていた。席に着くなり本日のおススメのビールを注文し、みんなで乾杯する。調査が終わった後のビールは最高においしい。テーブルには山盛りのチキンウィングが運ばれてきた。北米のビールのお供と言えばチキンウィングである。コテコテに味付けされたチキンウィングがビールを誘う。久しぶりに会う友人たちと、近況を報告したり、研究の話をしたりと、酔っぱらってきっと明日には忘れてしまう会話が続く。

チキンウィング。

トロントの街並みはしっとりと落ち着いていて、大変オシャレである。ちんちくりんのカルガリーとは街の雰囲気が違う。濡(ぬ)れたレンガ造りの街並みが街灯で浮かび上がり、物語が始まりそうな情景が広がっている。

「ほら、あそこで映画を撮っているよ。トロントは時々映画の撮影に使われるのヨ」

トロント大学に通う友人が、路面電車（「ストリートカー」という）の中から教えてくれた。映画の撮影に使われる街、トロント。その魅力をグイグイと見せつけてくる。ちなみに、私は旅行で訪れた北米の町で何度か映画の撮影に遭遇したことがあるが、八年半住んだカルガリーではそんなこと一度もなかった。

街路樹のメープルは赤く色づき、街中にカナダ国旗が散りばめられているようだった。きれいな落ち葉を拾い、本の間に挟んでおいた。後日そのことを忘れて本を開くと、落ち葉が出てきて嬉しくなる。メープルの落ち葉は、ほのかに甘い香りがすると思うのは私だけだろうか。

2　アメリカ東海岸へ！

調査旅行開始

トロントでの調査で現生鳥類の卵標本がたくさん集まった。これで「オープンな巣」を作るタイプの種はデータが揃（そろ）いつつある。一方、「埋蔵型の巣」を作る現生ワニ類やツカツクリ科のデータが足りない。そこで次は、アメリカ東海岸の博物館へ出かけることにした。

アメリカ東海岸には大きな博物館が集まっている。ワシントンDCにある国立自然史博物館、ニューヨークにあるアメリカ自然史博物館、ボストンのハーバード大学比較解剖学博物館、ニューヘブンのイェール大学ピーボディ博物館などである。どれも歴史のある博物館だ。古い博物館には、何年もかけて集めた卵標本が眠っていることが多い。調査をする学生としては、比較的近い距離に博物館が集まってくれていた方が時間的にも、経済的にもありがたい。

二〇一三年六月、ウェストジェット1680便に乗り、私は八日間の調査旅行に出かけた。今回はニューヨーク、ボストン、ニューヘブンをめぐる計画だ。八日間で三つの博物館をめぐるとなると、かなり駆け足になる。六月は予定が詰まっていたし、宿泊費もばかにならないから、ギリギリの予定を組んだ。今回は超短期旅行だが、本来、調査日数は余裕がある方が良い。

夕方、ニュージャージー州にあるニューアーク空港に到着した。ここからマンハッタンまでアムトラックという電車で向かった。到着したグランド・セントラル・ターミナルは博物館のような建物で、ドーム型の天井には星座が描かれていた。

初めて見たニューヨークの摩天楼は土砂降りの雨で煙っていた。なんとなく、映画に登場する曇ったニューヨークのイメージそのままだった。

マンハッタンは宿泊費が高いので、快適なホテルは学生の手には届かない。とはいえ、スパイダーマンやキングコングなどの魑魅魍魎が跋扈するニューヨークにビビっていた私は、安すぎるホテルも怖いと思い、そこそこリーズナブルなホテルを選んだ。シャワーとトイレは共同である。地図を見ながら探すことしばらく、古風なマンション風のホテルに着いた。内装がレトロな寝台列車のようになっていて、狭いながらもオシャレだった。『オリエント急行殺人事件』のようだ。殺しは勘弁だけど。

アメリカ自然史博物館はここから約六キロメートル離れている。地下鉄に乗って「79番街」駅で降りると、神殿のようなアメリカ自然史博物館の入り口が現れた。まずはスタッフ入口で受付を済ませるのだが、さすが世界最大規模の博物館だけあって、セキュリティがとても厳しい。どういうわけか私の名前が事前登録されていなかった。いくら「タナカだ」と言っても、守衛さんは通してくれない。

「あ、これかな」

ようやく見つけたと思った名前は私ではなく、同じ名字の北大・小林快次研究室出身の先輩だった。もう一人

世界最大級の自然史博物館である、アメリカ自然史博物館に到着。

のタナカさんはこの頃、ニュージーランドに留学していた。どうやら最近、アメリカ自然史博物館を訪れたらしい。世界が狭くなっていることを実感した。その後、担当のコレクション・マネージャーに電話してどうにか通してもらい、恐ろしく巨大な卵コレクションを目の当たりにした。

鳥界のアウトローの卵

アメリカ自然史博物館で主に見せてもらったのはツカツクリ科の卵だ。ツカツクリ科は鳥のくせに抱卵（ほうらん）しないで「埋蔵型の巣」を作ると、前章で書いた。鳥界のアウトローだ。ツカツクリ科の多くの種は、繁殖シーズンになると、植物をかき集めてドーム状の巣を作ったり、盛り土をして塚を作る。巣には適度な水分が含まれていて、徐々に腐り始める。すると熱が生まれ、巣はポカポカしてくるのだ。オスは卵が孵化（ふか）するまで、巣の湿度や温度を管理する。涼しいなと感じたら、さらに盛り土をするし、暑すぎるなと感じたら、巣を掘り返して、温度を下げる。塚の巣は、抱卵しないで楽かと思いきや、意外とメンテナンスが大変なのだ。

ツカツクリ科には、砂浜や川のほとりの砂地に卵を埋めて、太陽光を利用する種もいる。火山島に棲（す）むツカツクリ科は地熱によって温められた地面に卵を埋める。かれらは温度に敏感で、ちょうどよい温度の場所や深さに卵を埋める。自然エネルギーを巧みに利用した巣だ。

ツカツクリ科は世界でもオセアニアを中心とした地域にしか棲息（せいそく）しておらず、個体数も少ないため、とてもレアだ。アメリカ自然史博物館はその卵を大量に収集していた。今となっては採集が難しい卵もある。古い卵は骨董品のようでもある。

ツカツクリ科の卵はイモのように大きくて、表面が粉っぽい。デカいわりに殻は薄い。親が卵の上に乗っからないため、殻が薄くても大丈夫なのだろうか。

ここでは、標本のサンプリングは許可されていなかったので、大きさと殻の厚みの測定にとどまった。一つひとつ慎重に調べていると、ニューギニア島に棲むチャエリツカツクリの標本ラベルが、古い日めくりカレンダーの裏紙であることに気が付いた。日付は一九四三年六月六日（日曜）。太平洋戦争のさなかに採集されたのかと思いきや、採集日は一九三八年七月とある。こんな頃にも標本の収集をしていたのだな、と歴史を感じた。ちなみに日本の博物館や研究所では、太平洋戦争中に南の島で採集された鳥類標本が保管されていることがある。高校生の時は歴史に興味がなかったが、サイエンスと社会科は意外とつながっているようだ。

展示室と名所をめぐる

私たち研究者は、調査でいろいろな博物館に出かけるが、窓もない収蔵庫にずっと閉じこもっている。標本調査で忙しいから、実は展示室を見たことがない博物館も存在する。見たいなあと思いながらも、時間オーバーで泣く泣くあきらめることがある。

今回はなんとか調査を時間どおりに終わらせて、展示室を見学することにした。それでも、ゆっくり見ている暇はない。最初に回るのは、もちろん恐竜の展示室だ。

恐竜ホールでは、アメリカ国内はもちろんのこと、カナダやモンゴルなどから発掘された恐竜骨格やそのレプリカが所狭しと並べられている。恐竜は大きいから、ぎっしり詰まっていると、広い展示室も狭く感じてしまうから不思議だ。

ティラノサウルスやトリケラトプス、アパトサウルスなど、人気の恐竜に混じってカナダ・アルバータ州で発掘された恐竜化石もたくさん展示してあった。アルバートサウルスやコリトサウルス、サウロロフスなど、アルバータ州おなじみの恐竜に会えるのは嬉しいことだ。君たちもニューヨークにやってきたんだね。

アルバータ標本の多くは、一〇〇年ほど前、カナダ恐竜ゴールドラッシュ時代に掘り出されたものだ。この頃、バーナム・ブラウンとチャールズ・スタンバーグという化石ハンターが競うようにしてアルバータ州のレッド・ディア・リバー沿いで発掘を繰り広げていた。今のダイナソー州立公園あたりだ。彼らは小屋のような平底船でバッドランドの奥へ奥へと進んでいった。船で発掘調査とは何とも楽しそうだが、蚊の大群に悩まされていたらしい。バーナム・ブラウンの当時の回顧録には、顔まですっぽりネットを被った隊員たちの写真が収められている。

発掘隊というよりも、養蜂家のようだ。私も蚊の大群を何度も経験しているので、これは他人ごとではない。化石を両手に持って歩いている時などは、蚊に血を吸ってくださいと言っているようなものだ。虫よけスプレーでは歯が立たない。

恐竜ホールには、一九二〇年代にロイ・チャップマン・アンドリュースがモンゴル・ゴビ砂漠で発掘してきた標本（のレプリカ）もたくさん展示してある。アンドリュースの活躍は第４章で詳しく説明するが、ヘンリー・フェアフィールド・オズボーン館長の命を受け、ウォルター・グレンジャーらとともに化石発掘にあたった。彼らは恐竜の卵化石を世界に知らしめたことで名高い。当時、プロトケラトプスのものとされた卵化石をたくさん見つけている。現在ではそれがオヴィラプトロサウルス類の卵であることが分かっているが、それはまた第４章で説明しよう。

そんな歴史的な卵化石標本が、案外ひっそりと展示してあった。骨格に比べて卵は地味なので、この標本に気を留めている来館者はほとんどいない。美術館の中にこっそりと、初期のピカソの絵画が混じっているようなものだ。おかげでたくさん写真を撮ることができた。

調査を終え、街に出た。空いた時間でマンハッタンをぶらぶら観光することに。短期決戦の調査旅行とは言え、夕方五時頃には博物館を出なくてはいけないし、土日は（学芸員が休みのため）調査の予定を入れられない。そこで時間が許す限り、タイムズスクエアやセントラルパーク、ロックフェラーセンター、グラウンド・ゼロ（この時はまだ建設中）、ブルックリン橋、ニューヨーク近代美術館、メトロポリタン美術館を猛ダッシュでめぐることにした。どれも映画やテレビで登場する名所だ。目から入った情報が頭の中を駆け抜けていく。脳がパンクしそうだ。私はローマ庭園のようなメトロポリタン美術館展示室のベンチに座り、しばし茫然として噴水を眺めた。

あんまり疲れたので、有名なカップケーキのお店に立ち寄った。ここは、私の好きな「さまぁ～ず」がロケをしたお店だ。番組では、さまぁ～ずの二人が死ぬほど甘そうにカップケーキを食べていたが、そこまで甘く感じなかった。いつの間にか、私の舌は北米化してしまったようだ。

3　行くぜ、ハーバード大学とイェール大学！

気孔の星空

ニューヨークを後にして、私は北上した。電車はガタゴト揺れながら東海岸沿いを進んでいく。ボストンに到着したのはとっぷりと日が暮れた後だった。ニューヨークよりも落ち着いていて、レンガ造りの街並みに歴史を感じる。ホテルまで向かう途中、タクシーの運転手が一点を指さし、「ほら、そこにたくさんの花がたむけられているだろ？　ボストンマラソンのテロの現場だよ」と教えてくれた。私がボストンを訪れるちょうど二か月前、ボストンでは凄惨なテロがあった。ニュースで見た出来事が、現実世界で起きた出来事であることを改めて実感した。

ボストンでは、ハーバード大学比較解剖学博物館で標本を見せてもらう計画だ。ハーバード大学があるケンブリッジまではバスで二〇分ほど。チャールズ川を渡ると、バスはマサチューセッツ工科大学（ＭＩＴ）の中を通り抜けていった。ＭＩＴはハーバード大学同様、言わずと知れた名門大学である。車窓からモダンな建物が並ぶ様子を食い入るように眺めた。

ハーバード大学のキャンパスは、荘厳な建物が大変美しく、緑と見事に調和していた。学生風の若者や教授風の白髪の男性が足早に目の前を通り過ぎていった。彼らはいったいどんな研究をしているのだろう。キャンパスを歩いて他大学の雰囲気を感じるのはとても楽しい。

比較解剖学博物館ではワニの卵殻を見せてもらう予定だった。爬虫類収蔵庫のワニエリアを探す。骨格や皮標本が充実していて、着ぐるみのような皮標本は干物状態でつるし上げられていた。ワニの干物はちょっと可愛い。卵殻はたくさんあるわけではないが、良質な標本が揃っていた。いくつかは割れて破片になっている。この博物館では、借用許可は下りていないから、できる限りこの調査でデータを集めたい。なんとか破片から気孔は観察できないだろうか。試

ワニの卵殻を光にかざすと、キラキラと気孔が見える。これはロイヤル・オンタリオ博物館の標本だが、この経験以来、ワニの卵殻を光にかざす癖がついてしまった。

しに卵殻をつまんでぐるぐると動かしてみた。おやっと思い、蛍光灯にかざしてみる。キラキラと気孔から光が漏れた。

「おー、気孔が見えるじゃん！」

ワニの気孔は大きいから、肉眼でも観察できるようだ。光にかざすことで、気孔の数をカウントできる。山間部で見る満天の星空のように、たくさんの気孔が見える。気孔の密度は間隙率の計算には欠かせないデータだから、来た甲斐(かい)があった。

夕方、ボストン市街に戻り、宿泊しているB&Bの近くで夕食をとることにする。ずっと調査に集中していたから、お腹がペコペコだ。このままではお腹と背中がくっついてしまう。スポーツバーのような趣のハンバーガー店に入った。メニューを見ると、「マック・アタック」なるバーガーがある。名前のインパクトに圧され、ボストンの地ビールとともに注文した。出てきたバーガーを見て思わず「すげー」と笑みがこぼれる。ハンバーガーに、マカロニチーズとベーコンがこれでもかというくらい挟んであった。チーズはナイアガラ瀑布（ばくふ）のように皿にしたたり落ちている。マカロニチーズとハンバーガーという、アメリカを代表する二大巨頭の夢のコラボである。これぞアメリカ。ビバ・アメリカ。私はこのド派手バーガーに夢中でかぶりつき、アメリカン・ドリームを胃袋に収めた。ただし私は胃腸が弱いので、速攻でお腹を壊した。なるほど、マック・アタックってそういう意味だったのか！ アメリカン・ドリームはトイレットペーパーとともに流れていった。グッバイ。

これがマック・アタックだ！

レアな現生ワニ類の卵

ボストンは私の敬愛する作曲家ジョン・ウィリアムズ[※2]がボストン・ポップス・オーケストラの常任指揮者としてタクトを振った街である。当然のことながらシンフォニーホールを見に行き、聖地巡礼した。ちなみにボストンには小澤征爾も住んでいた。

そして今回の旅行で最も重要な調査地になったのが、イェール大学ピーボディ博物館である。イェール大学があるニューヘブンは、ニューヨークとボストンの中間にある。ニューヘブン駅を出ると、ぽつりぽつりと降り出した。アメリカもこの時期は雨が多いのだろうか。ニューヘブンは、「治安が良くないから気を付けろ」と知り合いのニューヨーカーに言われていたけれど、バス停の場所を教えてくれたおばさんはとても親切だった。雨に濡れながら、わざわざ停留所まで道案内してくれたのだ。

イェール大学ピーボディ博物館の入り口で威嚇するトロサウルス。

バスは停留所をアナウンスしてくれないから、走っている場所を見失わないよう、窓から見える景色と地図をにらめっこしなくてはいけない。スマホがない頃の旅行は大変だった。

バスを降りるとひときわ鮮やかなハナミズキが目を引いた。立派な木だなと思って見上げると、城の尖塔(せんとう)のような建物が鉛色の空にニョッキリ突き出ている。入り口では、巨大なトロサウルスの模型が来館者を威嚇(いかく)していた。こうやってみると、トロサウルスは城に仕えるドラゴンのようだ。不思議なほどこの建物になじんでいる。私はこれ以上雨に濡れることを嫌い、その重厚な建物の中に吸い込まれるようにして入っていった。

イェール大学ピーボディ博物館は、歴史的な恐竜学者であるオスニエル・マーシュやジョン・オストロムが数々の成果をあげた場所だ。私はその地下牢(ちかろう)のような収蔵庫で、標本調査を開始した。

ここには、大変ステキな現生ワニ類の卵コレクションがあった。私の知る限り、世界最高クラスと言っていいだろう。ワニ類の卵はかなりレアで、いろいろな種類を所蔵している博物館は少ない。ピーボディ博物館の卵コレクションには、研究者たちが世界中を探検の末、集めてきた貴重な標本や、動物園から贈られた標本がたくさんあった。現生ワニ類のうち、半数以上がこの博物館で揃ってしまう。

ハーバード大学の比較解剖学博物館とは違い、こちらのコレクションは原形をとどめたままの完全な卵が中心だった。それゆえ、光にかざして気孔の数を数えるという裏ワザが使えない。卵の大きさを計測する分には完ぺきだが、間隙率の分析には向かない。

ワシントン条約の壁

これだけ卵標本が揃っているので、いくつかを借用したい。旅行前に借用の打診をしていたが、その件は調査の時に話し合おうということで、保留になっていた。そこで、コレクション・マネージャーのグレッグさんに研究計画を説明し、この研究ではワニ類の卵殻標本が絶対に欠かせないことをプレゼンした。私が見せたグラフは、ワニ類のデータだけがぽっかり抜けていた。ここさえ埋められれば、研究は完成する。

おそるおそる、標本を借りられないか聞いてみた。

「いいよ、じゃあ、必要な標本を教えて」

思ったよりもすんなり許可が下りた。嬉しい。しかし、ワニ標本の借用には注意が必要である。

読者の皆さんの中には、ワシントン条約という言葉を聞いたことがある人もいるだろう。「絶滅のおそれのある野生動植物の種の国際取引に関する条約」である（英語ではCITES（サイテス）という）。簡単に言うと、希少な種を、勝手に国をまたいで運んではいけないという、国際ルールだ。

現在、ワニ類の多くの種は絶滅の危機に瀕（ひん）している。七種が最も危険な状態「絶滅寸前」である。中国に棲むヨウスコウワニにいたっては、野生個体がたったの三〇〇頭ほどしかいない。ワニ類は、恐竜唯一の現存する親戚筋である。ワニがいなくなっては、世界が寂しい。

ワシントン条約は、生体に限らず、骨や卵殻などの標本にも適用される。当然、アメリカからカナダに運ぶ場合にも、許可が必要だ。今すぐには借用できない。

「まずは手続きが必要だから、書類を作成してね。標本は後日郵送するから」

そういうわけで、イェール大学を後にし、駆け足の調査旅行が終了した。再びアムトラックでニューヨークに戻り、ニューアーク空港からカルガリーへと飛ぶ。調査（と観光）に全力を注いだので、くたくたに疲れた。

鬼改め神登場

ワニ卵殻の借用の件は、カルガリー大学で手続きに追われることになった。ウェブサイトを見てもダラダラと書いてあって申請の仕方がよく分からない。どこの国でも、お役所の文章はまどろっこしいようだ。どうしたもんかと頭を抱えていたが、ふと、生物学科の先生なら知っているんじゃないかと思いついた。例えば、トニー・ラッセル教授はヤモリの研究者だから、動物標本を輸入したことがあるかもしれない。おそるおそるラッセル教授にメールしてみる。

「そんなこと自分で調べなさい」と怒られないだろうか。

というのは、私はこれまでラッセル教授にビビっていたからだ。教授は厳しいことで有名である。私は、ラッセル教授が学位審査試験で自分の学生にビシバシと突っ込む姿を幾度となく見てきたし、教授の「比較解剖学」を受講し、あまりの難しさにあやうくつまずきそうになった苦い経験がある。厳格なイメージのある先生だ。

けれども、今回の件ではニコニコしながら助けてくれた。これまでに何度もワシントン条約の標本を輸入したことがあるそうだ。新規の申請は面倒だから、ラッセル教授の研究室に標本を送るよう手配してくれた。この時は鬼のラッセル教授が神のように見えた。学生の研究に関しては非常に協力的である。そういえば、ラッセル教授の授業を履修している時、「日本で大地震があったそうだが、君の家族や友人は大丈夫かね」とわざわざ心配して声をかけてくれたことを思い出した。実はとても優しく、良き指導者なのだ。ラッセル教授を慕う学生は多く、これまでに何人も恐竜学者を輩出している。ヤモリ研究者だが、恐竜類まで幅広い知識を持ち合わせていた。ちなみに、「比較解剖学」の授業では、私は猛勉強して「A」を取り、退学は免れた。大学生以降、あれほど勉強したのは、後にも先にもあの時だけである。

絶滅危惧種の取り扱いが、こんなにも大変だとは知らなかった。恐竜はすでに絶滅しているから、そんなこと知る由もなかった。化石の方が、手続きはずいぶんと楽である。

待ちに待ったワニの卵殻は九月に届いた。嬉しいことに、一四種二五標本も同封されていた（おまけでガラパゴスゾウガメの卵殻まで入っていた）。ありがたいことに、イェール大学ピーボディ博物館のグレッグさんは、フロリダにあるワニ専門の動物園にも声掛けをしてくださり、多くの標本を集めてくれた（動物園には後日、お礼の手紙を送った）。他で入手した標本と文献データも合わせると、これでデータの中のワニ類は一七種になった。現生ワニ類の七割の種を網羅したことになる。

4　最後は日本の動物園へ！

標本を登録しよう

さらにダメ押しで、動物園からも卵殻を分けてもらうことにした。日本のいくつかの動物園にメールし、提供可能な卵殻がないか打診してみた。ほとんどの動物園ではダメだったが、一部、私の研究に賛同してくれた動物園があった。とてもありがたい。こちらもカナダに郵送してもらうことはできないから、冬休みに帰国したタイミングで動物園に急行した。

日本に戻ると、前回日本にいた時の記憶からスタートするから不思議だ。ジワっと、最後に日本にいた時の記憶がよみがえってくる。逆にカナダに戻ると、今度はカナダを離れる直前の時の記憶からスタートする。二か国を行き来していると、不思議な感覚になる。

日本の都市を歩いてみて、そのコンパクトさを改めて実感した。空、街、店、家、電車、車、人、すべてがカナダより小さい。コンパクトながら、テトリスのようにキュッと収まっている。これはこれで居心地が良い。

パンダのいる、とある街の動物園へ。電車から眺める景色は、海と山が両サイドに迫っていて、なんとなくバンクーバーに似ていた。この動物園では、卵が博物館標本のように、大切に保管してあった。キリで中身が取り出してあるから、形状はそのままだ。飼育員さんの動物に対する愛情が感じられる。いろいろな種類の卵を分けてもらった。

続いて私は札幌(さっぽろ)へ飛んだ。提供してもらった標本を北海道大学総合博物館で登録してもらうのだ。こうすれば、北大総合博物館の正式な標本番号が与えられる。標本の帰属が明らかになるので、将来の研究者が私の論文を読んでアクセスすることが可能になる。標本を個人の所有物にしてしまうと、第三者による検証ができない。データの信ぴょう性にもかかわる問題である。標本は博物館で登録されることで、将来も安全に保管でき、繰り返し研究に使うことができるのだ。だから私は、極力、入手した標本を博物館に登録してもらうことにしている。

データ収集の鬼

これでさらに現生種のデータが増える。思わず「ムフフ」と笑みがこぼれてしまう。データを増やすということは、マニアが趣味のコレクションを増やすことと似ていると思う。データには色も形もないけれど、収集に変わりはない。何行も続いたパソコンのエクセルシートを見るとニヤニヤしてしまう。データを展示ケースに入れて鑑賞できないのは残念だが、それでも満足するものである。自分の力で手に入れたデータは、何物にも代えがたい。

こうして、コツコツと種数を増やしていき、論文上のデータも含めて合計一二七種の現生ワニ類・鳥類の卵殻間隙率データが集まった。住んでいる地域も、巣を作る場所もさまざまな、多様なデータだ。統計学的には、すでに十分な数だろう。これだけの数の標本を揃えたのはこの研究が初めてである。それでもまだデータを増やしたくて、調査旅行に出かけようとする私に、ダーラは「もう十分よ！　いいかげんにしなさい」とピシャリと言った。「いやいや、まだ集められます。あの卵が必要だ、あの卵が欲しい、あの卵に会いたい」データ収集の鬼と化した私に、ダーラが武将のような目でにらみを利かせてきたので、収集はこれくらいにしておくことにした。鬼より武将の方が強い。桃太郎の時代から分かっている事実である。これ以上突き進んだら、調査旅行で破産してしまうかもしれない。研究なのか趣味なのか分からなくなってきた。

というわけで、収集した標本を分析することにした。

5　卵殻の間隙率を測定せよ！

切り出す部位は

ここで卵殻の間隙率を測定する方法をまとめよう。間隙率の計算に必要なのは、卵一つ当たりの気孔の総数、気孔の長さ、そして気孔の断面積である。

卵一つ当たりの気孔の総数を数えるのはなかなか大変である。一つの卵に気孔は数千から数万個あると言われているので、すべて数え上げるのは不可能だ。そこで、卵殻片の気孔の数を数え、卵殻片の表面積で割って密度を計算する。卵一つ当たりの気孔の総数は、卵の表面積に気孔の密度を掛ければよい。

卵は、「極」や「赤道」など、地球と同じく部位の名称が決まっている。卵の両端を「極」という。鋭くとがっている端が鋭極、鈍い端が鈍極だ。卵の一番太い部分は「赤道」と呼ばれる。ちなみに、極と赤道の間のことを、論文では「shoulder」と言ったりする。「shoulder」とは肩のことだ。頭（極）と腰（赤道）に見たてて、中間部分ということだろうか。

鳥の卵の場合、気孔の密度は部位によって異なる。鋭極は気孔が少なく、鈍極は気孔が多い。卵の赤道あたりは平均的な数と考えられる。だから博物館でサンプリングする際、可能な限り卵の赤道あたりの破片を切り出していた。

練習・試行錯誤・カウント

気孔の数を数える際、まずは卵殻を水酸化ナトリウム溶液で煮る。余分な卵殻膜を溶かすためだ。卵殻の内側に膜がくっついたままだと、気孔の数がうまくカウントできない。練習として、ニワトリとウズラの卵殻をいろいろな濃度の水酸化ナトリウム溶液で煮てみた。実験の結果、事前にピンセットで卵殻膜をある程度はがしておき、八〇度程度の五％水酸化ナトリウム溶液で一〇分間煮て、有機物を除去するとうまくいくことが分かった。

煮た後は卵殻を十分に乾燥させ、内側の表面にメチレンブルーという青い薬品を塗る。そうすると毛細管現象によって、メチレンブルーが気孔の中を通り抜け、反対側の外表面にポツポツと青い染みが浮かび上がる。あとは双眼実体顕微鏡（そうがんじったいけんびきょう）で、青いポツポツの数を数えればよい。

この作業も最初はニワトリとウズラの卵殻で実験した。はじめのうちはうまく染色できず、論文で公表されているよりも少ない数の気孔しか検出できなかった。あれやこれや条件を変えて試すうちに精度が上がり、論文のデータとほぼ同じ数値が得られるようになった。

ただしウズラの卵殻はやっかいだった。表面のまだら模様が邪魔をして、うまく気孔の数がカウントできないのだ。これは、外表面に分厚いクチクラ層と呼ばれる有機物の層があるためだ。どうしようかと悩み、卵殻をこねくり回していると、ボロッとクチクラ層がはがれた。水酸化ナトリウム溶液で煮た後のクチクラ層はボロボロになっているのだ。解剖用ピンセットでクチクラ層をガリガリ削って表面をきれいにすると、気孔開口部が見えやすくなることが分かった。模様のある卵はこれでなんとかなる。

こういうことは論文に書かれていないので、自分なりの手法を開発するしかない。試行錯誤（しこうさくご）が必要だ。卵化石研究の利点の一つは、実験材料がスーパーマーケットで手に入ることだろう。ニワトリやウズラの卵はどこにでも売っているから、替えなんていくらでもある。その代わり、晩御飯は毎日オムレツである。スーパーマーケットの食材を使って恐竜の謎を解き明かしました、と言ったら世間は驚くだろう。研究材料は意外と街中にも落ちているものである。恐竜研究のはずなのに、ニワトリとウズラの卵殻を煮る生活が続いた。

一とおり、ニワトリとウズラの卵殻でうまくいけば、次は本番である。ひたすら卵殻を煮て、気孔の数を数えた。ワニの卵殻は気孔が大きいから、染色しなくても下から強い光を当てるだけで判別できた。ハーバード大学で発見した方法だ。ただし数が多いので、写真に撮ってカウントすると間違いがなくなる。

アラサーの貴重な日々は、気孔の数を数えることだけに費やされた。来る日も来る日も気孔の数を数える。窓の外には、こんなにも青空が広がっているというのに。私は気孔をカウントする永久機関となり果てた。

測って計算

卵殻片の表面積の計算は簡単だ。卵殻片の写真を専用のソフトで処理すると、面積が測れる。卵殻片の写真を撮影する時のコツは、上手に卵殻のシルエットを作ることである。卵殻をガラス版に置き、下から光を当てるとうまくいく。研究室の双眼実体顕微鏡のステージがちょうどそういう仕様になっていた。こうやって撮影するとパソコン処理が劇的に楽になる。

卵殻片の気孔の数と表面積が分かったら、気孔の密度が計算できる。卵の表面積はかつてパッガネリ教授とホイット教授が開発した計算式「卵の表面積（mm^2）＝4.951×卵の体積$^{0.666}$」と「卵の体積（mm^3）＝0.51×卵の長さ×卵の幅^2」を使えば良い（卵の長さ・幅の単位はmm）。これで卵一つ当たりの気孔の総数が分かるというわけだ。もちろん、各々の計算の過程で誤差が生じているし、個体差があるから、標本によって多少のばらつきはある。

間隙率には気孔の長さも必要である。気孔の長さは殻の厚みに等しいから、殻の厚みをマイクロメーターという万力のような機器で測った。

最後に、気孔の断面積が必要だ。断面は薄片（はくへん）によって観察できる。薄片とは、第1章にも出てきたが、スライドガラスに乗せたスライスのことである。卵殻に平行に薄いスライスを作り、偏光顕微鏡で観察すれば、暗い背景に夜空の星のように気孔が点在して見える。鳥類の卵殻では気孔が少なく、例えて言うなら、都会の寂しい星空だ。

こうして、気孔の総数、長さ、断面積が分かった。これらの数値をフィックの法則に基づく計算式に当てはめれば、卵殻間隙率が計算できる。

6　卵殻の間隙率を比較せよ！

データセットが完成し、さっそく、統計分析に取り掛かる。ガスコンダクタンスの時と同じ要領で、現生種のデータを「埋蔵型の巣」と「オープンな巣」に分けた。果たして両者で、卵殻の間隙率の値に違いはあるだろうか。

共分散分析※3という方法を使って調べた結果、予想どおり「埋蔵型の巣」の方が「オープンな巣」よりも、（卵の大きさを考慮した相対的な）間隙率が高いということが明らかになった。これで卵殻間隙率が巣のタイプの指標になることが確かめられた。ほっとする瞬間だった。

土台はすべて整った。あとは恐竜の卵殻間隙率を調べ、巣の種類を判定すればよい。恐竜の卵殻データは、主に過去の論文から集めることにした。これまでのガスコンダクタンス研究では、抱卵姿勢の化石が見つかっているオヴィラプトロサウルス類を含め、多くの恐竜は「埋蔵型の巣」だったと解釈されている。本当にこの解釈は正しいのだろうか。これまでの研究の解釈を検証するという意味も含めて、過去の論文データを使うことにした。データセットには竜脚類、原始的な獣脚類、そして鳥類に近い獣脚類が入っている。

加えて、新たに小型獣脚類のトロオドンと絶滅した飛べない鳥、モアの卵殻の間隙率を自分の手で測定することにした。トロオドンの卵はロイヤル・ティレル古生物博物館にある。いつかティレル博物館で観察したクラッチ化石をもう一度、調査させてもらった。博物館の収蔵庫で卵を計測し、卵殻片を借用する。間隙率の測定方法は、現生種の場合と同じだ。ただし、卵殻化石を煮るやり方は通用しないので、気孔の数は薄片にして数えた。

モアの卵殻は、ダーラがニュージーランドの博物館から借用していたものだ。ニュージーランドの飛べない鳥と言えばキウィが有名だが、つい数百年前までは、モアという、ダチョウのような鳥もいた。モアは数種の存在が確認されているが、今回の研究で使ったのは二種類だけだ。気孔の形状がシンプルで、間隙率の計算がしやすいのがその理由である。

気孔の形状が複雑になりすぎると、フィックの法則が適用できず、間隙率の計算が難しくなる。例えばダチョウの卵殻の気孔は樹木のように枝分かれしていて、研究者泣かせである。今回の研究では省くことにした。同様の理由で、マイアサウラなど一部の恐竜は複雑な気孔形態をしているため、今回は扱わなかった。

絶滅種の卵殻間隙率データが揃った。判別分析[※4]という統計分析を用いて現生種データと比較し、かれらが、「埋蔵型の巣」か「オープンな巣」のどちらに分類されるか調べる。「オープンな巣」であれば、抱卵していた可能性が示唆される。

パソコン上では「実行」をクリックするだけの簡単な作業だが、心なしか手に力が入る。さあ、恐竜はどっちだ！

7　いざ、米国古脊椎動物学会へ！

学生ポスター賞にエントリー

「じゃあ、一部の恐竜はオープンな巣を作っていた、ということ？」

黒縁メガネのマダムが近づいてきて、私のポスターの前で立ち止まった。この人物が誰かは知らないが、きっと有名な古生物学者なのだろう。雑踏の中にあって、この女性研究者にだけ、優雅な時間が流れているように感じられる。そのオーラに気圧(けお)されて、ひるみそうになった。

この人物は審査員か？　だとすれば抜かりなく説明せねばならない。ドクンとアドレナリンが広がるのを感じた。

ここはロサンゼルスのウェスティン・ボナヴェンチャー・ホテル。二〇一三年一〇月、私は米国古脊椎動物学会（通称、ＳＶＰ）に参加していた。ＳＶＰは全世界に二三〇〇人以上の会員を持つ、この分野最大の学会である。毎年秋に開催され、魚化石から哺乳類化石まで、数百件の研究発表が続く。古脊椎動物研究の祭典だ。二〇一三年は実に八〇〇件以上もの研究発表があった。

今開かれているのはポスター発表のセッション。ポスター発表とは、ポスターサイズにプリントした研究内容を紹介する学会の発表形式のことだ。観覧者はポスターとポスターの間を自由に歩き回り、ビールやワイン片手に気になったポスターを眺め、発表者の説明を興味深そうに聞いている。私の場合、諸事情（＝二日酔い）につき今宵のお酒はごめんこうむりたい。満員御礼状態の会場は、参加者であふれかえっていて、異様な熱気に包まれていた。

今回、私は学生ポスター賞にエントリーしていた。その年のポスター発表の中で、一番を選ぶコンテストだ。観覧者の中には何名かの審査員が紛れ込んでいて、抜き打ちで発表をチェックする。研究内容、将来性、ポスターデザイン、そして受け答えが審査される。

常々、私はこのコンテストに挑戦したいとダーラに打ち明けていた。自分の研究が本当に世界で通用するのか、試してみたかったのだ。しかし、ダーラはその都度「まだ早い」と言ってエントリーさせてくれなかった。言い続けて三年目、ようやくゴーサインが出た。

この学会に合わせ、私は自信作の研究をぶつけた。それはもちろん、卵殻の間隙率から恐竜の巣のタイプと抱卵行動を推定する研究である。時間をかけた分、愛着があり、自分で言うのもなんだが、面白い研究に仕上がった。その成果をお披露目(ひろめ)する大舞台が、ついにやってきたのだ。

ハスキーボイス

黒縁メガネの学者はニコっと笑みを浮かべて、私に説明を促した。この研究の面白さを存分に説明すべく、口を開いた。が、あれ、声が出ない……！

そうなのだ。昨晩、調子に乗ってお酒を飲みすぎてしまった。ホテルにチェックインしてすぐ、ダーラとホテルのバーで大杯をあおっていた。目の前を著名な恐竜学者が通り過ぎていく。普段は論文や本で名前を見るような大物が、続々と歩いているのだから驚かされる。ダーラに気が付いて、何人かの研究者が挨拶していった。ダーラの顔の広さにも驚いた。そんな中、小林先生も登場し、一緒に乾杯をすることに。次第に人が増え、飲み会は盛り上がった。ビール、ワイン、ウイスキー。気づけば深夜までお酒を飲んでいた。この浮かれポンチ！

「ま、年に一回の学会だから、ちょっとくらい飲みすぎてもいいよね」

だが、これが失敗を招く原因だった。飲みすぎたおかげで、次の日、声が出なくなったのだ。

「俺は阿呆か！　発表当日だというのに、声がカラッカラだ！」

と言ってみても、むなしく口をパクパクするだけ。これでは床でバタつく金魚と同じだ。やってしまった。ポスター発表の会場は口頭発表会場からどっと流れ込んできた学者や学生であふれかえっている。ものすごい喧噪だ。これでは至近距離でも声が届かない。ポスターを見に来てくれた人々に、私は犬笛のようなハスキーボイスで説明した。モーガン・フリーマンのような渋い声を聞かせてあげられないのは残念である……というのは嘘である。

軽く咳払いして声を整え、黒縁メガネ氏に説明する。

「すみません、ちょっと声が枯れてしまって……」

酒を飲みすぎたとは言えない。それでもマダムは熱心に私の話を聞いてくれた。口からお酒の匂いが漏れていなかったと信じよう。

興味深い結果

「この研究では、恐竜類の巣のタイプを推測しています」

調査に用いたのは、親の種類が判明している卵化石、つまり竜脚類や獣脚類だ。とても興味深いことに、竜脚類や比較的古いタイプの獣脚類恐竜であるロウリンハノサウルスの卵殻は、スカスカで高い間隙率だった。現生種と比較し、統計分析した結果、かれらは「埋蔵型の巣」を作り、卵を巣材の中に埋めていたと結論付けられた。ワニ類やツカツクリ科と同じ方法だ。まず間違いなく抱卵はしない。

一方、鳥類に比較的近いグループであるオヴィラプトロサウルス類やトロオドン、そして絶滅した鳥のモアは、間隙率が相対的に低いことが分かった。かれらは「オープンな巣」を作っていたと考えら

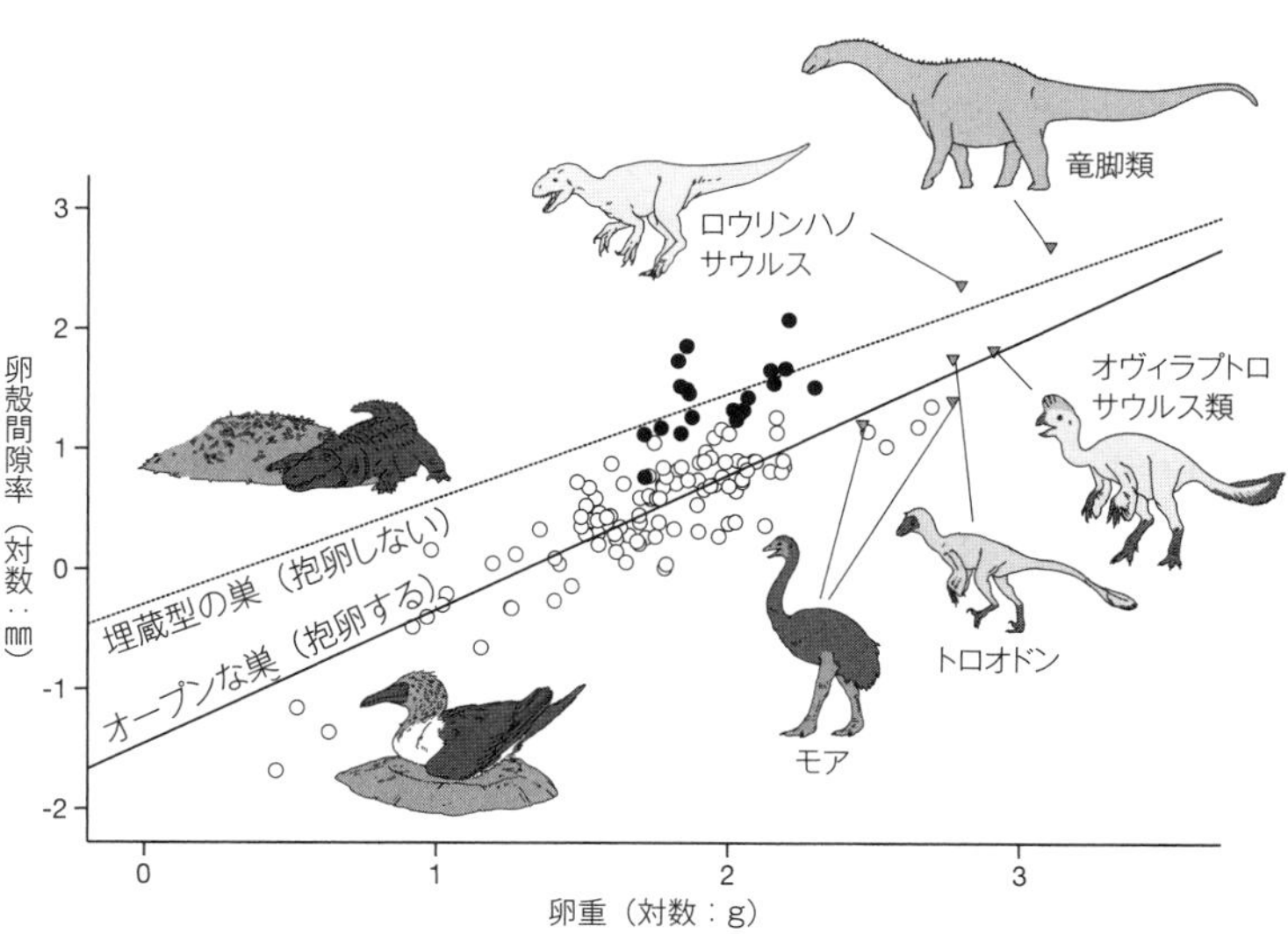

フィックの法則に基づいた間隙率を、現生種（抱卵しない種は●、抱卵する種は○）で比較し、さらに絶滅種（▽）をプロットした図。おおむね両者には違いがあり、統計上有意。竜脚類とロウリンハノサウルスは埋蔵型の巣を作り、オヴィラプトロサウルス類とトロオドン、モアはオープンな巣を作る。

れる。少なくとも部分的に、卵が巣の中で露出していたはずだ。ということは、抱卵していた可能性がある。これはとても興味深い結果だ。

以前のガスコンダクタンス研究では、オヴィラプトロサウルス類は卵を埋めていたと推測されていた。しかし、データを正してから改めて現生種と比較し、統計分析をしてみると、オープンな巣だということが分かった。このことから、モンゴルで見つかった抱卵姿勢の標本「ビッグ・ママ」は、やはり抱卵の最中に死んでしまったと考えられる。ただし、どこまで親の体温を使って卵を温めていたのかは分からない。暖かい時代の恐竜なので、積極的に卵を温める必要はなかったのかもしれない。親が巣に（ある程度）覆いかぶさって卵を保護していたのは確かだ。完全に解明できないところに、古生物学の難しさがある。

その後何年か経って、オヴィラプトロサウルス類がオープンな巣を作っていたことを補強する論文が発表されている。オヴィラプトロサウルス類やトロオドン科の卵には、色や模様がついていたというのだ。普通、化石になると卵の色は失われ、地層の色と同化してしまう。ところが、卵殻化石の表面を分析したところ、当時の色の成分が検出されたそうだ。オヴィラプトロサウルス類の卵はアボカド色で、くすんだ模様がついていたことが分かった。トロオドン科の卵も、クリーム色や緑色で、まだら模様があったようだ。色や模様があるのはカモフラージュのためと考えられる。このことからも、卵が巣の中で露出していたことがうかがえる。この研究によって、色のついた卵は、恐竜から誕生した特徴であることが明らかになった。緑色がカモフラージュ色ということは、もしかしたら、植物の生えた場所に巣作りしていたのかもしれないし、親の羽毛が緑色だったのかもしれない。想像は膨らむ。オープンな巣を推定するのに、こんなやり方もあるのかと思った。私が気づいていないだけで、卵化石へのアプローチ方法はいろいろあるのだ。

もう一つ、近年になってオヴィラプトロサウルス類とトロオドン科の驚くべき研究が発表された。かれらはオスが抱卵していたそうだ。抱卵姿勢の骨格化石を調べてみると、産卵期のメスに予想される骨の特徴（＝骨髄骨（こつずいこつ）と呼ばれるカルシウムの貯蔵構造）が見られなかった。つまり、オスであると考えられる。親の体重とクラッチ化石の総体積の関係からも、オスが抱卵していたことが示唆されるという。雌雄のどちらが営巣を行うのかという、面白い着眼点の研究だ。あの「ビッグ・ママ」という愛称で知られた標本は、どうやら「ビッグ・パパ」だったらしい。

オスが営巣する、というのはワニ類とは異なる。ワニ類はメスだけが巣作りや巣の保護を行うのだ。一方、古いタイプの鳥類（ヒクイドリやエミュー、シギダチョウなど）では、主にオスが抱卵する。ということは、オスが抱卵するという行動は、オヴィラプトロサウルス類やトロオドン科などの恐竜類に起源していた、と考えられそうだ。オヴィラプトロサウルス類はイクメン恐竜だったのだ。人類の父親諸君、恐竜のオスだって子育てするのだ。今宵は早く帰ろう！　私が言うのもなんだが、仕事帰りのお酒はほどほどにね。

なぜ抱卵するように？

ところで、なぜ恐竜たちはオープンな巣を作り、抱卵をするようになったのだろうか。次章でも考察しているが、親が卵を天敵から守る行動が、徐々に抱卵へとつながっていったのではないかと思う。最初のうちはワニ類のように、巣のそばで待機していた親が、巣の上で卵を守るようになり、翼を使って保温し、最終的に、親の体温を使って卵を温める行動へと変化したのではないだろうか。

オープンな巣は、恐竜たちにとって大発明となったはずだ。それまで、恐竜たちは卵を地中や巣材の中に埋めていた。卵を温めるための熱を、周囲の環境から得ていた。巣を作る場所は限られる。しかし、オープンな巣になると状況は変わる。親が卵を温めるようになると、地面に巣を作る必要がなくなる。抱卵すれば、どこでも卵を温められる。だから、飛翔（ひしょう）し、小型化した今日の鳥は、いろいろな場所で巣作りしている。木の上、壁、トンネルの中、水の上、さらには北極や南極などの寒冷地、標高の高い山岳地帯など。地面から熱を得るスタイルでは、とうてい営巣できなかった場所だ。このおかげで、営巣場所の選択肢が広がり、天敵から巣を隠せるようになった。恐竜が発明したオープンな巣のおかげで、鳥類は生活圏が拡大していったのだ。と、私は考える。

スポットライト

　恐竜は抱卵したのか——たったこの一言を明らかにすることが、いかに大変か痛感した。まさに言うは易く、行うは難しである。

　とてもありがたいことに、この研究で学生ポスター賞を受賞することができた。ダーラと小林先生が、私以上に熱く喜んでくれた。私にとってはむしろそのことの方が嬉しい。カラッカラの声にもかかわらず、話を聞いてくれた審査員の皆さま、ありがとうございます。あの時のマダムが審査員だったのかは、今となっては分からない。皆さんもお酒の飲みすぎにはご注意ください。それ以降、私は魔法のドリンク「ウ〇ンの力」をポケットに忍ばせている。これさえあればいくらでも飲めるはずだ……と過信してはいけないか。

　学生ポスター賞では、普段はマイナーな存在である卵化石研究にスポットライトを当ててくれて嬉しかった。少しでも、卵化石研究が面白いと感じていただけたのなら幸いである。今後も、自分にしかできない研究を続けたい。

　研究は、論文を執筆する直前までのプロセスが面白い。アイディアを思いつき、仮説を立て、データを集めて仮説を検証する。新しい手法を見つけ出し、限られた証拠から行動や生態を推測することが何よりも楽しい。自然界を相手にした謎解きだ。今回の研究は、死者の残した暗号を解読していくようなスリリングさがあった。研究はやめられない。

もちろん、研究は論文にしないと意味がない。だが、研究を進めていくと、新たなアイディアをさらに思いつくものだ。研究すればするほど、どんどんと研究テーマが増殖していく。これがまた楽しい。そのおかげで、論文を書くペースが遅いのはお恥ずかしい限りだ。

8　ストレーレンの予言

研究のストーリー

博士課程も中盤に差し掛かった。ここまで、卵化石研究に邁進（まいしん）してきた。卵化石にのめりこめばのめりこむほど、繁殖にまつわるナゾはどんどんと増えていった。恐竜の孵化までの日数

米国古脊椎動物学会で学生ポスター賞を受賞。一緒に写るのは小林先生とダーラ。

はどれくらいだったのだろうか。大きな恐竜も抱卵したのだろうか。抱卵しない恐竜は、どうやって卵を温めたのだろうか。かれらは、巣を守ったのだろうか。子育てしたのだろうか。北極で暮らしていた恐竜たちは、どうやって卵を孵（かえ）したのだろうか。世界で一番大きな恐竜の卵で卵焼きを作ったら、何人前になるのだろうか。

挑戦したいナゾはたくさんある。思い浮かんだナゾを、これからどうやって解明していこうか。解決策を考える作業はとても楽しいし、自分の手で明らかにできたらもっと楽しい。一つずつナゾを解明していけば、やがて進化の道筋が見えてくるだろう。恐竜研究は、壮大なジグソーパズルである。

今回行った研究のおかげで、現生種の繁殖に関する知識がずいぶんと増えた。ほとんどの時間を現生種の調査にあてたおかげだ。そのため、卵化石やクラッチ化石を見れば、自然とその標本の重要性が分かり、研究のストーリーが思い描けるようになった。

こうすればあのナゾが解明できるんじゃないかという、研究アイディアも次々と思い浮かぶようになった。私がこれまでに手掛けた研究プロジェクトの多くは、修士課程一年目に思いついたものだ。現在続けている研究のいくつかも、その時のアイディアのものがある。ガスコンダクタンス研究にもがき、最も足踏みをしていたように思える修士課程一年目だったが、実は一番実りのある年だったのだ。

とりつかれている

　卵化石だったら、アイディアがコーヒーメーカーのようにぽこぽこと生まれるから、この先も、卵化石研究だったらやっていけるんじゃないか。そんなことを、博士課程に進学する時にふと思った。だとしたら、卵化石をメインに行う必要はもう無いかもしれない。メインの研究テーマは卵とは別の分野で探して、卵はサイドプロジェクトにしても大丈夫じゃないか。このまま卵化石研究を続けていくべきか、博士課程の入り口で迷いはじめた。

　ある日、さらさらと風に揺れる白樺林を一緒に歩きながら、ダーラにそう伝えてみた。ダーラの散歩コースは、ロッキー山脈から流れるボウ川沿いの渓谷である。カルガリーにしては珍しく緑が豊かで、たくさんの野鳥が棲んでいる。大変ステキな都会のオアシスである。

　枝にとまるアメリカコガラを眺めながら、私は、恐竜の絶滅について研究したいと話した。恐竜における最大のナゾは、やはり白亜紀末の大量絶滅だろう。なぜ、恐竜はあれほどまでに甚大な被害を被ったのか。それに挑戦してみたかった。

　しかし、ダーラは「う～ん」と言いながら、もう少し現実的なテーマを提案してきた。卵じゃないんだったら、羽毛恐竜の研究はどうかと提案された。羽毛恐竜は恐竜研究の花形であり、すでに多くの研究者が参入している。ありがたいことだが、あまりピンとこない。

しばしの沈黙があった。卵殻の間隙率研究の進み具合はどうか、という話になった時、ふと思い出して、「そういえば、恐竜の孵化日数が計算できるかもしれない」と伝えた。孵化日数は、その当時、解決されていない難問であった。時間の概念を化石記録から導き出すのはとてもムズカシイ。それが、ある方法を使えば推定できるかもしれないということを、修士課程の時に気が付いた。

孵化日数が分かる理論を話すと、ダーラは興奮し始めた。孵化日数が推定できればすごいことだ。

「ぜひそれを博士研究でやりなさい!」

やはりダーラも私と同じ。卵化石研究にとりつかれている。

卵化石研究は続く

結局、博士研究も卵化石で行くことになった。恐竜の卵という、王道の中の邪道を今後も突き進むことになった。もっとも、博士課程を通して感じたことだが、卵化石研究は片手間でできるほど容易ではなかった。孵化日数推定の研究は、その後私の頭を悩ませ、いったんの完成を見たものの、まだ論文にはしていない(それゆえ、本書ではヒミツです)。

博士課程でも卵を追いかけると決まってから、私は卵にまつわるいろいろなプロジェクトをスタートさせた。博士課程のメインで行うプロジェクトと、メインの本筋から外れたサイドプロジェクトだ。

その日、私は繁殖にまつわる新たなナゾに挑戦していた。間隙率研究を進めていくうちに、とある疑問が生まれたのだ。テーマとなるのはオヴィラプトロサウルス類。私はかれらの卵に関する論文を読み漁っていた。

なぜオヴィラプトロサウルス類に疑問を持ったのかについては、第4章にとっておくとして、その時、私は論文のある一文に目を奪われていた。その論文とは、一九二五年に発表された、ヴィクトール・ファン・ストレーレンの恐竜卵殻化石の報告だ。彼は、アメリカ自然史博物館館長ヘンリー・フェアフィールド・オズボーンから研究の機会をもらい、世界で初めてモンゴル・ゴビ砂漠の恐竜の卵化石を詳細に記載した。その丁寧な仕事ぶりはいまだ色あせない。

論文は、読むたびに新たな発見がある。この論文もまさにそれだった。ストレーレンは「プロトケラトプスの卵(今ではそれがオヴィラプトロサウルス類の卵であることが分かっている)は、気孔がとても小さく、稀である」ことに気が付いた。ガスコンダクタンスの研究が発展するより五〇年も前に、すでに気孔の詳細な記述をしていることにまず驚く。が、問題はその次である。

「これは、現在の鳥やカメの中でも、とても乾燥した場所に産み落とされる卵の特徴である」

なんと、卵化石の最初期の論文で、すでに気孔サイズの機能的役割を理解し、恐竜の巣の環境を推測していたのだ。現生種ですら気孔についてロクに分かっていない時代だ。ストレーレンの確かな観察眼に脱帽した。

私は、自分が世界で初めて恐竜の気孔と巣のタイプの関係性を論じることができたと思っていた。まさか一〇〇年近くも前にストレーレンが同じことを考えていたとは！　以前読んだ時は、このことに気が付かなかった。私は、一〇〇年越しでストレーレンの予言を検証したことになる。

さすがだなあ。己の無知に気づかされた。私も同じように、一〇〇年後の恐竜学者から「コイツ、やるなあ」と思ってもらえるよう、邁進（まいしん）しよう。

卵化石研究はまだまだ続く。

プロトケラトプス。

※1　アルバータ牛で有名なカルガリーはカナダのカウボーイの街として知られ、「北のテキサス」と呼ばれる。七月に開催される祭「スタンピード」はカウボーイの祭典である。

※2　映画音楽の巨匠。大学二年生の時、私はバイト代を貯めて「人生初の海外旅行はジョン・ウィリアムズのコンサート」という夢を実現した。彼の音楽はあまりにも有名で、もはや説明するまでもない。

※3　回帰式を比較して、それらに違いがあるかを調べる分析。ここでは「埋蔵型の巣」と「オープンな巣」で、卵の重さを考慮した卵殻間隙率に違いがあるかを判定した。データの系統関係も考慮して分析している。

※4　簡単に言うと、グループ分けをしてくれる分析。ある恐竜が「埋蔵型の巣」と「オープンな巣」のどちらに分類されるかを判別できる。

コラム　鉄格子のある通りには気をつけよ？

カナダは安全な国である。私はカルガリーに八年半も住んでいたが、ヒヤッとした経験は滅多になく、穏やかで平和な国であった。レジに並べば客同士が世間話を始めるし、バスに乗れば運転手が突然降りて「ティムホートン」のコーヒーを買いに行く。それを気にもしないおおらかで成熟した国民性。飲み会の帰りにフラフラと歩いていても、凍死する以外、危険はほとんどないと感じる。

はたから見ればカナダとアメリカはよく似ているけれど、アメリカに入国すると空気がピリリとする感覚があった。明らかに雰囲気が違う。そういった時は、カナダに帰ってきて、ほっと一安心するのだ。

とは言え、カナダの犯罪発生率は日本の五倍もあるし、凶悪事件も発生している。留学中、私の家の近所で凄惨（せいさん）な事件が起こったこともあった。街には麻薬の密売が行われている場所もあり、マリファナを吸っている人はわりと普通にいる。安全には注意を怠らないことがなによりも重要である。

ある時、私はＫＪ一家と一緒にバンクーバーへ旅行に出かけた。キャッシーの親がバンクーバーに住んでいるから、そこを訪ねようというわけだ。航空会社で働くキャッシーのおかげで、航空運賃を割り引いてもらえた。カルガリーからバンクーバーまでは車で一〇時間もかかるが、飛行機なら一時間弱で着く。飛行機の窓から間近に迫るロッキー山脈は大迫力である。ＫＪ家と一緒だと、苦手な飛行機も安心する。

「乱気流はクッションみたいなもんだよ。飛行機はクッションの間をぬって飛んでいくから、ふんわり守られているのさ」

初めて訪れたバンクーバーはとても美しい都市だった。カルガリーともトロントとも違う。洗練された街並みが、ロッキー山脈とジョージア湾に挟まれ、見事に自然と調和していた。

水族館や美術館を観光し、ＫＪの友人宅を訪問することに。そこはダウンタウンにあって、少し怪しげな通りであった。窓という窓がすべて鉄格子で囲われている。それまでのハイセンスで明るい雰囲気から、一転、一歩足を踏み入れるとどんよりと陰気な雰囲気が漂ってきた。

「ここはあまり治安が良くないから、一人で歩いたらダメだよ」

とＫＪ。知り合いがこの通りに車を止めておいたら、ものの一五分で車上荒らしにあったとのこと。ＫＪの友人はなんというところに住んでいるのだろうか。

鉄格子付きの扉を開け、ＫＪの友人宅へ。といっても、事務所を改造したアトリエだった。部屋の中央に設置された巨大なシルクスクリーンの機材で、バンドTシャツをプリントしているらしい。雑然としているが、好きなものだけをちりばめたステキな空間だった。出てきた友人はファンキーなパンクロッカーだった。

「僕はここで三回も銃で撃たれたことがあるんだよ、フフフ」

どれも急所が外れているから大丈夫だったとのことだが、まるで他人事のようだ。さすが、危険エリアの住人。肝が据わっている。

鉄格子がある通りは注意した方が良い、と気づいたのはこの旅行からだ。バンクーバーを旅行していても特に問題はなかったけれど、危険エリアはだいたい雰囲気で分かるようになった。汚れていて見通しが悪く、鉄格子のある通り。私は世界各地を一人で旅することが多いが、鉄格子のある通りには近づかないことにしている。

コラム　論文が出版されるまで

卵殻（らんかく）の間隙率（かんげきりつ）の論文は、二〇一五年の秋にようやく出版された。着想から五年、学会で発表してから二年後のことである。私自身が初めて取り組んだ大型プロジェクトだったから、これまでに発表した論文の中で、一番思い入れのある論文となった。

研究は、発表しなければ存在しないことと一緒である、とはよく言われることだけど、論文にするのは相当なエネルギーが必要である。年に何本も論文を発表する研究者は、いったいどんな頭の構造をしているのだろう。

私の場合、調査や分析を行っている初期の段階から、論文の執筆を開始する。「標本と手法」や「結果」など、研究途中でも書き始められる項目がいくつかあるからだ。早めに執筆にとりかかった方が、記述が正確になるし、後からまとめて書くよりも負担が減る。少しずつ原稿を上書きしながら、論文の全体像を形作っていくわけだ。

執筆した原稿を学術雑誌に投稿し、査読という専門家によるチェックを乗り越えて受理されれば掲載となる。世界にはたくさんの学術雑誌があって、例えば古生物学関連の国際学術誌だけでも一〇〇誌以上ある。はて、どこの雑誌に投稿すればよいだろう。

実は学術雑誌にはレベルのようなものがあって、インパクトの高い雑誌と低い雑誌がある。これを数値化したのが「インパクトファクター」[※1]だ。皆さんも聞き覚えがあるであろう『ネイチャー』や『サイエンス』といった超有名雑誌は、インパクトファクターが四〇を超える。普段私たちが投稿する古生物や地学系の雑誌のインパクトファクターは一～三程度であるから、いかに『ネイチャー』や『サイエンス』がぶっ飛んだモンスター雑誌であるかが分かる。研究者として、『ネイチャー』や『サイエンス』に論文を書くことは大きな目標なのだ。ただし、インパクトファクターが低いからと言って悪い雑誌、悪い論文であるということは絶対にない。それぞれの雑誌には目指すところがあって、インパクトファクターの低い古生物系雑誌は、専門性が高い一方、『ネイチャー』や『サイエンス』は、さまざまなジャンルの読者をターゲットにしている。

投稿する雑誌の選択は悩ましいところだ。少しでもインパクトの高い雑誌を狙いたいけれど、難易度は上がる。リジェクト（掲載拒否）されるかもしれない。たとえ原稿が査読に回されても、受理や掲載までに一年以上かかる場合もある。短期間で業績が欲しい学生にとって、これはイタい。また、最近はオープンアクセスという誰でも無料で読むことができる雑誌が増えていて、研究成果を幅広く知らせることができる。ただし、論文執筆者が一五万～数十万円の掲載料を負担しなくてはいけない（学生は免除という雑誌もある）。どの雑誌に原稿を投稿するかは、こういった要因を加味して総合的に判断するのだ。

卵殻間隙率の研究は、ある程度インパクトがあり、原稿の字数制限がなく、掲載までの期間が短い、などの理由から『PLOS ONE（プロス・ワン）』というオープンアクセスの雑誌に投稿した。その分野の専門家がチェック（査読）してくれ、こう直した方が良いですヨ、というアドバイスをくれる。査読者は自分の時間を割（さ）いてタダで査読を請け負ってくれるので、ありがたい話である。私も誰かの論文原稿を査読することがあるから、研究の世界は持ちつ持たれつである。そういうわけで二〇一五年八月に投稿した雑誌は修正を挟み、一一月の終わりに出版された。とてもスピーディであった。これは、ダーラの作戦によるところが大きい。初めから完成度の高い原稿を書いていれば、受理までの期間が短くなるという考えだ。実際、査読者よりも、ダーラや共著者のチェックの方がずーっと厳しかった。ダーラは一言一句、意味を気にする。二〇回くらいの修正を経て、ようやくゴーサインが出る。一つの論文を書くのが、いかに大変か思い知らされた。

※1　インパクトファクターとは、一言で言うと、その雑誌に掲載された論文が一年間に引用された回数のことである。インパクトファクターが一ならば、その雑誌の論文は、一年で平均して一回引用されていることを示す。

コラム　初めてのプレスリリース

二〇一五年一一月二七日午後、CBC（カナダ国営放送）カルガリー支局。私はガチガチに緊張していた。まぶしいライトが私に向けられている。隣の席の蝋人形のようなニュースキャスターが質問した。

「今日はスタジオに、カルガリー大学の大学院に通う、コーヘイ・タナカさんが来てくれています。タナカさんは恐竜の卵の研究をしています。さっそくですが、研究の内容をお話ししてもらえますか？」

カメラが私に注目した。ゴクリと唾を飲む。

「プレスリリースをしなさい」と言うダーラの命を受け、間隙率の研究成果をメディアにお披露目することになった。プレスリリースとは、研究成果をテレビや新聞などのメディアに発信することだ。事前にメディアに報告しておけば、論文が発表されたと同時にニュースを配信してもらえる。自分の研究を世に知らしめる良い機会だし、大学にとってもアピールにつながる。カナダでも恐竜への関心は高く、ダーラは論文が出るたびにプレスリリースを行っていた。

私にとっては初めての経験だった。午前中、研究室にさまざまなテレビ局や新聞社がやってきてインタビューを受けた。緊張すると英語が（日本語も）しどろもどろになる体質である。事前に質問されそうな内容を書いたカンペを作っておいたが、いざカメラが向けられると頭に入れておいたはずの答えは吹き飛んでしまった。

研究室でのインタビューはまだよかった。いつもの場所だし、失敗しても撮り直しができたからである。しかし、今いるのはニュース番組のスタジオ。夕方のニュースで放送するため、テレビ局に呼ばれたのだ。ニュースキャスターはいろいろな質問をしたが、まったく覚えていない。覚えていることと言ったら、キャスターの肌が化粧で作り物のように見えたことだ。中年のおじさんのはずなのに、精巧にできたロボットのようだった。あれは本当に人間だったのだろうか。映画『AI』に登場するジュード・ロウのようだった。その衝撃しか記憶に残っていない。自分が出た番組は恥ずかしいので観ていない。

後日、番組を観た友人から連絡がきた。「君はサイエンティストだね！」とキャスターに振られ、「あったりまえよ～！」と返答していたのがウケる、と。そんなこと言ったのか、全然覚えていないぞ。とりあえず、プレスリリースのデビュー戦では爪痕を残してきた。

第4章

中国、恐竜化石 ミステリーツアーへようこそ

1 ジュンチャン・ルー博士からのメール

モーレツ恐竜学者

「九月一二日の午後六時に上海浦東空港（シャンハイプードン）に来てくれ」

それがジュンチャンからの連絡だった。

ジュンチャンは「ジュンちゃん」ではなく、ジュンチャン・ルー博士のことだ。恐竜研究者はみんな、彼のことをルー博士ではなく、親しみを込めて「ジュンチャン」と呼んでいる。

当時四〇代半（なか）ばだったジュンチャンは中国を代表する恐竜学者で、怒涛（どとう）の勢いで新種恐竜を発表し続けていた。北京にある中国地質科学院の研究者だが、北京にはほとんどいない。

「やあ、コーヘイ、今、河南省（かなん）鄭州（ジェンジョウ）市にいるんだ」

「やあ、コーヘイ、今日は広東省（カントン）河源（ヘーユアン）市でみんなと夕食をとっているよ。コーヘイも一言挨拶したらどうだ」

ジュンチャンから連絡が来る時はいつも出張先からだった。常に飛び回り、各地で恐竜の調査をしていた。

旅先のホテルや移動中の飛行機の中で、ちょっとでも時間があればノートパソコンを開き、現地で調査した標本の論文を執筆する。私が論文を一本書くうちに、きっとジュンチャンは論文を一〇本は書いていたはずだ。それはもう、モーレツな恐竜学者だった。それでも研究が追い付かないらしく、彼の後ろには未記載の恐竜たちが「オイラの順番はまだかい」と、長い行列を作っていた。

農村を訪れ、恐竜化石を探すジュンチャン（右端）。

なぜ、ジュンチャンはこれほどまでに標本に恵まれているのか。「中国では恐竜化石がたくさん見つかるから」ということもある。だがジュンチャンの場合、「自分の足で化石を探しに行くから」というのが答えだろう。常にどこかへ飛んで行き、恐竜時代の地層が露出する農村をめぐり、一軒一軒自分の足で訪ねて、農民に畑から化石が出てこなかったか聞いて回る。

「これはうちの畑で見つかったんだ」

農民はゴロッとしたこぶし大の化石を布袋から取り出して、笑いながらジュンチャンに渡す。ジュンチャンは振る舞われたお茶をすすりながら、その化石が重大な発見につながる代物かどうかを見極める。農民と和やかに話しているのに、化石を手にした時だけは眼鏡をずらし、とても鋭いまなざしに変わった。

「これをどこで見つけたんだ？」

畑に出かけて骨の続きが埋まっているか確認することもあった。子供たちが面白がってジュンチャンの後についていく。平和な畑に不思議な隊列ができていた。日本人の私からすると、畑を耕したら恐竜化石が見つかることにまず驚くが、ジュンチャンは脈が無ければさっさと次に移動し、大きな発見に出くわすまでそれを続けていた。

「今は飛行機で移動するから便利だよ。若い時は北京から電車で半日も揺られて地方に出かけたんだ。民家を何軒も訪ねて回って、リュックサックに化石をたくさん詰めて、また固い座席の電車で北京に戻るんだ」

こうして、ジュンチャンは目の前に広がる未開の地を行き、ジュンチャンの後ろには未発表の化石が並ぶ。この地道な努力を重ね、ジュンチャンはアジア最大級の恐竜、ルーヤンゴサウルスを探し当て、〝ピノキオ・レックス〟の愛称で呼ばれる長い鼻づらのティラノサウルス類、

ジュンチャンが発表した“ピノキオ・レックス”ことキアンゾウサウルス。

キアンゾウサウルスを世に送り出した。
発見は歩いてこないから、自分で歩いて見つけにいく――ジュンチャンはこれを中国全土で続けていた。彼ほどフットワークが軽く、努力を惜しまない恐竜学者を私は他に見たことがない。もともとオヴィラプトロサウルス類恐竜の専門家だったが、今や中国の恐竜化石を一手に担っていた。

連絡は一言で

ジュンチャンは骨の化石だけで、もういっぱいいっぱいだったから、卵化石を調査している暇はなかった。中国は世界的な卵化石産地であり、畑を掘れば卵化石が見つかり、道路工事をすれば卵化石にぶつかるくらい、卵化石の宝庫だ。ジュンチャンの行く先々で卵化石が発見されていった。

「コーヘイ、新たな卵化石産地が見つかったから、一緒に行くぞ」

共に中国各地をめぐり、ジュンチャンは骨化石を、私は卵化石を調査する。大学院生の身分である私にとってはまたとないチャンスで、大変ありがたいことだった。
ジュンチャンとの旅行は、冒険に満ちている。旅に出る時、ジュンチャンはどういうわけか、旅程の一切を教えてくれない。この日、この時間に、この空港に来い、としか連絡してこないのだ。なぜかジュンチャンはこのスタイルを貫いていて、私が大学四年生の時に卒業研究のために初めて中国を訪れた際も、私への事前連絡を一言で済ませた。

「コーヘイ、四月八日午後三時に広州空港においで」

近所のラーメン屋に行くノリである。これには大変不安になった。当時、私はまだジュンチャンとそれほど親しくなく、英語でのコミュニケーションもままならない状態だった。信頼できる人物はジュンチャンしかいないが、出発前日になってもスケジュールを教えてくれない。どこに行って、どこに泊まり、どういう人たちと会うのか。いきなり何も知らない日本人学生が地方を訪れて、研究させてもらえるものなのか。ジュンチャンから追加情報はなく、事前の情報は分からないまま。私の親も「ちょっと大丈夫なの」と心配していた。そりゃそうだ、ただでさえ、中国はカオスすぎる。

石橋を叩(たた)いて渡る私にとって、ジュンチャンのスタイルはズボラそのもの。私が中国に到着するまで、本当に何も予定を決めていないようだった。常に中国全土を飛び回るフットワークの軽さゆえのことか。

かくして、私は往復航空券を握りしめ、まだ見ぬ中国の奥地へといざなわれる。何が起こるか分からない、恐竜化石ミステリーツアーの始まりだ。

2　中国へようこそ

旅の始まりは拉致⁉

二〇一二年九月一二日、中国東方航空720便は濃い霧のため、予定よりも三〇分遅れで着陸した。とうとう来てしまった。もう後には引けない。

中国では空港を出るまでドキドキが続く。飛行機から降りても、たいていひと悶着（もんちゃく）あるからだ。

「ちょっと君、こっちに来なさい！」

例えば以前、冬に大連を訪れた時は、入国審査前の体温チェックに引っ掛かり、個室に連れていかれた。いやいや、私は健康そのものですよ。大連は寒いだろうと思って、ヒートテックを着込んできただけだ。飛行機を降りたとたん、空港の暖房で汗が噴き出し、「病人」とみなされた。ユ〇クロのヒートテックの保温効果は絶大である。皆さん、検温の際はくれぐれもご注意を。

入国審査を終えて手荷物受取場に進む。中国では到着ゲートを出る時、なぜか再び荷物のX線検査がある。何のために成田空港でX線を通したのか。別に変なものは持ち込んでいないので大丈夫なはずだ。だがちょっと心配ではある。風邪薬や目薬を爆買いして、カバンに詰め込んであった。「日本の薬は中国のよりも良いから持ってきてくれ」とジュンチャンに頼まれていた。爆買い日本人とは私のことだ。日本の薬は中国で引っかからないだろうか……。クスリには厳しい中国。ジュンチャン、勘弁してよ。

上海浦東空港の到着ゲートに無事たどり着いたものの、ジュンチャンの姿はなかった。巨大なロビーは人々でごった返しており、むせ返るような湿気と、いろいろな食べ物や人やその他もろもろが混じりあった独特の匂いに包まれていた。中国特有の、ガヤガヤ、ゴチャゴチャ、モワーンとした情景だ。

「ああ、中国の匂いがする。中国にまたやってきた」

私は一人、途方に暮れた。

これはジュンチャンとの旅のお決まりのパターンだった。たいていの場合は、あたりをキョロキョロ見回すと、私の名前が書かれた画用紙を掲げた、見知らぬ中年男が待ち構えている。「これ、僕だけど」とジェスチャーで合図すると、「こっちに来い」と連れていかれ、挨拶もろくに交わさないまま黒塗りの外車に乗せられる。「ああ、こりゃあ拉致されちゃったなあ」と思いつつ、何の抵抗もしないで、空港を後にする。ジュンチャンは先に現地入りしていて、私が目的地に到着するとようやく姿を見せるのだ。ホテルの一室に連れていかれ、まるでマフィアのボスのようにジュンチャンが登場する。と言っても、ヨレヨレの服を着ていて髪はペタペタ、ひょろ長いジュンチャンは怖そうに見えない。むしろ冗談が好きな優しいおじさんだ。立派な鼻毛も出ている。ニーハオ。

夜のドライブ

ただし今回は珍しく、ジュンチャンと空港で再会することができた。ちょうどジュンチャンの飛行機も霧で到着が遅れていたからだ。先に着いた私は、私の名前が書かれたプラカードを持った見知らぬ男たちと遭遇し、カフェテリアで筆談しながら時間をつぶしていた。一時間ほど経ってジュンチャンが現れた。

「ハオハオ、コーヘイ、久しぶりだなあ！　あれ、また痩せたかい？」

ニコニコしながら話しかけてきた。ジュンチャンの顔を見てほっとした。

私はいつも痩せていて、特に体重は変化していないが、今回はジュンチャンの方がちょっと会わないうちにげっそり痩せたように見える。

「ああ、ちょっと最近体調が良くなくてね」

ジュンチャンは特に気にする様子もなかった。

男たちの車に乗り込み、空港を後にする。車は都市部を過ぎ、農村を過ぎ、民家もまばらな郊外を抜けていく。日はとっぷりと暮れていて、外は暗闇だ。夜のドライブは車のライトだけが頼りである。よくこんな暗い道を猛スピードで走れるなあとつくづく感心する。頼むから事故らないでくれヨ。

男たちの正体は、上海郊外にある恐竜博物館の館長とスタッフだった。館長のシャオさんは穏やかで、細い目がいつも笑っている。たどたどしい中国語で私が卵化石を研究していると伝えると、シャオ館長は卵化石で有名な河南省出身だと教えてくれた。

「ジュンチャン、今回の旅はどこに行くんですか？」

「コーヘイはオヴィラプトロサウルス類の巣化石が見たいんだろ？　今回はオヴィの巣化石がたくさん置いてある博物館をめぐろう。まずは上海からだよ」

後部座席で揺られてウトウトし始めた頃、緑地公園のような広い敷地内にある、白くて真新しい建物の前で車は止まった。ここは「上海海湾国家森林公園」という、上海郊外にある公園だそうだ。園内には庭園が整備され、さまざまな博物館が建てられている。その中の恐竜をテーマにした一角に、上海四海恐竜博物館（シャンハイスーハイ）があった。

上海四海恐竜博物館。

ウェルカム乾杯の洗礼

到着してすぐ、シャオ館長が歓迎のための宴を開いてくれた。円卓のどこに座れば良いのかとポカンとしている間に、次々と料理が並べられていく。とろっとした豚の角煮、ぶつ切りにした大きな魚の揚げもの、湯気の立つきくらげと玉ねぎとピーマンの炒(いた)め物、牛肉とナスの炒め物、回鍋肉(ホイコーロー)風の炒め物、キュウリの炒め物、辛い味付けの鶏料理、簡素な豆料理、熱々のご飯と饅頭(マントウ)、などなど。どれも美味しそうだ。

白と赤の可愛らしい瓶に詰められたお酒がテーブルに置かれた。モータイ(茅台)の登場である。ラベルを見てぎょっとした。アルコール度数五三%とある。

私がひきつった顔をしていると、隣のジュンチャンが説明してくれた。モータイは貴州産の白酒(パイチュウ)で、中国を代表する大変高価なお酒だそうだ。それぞれのショットグラスに注がれたモータイは、こんこんと湧き出した水のように透き通っている。

歓迎の料理。

「ハオハオ」

シャオ館長がショットグラスでテーブルをコツコツと叩いて音頭を取った。博物館のスタッフと私たち客人は、ショットグラスを持ち上げた。無事の到着を祝う、宴の始まりだ。

「二人を歓迎して、乾杯！」

「う……ゴホッ……！」

モータイは口に含むとアルコールがツンと鼻を突き、酸味のある強烈な芳香が喉の奥まで広がる。ほんのわずかにパイナップル味がある気がする。飲み込むと焼けるような刺激があって、胃までジワーッと熱と香りが広がっていく。子供の頃に読んだ横山光輝の漫画『水滸伝』（潮出版社）では、梁山泊に集結した豪傑たちが大杯で湯水のように酒を食らっていて、「なんてうまそうなドリンクなんだ」と思ったのだが、実際の白酒はショットグラス一杯でも、ガッツーンと効く。後頭部をぶん殴られたようだ。熱を帯びた香りが全身に溶け込み、体が白酒の匂いに取って代わったように錯覚する。

「ジュンチャン、これ、強すぎませんか？」

「うむ、僕の分も飲んでくれ」

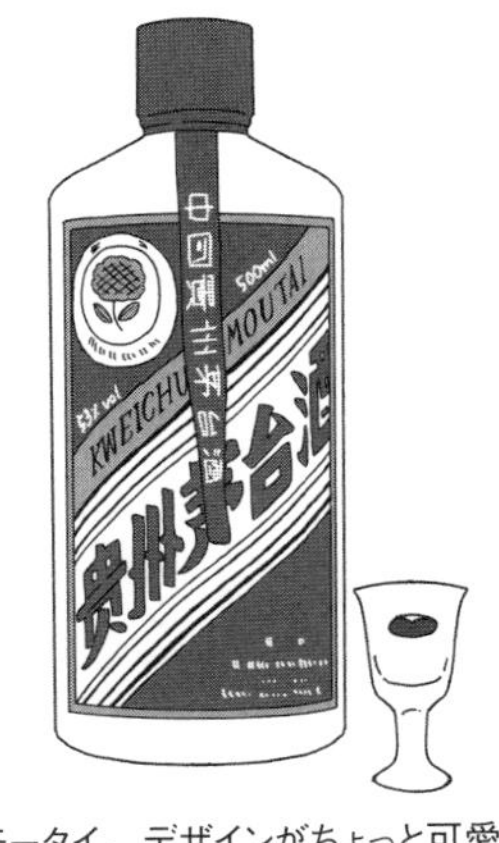

モータイ。デザインがちょっと可愛い。

「は？　ズル！　でも、無理は禁物ですよ！」

ジュンチャンとひと悶着やっていると、シャオ館長がニコニコしながらグイグイ酒を勧めてくる。

「カンピン（中国式に発音した私の名前）、モータイ！」

中国では食事中、出会いと再会を祝して何度も乾杯の音頭を取る。そのたびにみんな立ち上がり、ショットグラスでモータイを飲み干す。熱波が食道と胃を駆け抜けていった。乾杯を繰り返しているうちに舌がビリビリと麻痺(まひ)し始め、体全体がボワンとした芳香に包まれた。油コッテリ系の料理でべとついた胃袋を、酒が洗い流してくれる。

酒の洗礼は手ごわいが、日本代表としておもてなしに応えないわけにはいけない。「カンピン！　カンピン！」と、シャオ館長がどんどん煽(あお)ってくる。ついに本性を現したな！　館長からの怒涛の乾杯ラッシュを受け、杯を乾していく。ハオハオハオハオハオハオハオ。

「ウェルカム乾杯」が一とおり終わると、今度は個人戦が始まる。すなわち、もてなす側が一人ずつ私たち客人の前にやってきて、一対一の乾杯をするのだ。これが収まると、今度は私たちがそれぞれの席を回り、「迎えてくれてありがとう」という意味合いを込めて乾杯を仕掛けていく。私は「シェイシェイ」を連呼し、シャオ館長にも勝負を挑んだ。館長は顔が赤くなっているものの、へっちゃらな様子だ。館長、強し。酒宴での攻防が続いた。

こうして相手は、客人が渡り合える人物なのかを見極めているのだろう。実際、中国のある博物館に行くと、博物館のスタッフたちが今だに一〇年以上も前の酒宴のことを覚えていて、「あの時、カンピンはよく飲んだ！」と話してくれる。宴の席で親睦を深めるのが中国スタイルなのだろう。（ただし、これを読んでいる未来の恐竜学者の皆さんは、真似する必要はありません。無理してお酒を飲むことは大変危険ですよ。私はお酒は飲んでも、歓迎で勧められる煙草はお断りしています。親睦を深める方法はたくさんあるのです。）

ようやく宴はお開きとなり、旅の疲れとモータイでボワンとなった私たちは、ベッドに転がり込んだ。中国ミステリーツアー、初日が無事終わった。

3　卵化石の調査を開始！

抱卵行動のスピンオフ研究

「ザオシャンハオ（おはよう）！」

翌朝から調査が始まった。あれほどモータイを飲んだのに、思いのほかスッキリしている。

息は臭い。白酒は不思議なことに、二日酔いにならない。これは危険な飲み物である。以後、気を付けよう。

今回、私が中国にやってきた理由はただ一つ、巨大オヴィラプトロサウルス類の巣作り方法を明らかにすることだ。前章にも登場したオヴィラプトロサウルス類は、オウムのような顔にダチョウのような体つきをした羽毛恐竜。大半は小型（～二メートル程度）だけど、中には巨大種がいたことが分かっている。なんと、全長七メートル、体重二トンにも達したらしい。二トンと言えば、現在のシロサイに匹敵する巨体だ。想像してみてほしい。オウム顔のダチョウが、七メートルもある姿を。怖すぎる。人間なんて、蹴られてポイだ。

前章の卵殻間隙率（らんかくかんげきりつ）の研究では、オヴィラプトロサウルス類はオープンな巣を作り、抱卵（ほうらん）したと推測した。しかし、あれは小型種が中心だった。七メートルもある巨大種も同じように抱卵したのだろうか。卵の上に乗っかれば、卵はグシャッとつぶれてしまいそうだ。だとすれば、抱卵以外の別の方法をとっていたのだろうか。巨大化と抱卵行動。とても気になるテーマだ。前回同様、卵殻の間隙率を調べれば推測できるはず。今回はオヴィラプトロサウルス類に焦点を当て、抱卵行動のスピンオフ研究をしよう。

そこで私はカナダに留学中、機会を見計らってジュンチャンに連絡を取ったのだった。中国は恐竜の卵化石パラダイスで、オヴィラプトロサウルス類の卵がたくさん見つかることで有名である。広東省や河南省、そして江西(こうせい)省などから、大量に卵や巣（と言っても、卵の集まりであるクラッチ）化石が見つかっている。「じゃあ、きチャイナよ」というジュンチャンの一言で、今回の旅が実現したのだ。

オヴィラプトロサウルス類ゆかりの博物館をめぐり、できる限りたくさんの標本調査をする。いろいろな大きさの卵や巣（クラッチ）化石のサイズを測り、卵殻片を借用する。これが今回の旅の目的だ。

恐竜の赤ちゃん化石

最初に訪れた上海四海恐竜博物館には、江西省で見つかったという小型オヴィラプトロサウルス類の卵化石が何点かあった。巨大種の巣作りを調べるには、小型種も比較対象としてたくさん調査しておく必要がある。まずは肩慣らしとして、小型種の卵を調査しよう。

私は調査カバンから愛用のノギス、マイクロメーター、ルーペ（英語圏では、ハンドレンズと言う）、カメラ、フォトスケール、実験ノート、三色ボールペンを取り出した。この七つ道具は小型卵化石を調査する時の必需品であり、調査に出かける時はいつも携帯している。

私の目の前に置かれた細長い卵は、茶色くてザラザラしていて、小さなバゲットのようだ。きれいに本来の形状を留めているが、真ん中でポッキリ折れている。おそらく、化石を掘り出す時かクリーニングする時に折れたのだろう。もったいない。卵殻の表面には段ボールの中のような、うねうねとした筋模様があり、すぐにオヴィラプトロサウルス類の卵だと分かった。オヴィラプトロサウルス類の卵には独特の線状模様があるため、簡単に判別できる。このような模様がある理由は、強度のためだとか、卵内部と外界とのガス交換の効率をしやすくするためだとか言われているが、本当の理由はよく分かっていない。

卵をノートにスケッチし、特徴を記述し、ノギスを使って標本の長さを計測していく。卵殻の厚みの計測には、マイクロメーターを使う。ちょうど真っ二つに割れた標本だから、割れた断面から厚みを測ることができた。

断面をよく見ると、卵は潰れて少し扁平（へんぺい）になっていて、内部は赤茶色の泥岩（でいがん）で満たされている。目を凝（こ）らすと、白い骨の断面がいくつか見えた。

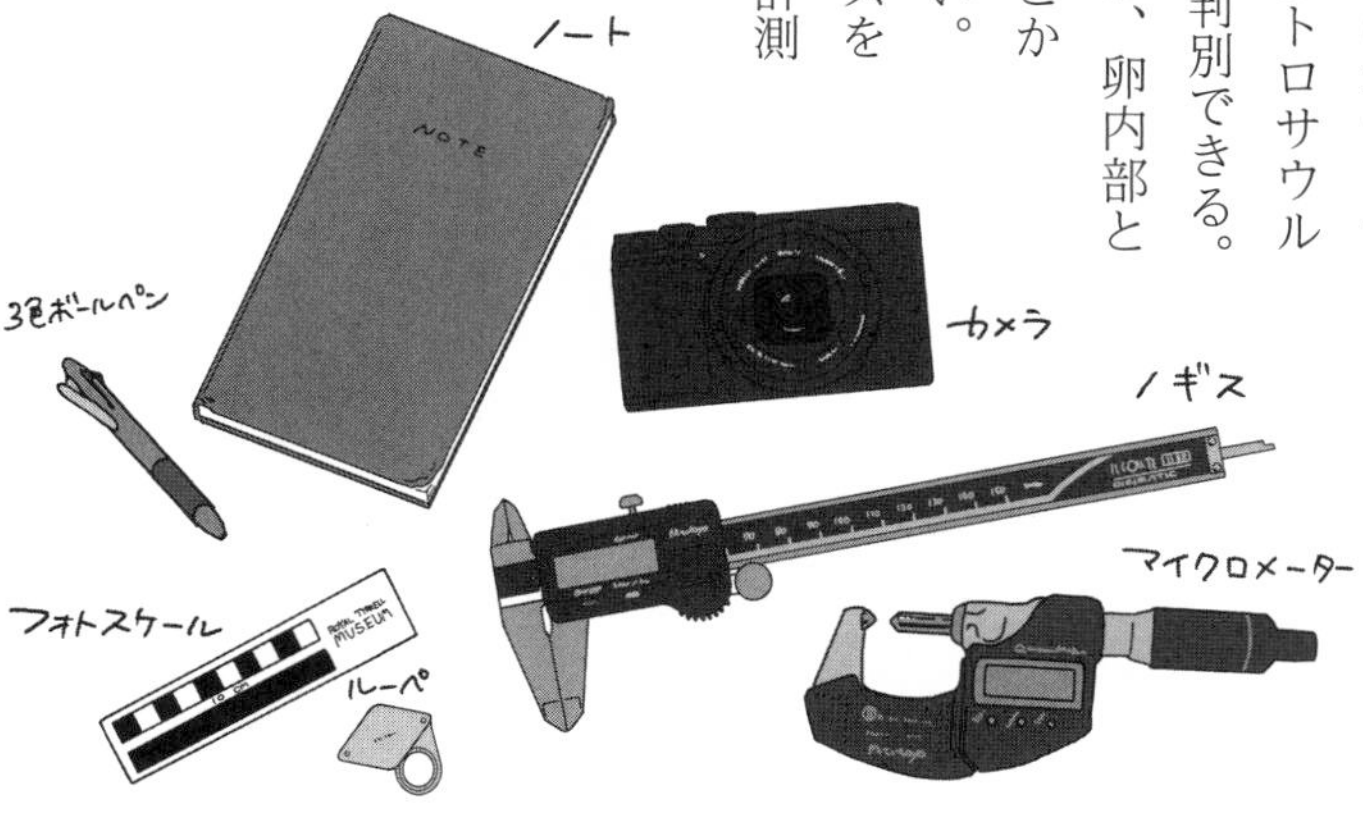

卵化石調査の七つ道具（ノギス、マイクロメーター、ルーペ、カメラ、フォトスケール、実験ノート、3色ボールペン）。

「すごい、赤ちゃんの化石だ！　ハオー！」

私が興奮気味に話すと、ジュンチャンは嬉しそうにニヤニヤしていた。「ここに来て良かっただろう」と言いたげだ。

これは卵の中の孵化する前の赤ちゃん、つまり胚の化石だ。ハンドレンズ越しに見るといくつも骨が入っていることが分かるし、大きめの骨も確認できる。ある程度発育した赤ちゃんなのだろう。高性能のCTスキャン（X線を使って物体の内部を透過する装置）で内部を観察したり、余分な泥岩を取り除いて、さらにクリーニングしたりすれば、きっと見事な胚化石が姿を現すはずだ。

以前も書いたが、恐竜の胚化石はとても稀で、このような標本はとても貴重だ。しかも、この標本は卵が一一個も並んだクラッチ化石から取り出されたうちの一つで、他の卵にも胚化石が含まれているそうだ。別の日にそのクラッチ化石も観察させてもらったが、その保存状態の良さに感激した。そうそうお目にかかれるシロモノではない。それを知っていて、ジュンチャンは私をこの博物館に連れてきてくれたのだ。ジュンチャンは中国じゅうを股にかけて研究しているため、こんな小さ

卵の割れた断面からは、赤ちゃん（胚）の骨（矢印）が見えている。

な博物館の標本のことだって知っている。

中国を旅行していると、このようなワクワクする標本にたびたび出会う。改めて中国の化石の豊かさに気づかされた。ただ、今回のような短期間の調査では、胚化石の全貌を明らかにすることはとうていできない。胚化石の場合、熟練の技師による長期間のクリーニングが必要だし、繊細な化石を顕微鏡で観察する必要があるため、分析には時間がかかる。ここに素晴らしい胚化石がある、ということが分かっただけでも大きな収穫だった。今回は卵や卵殻の詳細な記録を取ることにとどめた。

「大丈夫、またいつでも来られるさ」

ジュンチャンが微笑んだ。

これは幸先の良いスタートだ。この後もジュンチャンといくつかの卵化石産地を訪れる予定なので、次はどんな標本に出会えるか、期待が高まる。

シンポジウムへ

ジュンチャンと私は博物館の皆さんと別れ、高速鉄道で次の目的地に向かった。座席について私たちはグッタリした。シャオ館長はとんでもなくお酒好きだったから、滞在中、昼食・夕食問わずモータイの応酬が続いたのだ。モータイの瓶を持ってにこやかに呼びかけるシャオ館長は、もはやトラウマ。「カンピン、モータイ！」と言う言葉が、耳の中にこびりついて離れない。さすがのジュンチャンもパソコンを開かずに眠ってしまった。

上海を発った高速鉄道はノンビリした農村地域を抜け、すぐに浙江省杭州市に到着した。杭州は上海から二〇〇キロメートル南西に位置している。今回の旅で、唯一日程が決まっていた目的地だ。杭州市を訪れた目的は、「第五回　恐竜の卵と赤ちゃんシンポジウム」に参加するためだった。前回のモンタナ州以来、二回目の参加だ。風光明媚な杭州で、つかの間の癒しとなった。

4　卵化石研究者の楽園

一度は行きたい化石産地

そして次に訪れた江西省贛州市こそが、今回の旅のハイライトになった。贛州と言えば近年、恐竜卵界隈をにぎわせているオヴィラプトロサウルス類の化石産地だ。私の小耳にもそのウワサは入っている。骨格化石だけでなく、たくさんの卵化石、胚化石、そして腹に卵を抱えた、いわば妊娠した状態の骨格化石が見つかっていて、権威ある学術誌に論文が掲載されている。卵化石研究者なら一度は訪れてみたい場所だ。

杭州から南西方向へ九〇〇キロ、飛行機から降り立った私たちを、強面の男たちが到着ゲートで待ち構えていた。いつものパターンだ。きっと博物館のスタッフだろう。彼らはジュンチャンの顔を見るなり、嬉しそうに握手していた。ということは、ジュンチャンはここを何度も訪れているんだなと分かった。ジュンチャンの顔の広さには本当に感服（かんぷく）する。行く先々の地方博物館のスタッフと知り合いで、しかもみんながジュンチャンを慕っていた。おかげで、私まで温かく迎え入れてくれるのだ。ありがたい話である。

彼らの車に乗り込み、まずは市内のホテルを探す。車中、ジュンチャンは早口でスタッフと話していた。中国人同士の会話は強い口調でけんかしているように聞こえる。時折ジュンチャンが笑っているから、これが普通なのだろう。研究をしていない時のジュンチャンはくだらない話ばかりしていた。

私は中国人同士の会話が分からないので、いつもどおり窓の外を流れる異国の風景を眺めていた。贛州は今までの町と比べたら小さく、いくぶんか田舎だった。雑踏の中をたくさんの車やバイクが通り過ぎていく。たくさんの労働者を乗せたオンボロの車や子を抱いたスクーターでいっぱいだ。砂埃（すなぼこり）と人々の生活の匂いがする活気ある街だった。そこら中で建設工事をしていて、今まさに急成長していることを実感した。

安いからいいよね

ホテル探しは難航した。なかなか良いホテルが見つからない。最終的に、ジュンチャン曰く、「極めて星の数が少ない、あるいは星がないホテル」に泊まることに決まった。

「ま、安いからいいよね」

ジュンチャンは笑いながら話す。いやー、ジュンチャン、勘弁してくださいよ。

中国では、外国人が気持ちよく泊まれるのは星三つ以上のホテルと言われている。前回の上海ではベッドの毛布を広げたら中から大きなカメムシが何匹も出てきたので、ギョッとした。今回も衛生面に多大なる不安が残る。

おそるおそる部屋の扉を開けてみると、こじんまりした部屋に、ベッドが二つ。テレビとカウンターが付いている。まあ、★☆☆☆☆にしては良い方か。研究のためなので仕方ない。続いてトイレ・シャワールームを確認する。

「良かった、わりと普通だ」

トイレは和式トイレのように床にぽっかりと穴が開いており、小さなハエがゆらゆらしていた。シャワーは仕切りなどなく、トイレまで濡らして豪快に使うスタイル。中国では田舎に行くとぎょっとするようなトイレ（ニーハオトイレ、コラム二九八ページ参照）が時々あるが、今回はまあ大丈夫そうだ。

ジュンチャンはどんな環境でもまったく気にしない。一緒に旅行に出かけると、決まってオンボロホテルに連れていかれる。知り合いの韓国人の研究者なんて、オバケの出る宿に連れていかれたそうだ（ただし中国語だから何を言っているかは分からない）。

「贅沢（ぜいたく）は嫌いなんだ」

ジュンチャンは倹約家であった。見習うべき点が山ほどある素晴しい研究者だ。

赤茶色の砂埃に煙っていた町は、夜になると色とりどりの電飾が灯った。行き交う車のクラクションを聞きながら、私は眠りについた。

博物館準備室に潜入！

翌朝、ホテルのロビーに博物館のスタッフが迎えに来て、私たちは近くの食堂で朝食をとった。道路に面した外のテーブルで蒸し餃子（ぎょうざ）と鶏の薬膳スープをはふはふと頬張る。めちゃくちゃうまい。酒に疲れた胃にじんわりとやさしい。

「コーヘイ、今日の午前中は地元の化石ハンターを訪ねて、研究や博物館の展示に良さそうな標本がないか探しに行こう。午後になったら、博物館を案内してもらおう。オヴィラプトロサウルス類のクラッチ化石を見せてもらえるよ」

博物館と言っても、贛州の恐竜を展示する施設は当時まだ建設中で、スタッフのオフィスや標本は博物館準備室の一角に雑多に集められていた。この旅行の数年後に博物館がオープンしたが、まだ新しい博物館に行ったことはない。代わりに私たちは、標本が一時的に保管してある古い高層ビルを案内してもらった。

地下アジトのような部屋で、男たちが化石のクリーニングを行う。

午後の白くぼんやりした空にそびえる年季の入ったビルは、とても中に恐竜化石が集められているとは思えない。ただし、薄暗い地下駐車場の一角に足を踏み入れると、状況は一変した。そこは、四方がコンクリートで囲まれた、薄暗い部屋になっていた。空気がよどんでいて土の匂いがする。埃(ほこり)っぽい。これ、夜になって鼻にティッシュを突っ込むと、茶色くなるやつだ。

アジトのような部屋の中では何人ものスタッフが骨格化石のクリーニング作業をしていた。カナヅチとノミを使って化石を覆う余分な岩石を取り除いていく。白熱電球が強烈な光で化石を照らし、床に長い影を落としていた。部屋のあちこちに、状態の良い骨化石が無造作に転がっている。何かの恐竜の脊椎や大きな骨盤もあった。ジュンチャンはスタッフに進捗（しんちょく）状況を確かめ、アドバイスを出している。さながら、マフィアのボスが指令を出しているようだ。そのスタッフが作業を進めている標本こそが、のちにジュンチャンが〝ピノキオ・レックス〟の愛称で発表することになるティラノサウルス類キアンゾウサウルスの頭骨だった。その時はまだ、頭骨は部分的に岩石に埋もれていたが、明らかに保存状態の良い化石である。これだけの標本を見ていると、贛州はそうとう有望な化石産地だということが分かる。世界的に見れば、贛州の知名度はまだまだ低いが、革命前夜のような、ただならぬ熱気を感じた。

楽園の扉が開く

続いて、エレベーターで上階に案内された。博物館のスタッフが一室の扉を開くと、そこにはさらに驚くべき光景が広がっていた。中型のオフィスくらいの部屋に、床を覆い尽くす卵、卵、卵。恐竜の卵化石と巣化石がぎっしり集められていたのだ！　数百はあるだろうか。全国芋掘り大会決勝戦の会場のようだ。まずはあっけにとられ、そのあとじわじわと嬉しさがこみ上げてきた。こんなすごいコレクションは見たことがない。目の前の手つかずの卵化石の楽園に、卵化石研究者として喜びを感じた。なんというパラダイス。ああ、卵研究者でよかった！

標本は掘り出してそのまま持ってきました！　といった状態で、まだ誰も研究していない。というか、研究する人がいないそうだ。存分に研究しても良いぞ、ということだった。ジュンチャンや博物館のスタッフとがっちり握手し、「シェイシェイ」を連呼した。ジュンチャンのパワー、おそるべし。目の前に広がる楽園に、私は武者震いした。

　少し冷静になって部屋の中をウロウロしてみると、いろいろな種類の卵やクラッチ化石があることに気がついた。標本の合間を縫って歩きながら、丸い卵や細長い卵、大きい卵や小さい卵など、さまざまな卵を見つけた。おそらく丸いものは竜脚類（りゅうきゃくるい）やハドロサウルス類、もしくはテリジノサウ

扉を開くと、そこは卵化石パラダイス。

ルス類の卵だろう。オヴィラプトロサウルス類の卵もあるし、トロオドン科の卵もある。これまで卵化石を大量に見てきたおかげで、パッと見ただけで種類が分かるようになっていた。

「あ、骨と一緒に見つかってんじゃん！」

驚いたことに、ここでは、クラッチ化石と一緒に骨化石が埋まった標本もいくつか確認できた。親の骨格なのか幼体なのか分からないが、卵と同じ泥岩ブロックの中に骨が散らばっている。超レアなはずの、卵と骨が同居した標本が、ここでは当たり前のように床に置かれていた。これまでに経験したことのない事態だ。このような化石は滅多にお目にかかれない幻の一品のはず。それが、まったく無造作に置かれていた。しかも、一つや二つではない。いくつもある。

タマゴ化石の山の攻略法は？

これはまずいことになった。私は焦り始めた。夢のような標本たちを調査するには、時間が無さすぎる。今回、贛州に滞在できるのは三日間だけ。限られた時間のうちに、この驚異の部屋をいったいどうやって攻略すれば良いのだろうか。

かつて小林快次（よしつぐ）先生が私に発した言葉が頭をよぎった。

「この卵化石の山を前にして、君はどう攻略する？」

卒業研究で広東省河源市に行く前、小林先生の研究室で作戦会議を開いた時のことだ。手元の写真には、イモ洗いのごとく大量の卵化石が写っていた。

「うーん、そうですね、まずは一つか二つの種類に集中して、その卵を重点的に調べます。そうすれば、ちょっとだけでも詳しい記載ができます。できなかった種類の卵化石は、次に訪れた時に調査します」

「全然ダメだね」

小林先生はあっさり却下した。

「そんなやり方じゃ、いろいろな種類の卵化石を把握できないよ。君の研究は、卵化石の多様性を知ることだよ。河源市は骨化石があんまり見つからないんだ。卵化石が恐竜の多様性を知る指標になる。だから卵化石は重要なんだよ。卵化石の多様性が分かれば、広東省に当時どのような恐竜が暮らしていて繁殖していたのか、全体像をつかむことができる。一つの種類に集中していたら、全体像は分からない。すべての種類の卵化石を調べてきなさい。それぞれの種類である程度標本数が稼げたら、その種類の標本をすべて調べあげる必要はないでしょう？それに、次に戻ってきた時に調査するって言ったって、もう二度と戻って来られないかもしれないじゃないか。チャンスは一度きりだと思いなさい」

そのとおりだった。ここに戻って来られる保証はない。現に、河源市の調査に二度目はなかった。今回の贛州にだって、再訪の保証はない。ならば、一度限りと思って、最善の方法をとらなくてはならない。

今回やるべきことは何か。オヴィラプトロサウルス類の卵やクラッチを調査することだ。そのために中国に来ている。標本の優先度や、やるべきことの順番がぱっと頭に浮かんできた。他の標本はとりあえず後回しだ。

クラッチ化石のルール

部屋を歩きながら、調査すべき標本の個数や順番を見定め、仮番号を書いた小さなメモ用紙を貼り付けていった。オヴィラプトロサウルス類のクラッチ化石は全部で二六個。長さが一二～二〇センチメートルくらいの、小型から中型サイズの卵だ。実験ノートに、すべてのクラッチ化石を手早くスケッチした。スケッチは写真よりも手間だが、特徴をつかみやすいのだ。

オヴィラプトロサウルス類の巣は、他の恐竜の巣には見られない独特の形状をしている。まず目を引くのは、卵がギュッと集まって、輪っかのように並んでいることだ。小山のような土台の斜面に卵が産んであるから、卵は頂に向かって傾斜している。卵のとがった方（鋭極）は下を向く。なんとなく、アメリカ先住民のティピーという円錐形のテントを上からつぶしたような形状だ。一つの巣に産み付けられた卵は最大で三五個にもなる。輪っかは二段か三段構造になっていて、一段に一〇数個の卵が並ぶ。よく見てみると、たいてい卵が二つずつペアになり、一段につき、五〜七ペアくらいが確認できる。なんという不思議な構造物だろう。

どうやってこんなヘンテコな巣を作りあげたのだろうか。オヴィラプトロサウルス類のメスになったつもりで考えてみよう。まずは盛り土をして、ドーム状の土台を作る。その斜面に、一日二つ卵を産むことがポイントだ。オヴィラプトロサウルス類では、一回に二つずつ卵を産んだことが分かっている。お腹の中に、二つの卵を抱えた骨格化石が見つかったことから判明した事実だ。ウミガメのように一度にすべての卵を産み切るのではなく、鳥のように毎日か数日おきに卵を産んで、巣を完成させたと考えられる。

ちなみに、ほとんどの鳥類では左右二つある卵管（らんかん）のうちの一方（たいていは右側）が退化していて、一日に一つしか卵を産めない。これは、鳥類が飛ぶために体を軽くする適応だと言われている。

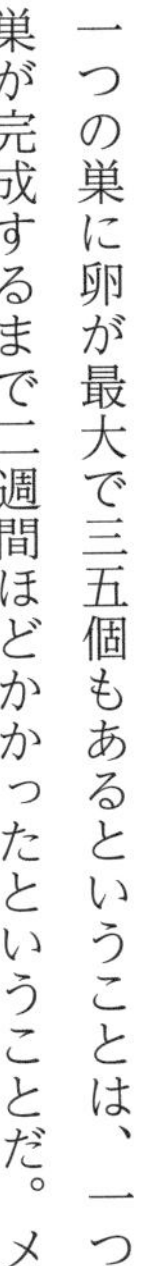

一つの巣に卵が最大で三五個もあるということは、一つの巣が完成するまで二週間ほどかかったということだ。メ

オヴィラプトロサウルス類の巣とアメリカ先住民のテント、ティピー。

スは小山の頂でおしりの向きを毎日少しずつ変えながら産み、輪っかを作ったのだろう。生きていた時の様子を想像すると、ちょっと面白い。

スケッチをしていて気づいたのだが、オヴィラプトロサウルス類のクラッチ化石の中に、どうも違和感のあるものが混じっていた。どこか他のクラッチ化石とは違って、卵が間延びした配置になっているものがある。

おそらくこれはフェイク標本、つまり、人為的に作られたものだ。農民が博物館に恐竜のクラッチ化石を売る場合、少しでも高く売ろうと、もともと別個だった本物の卵化石をくっつけて、あたかも完全なクラッチ化石のように作る場合がある。

当然ながら、このような標本は絶対に研究には使えない。それぞれの卵化石は本物を使い、土台となる泥岩も実際に化石が見つかる地層のものを使っているから、一見したところ自然なクラッチのように見える。しかし、卵化石研究者の目はごまかせませんぜ。卵の向きが間違っていたり、卵の配置がずれていたりと、オヴィラプトロサウルス類のクラッチ化石の〝ルール〟を破っていることが分かる。また、フェイク標本では、卵をつなぎ合わせる際に接着剤を使うので、卵の周りの岩石の色が他と異なる。これも見分けるヒントになる。中国で巣化石を調査する時は、ニセモノにだまされないよう注意が必要なのだ。フェイク標本を調査からはじいていった。

本物の標本を手早く調査していても、時間はじりじりと過ぎていった。特徴を一つひとつ記録し、巻き尺を使って巣のサイズを測る。卵の大きさ、殻の厚み、形状や卵殻の表面模様の記録も忘れてはいけない。三色ペンでスケッチに書き加えていく。これらのデータからどんな結果が得られるのか、想像しただけでワクワクする。早くカナダの研究室に戻って、統計分析するのが待ちきれない。

「ツカレマシタカ?」

気づけば、ジュンチャンが部屋にやってきていた。もう夕方だ。私は中国語で「お疲れさま」を意味する「シンクーラ」と答えた。ああ、腰が痛い。

こうして三日間のオヴィラプトロサウルス類のクラッチ化石の調査を終えた。これ以外にも調べたい卵化石はたくさんあったが、残念ながら今回はここで時間切れだ。また次回、ここを訪れた際に調査しようと心の中で誓い、部屋を後にした。やり切った達成感で満たされた。

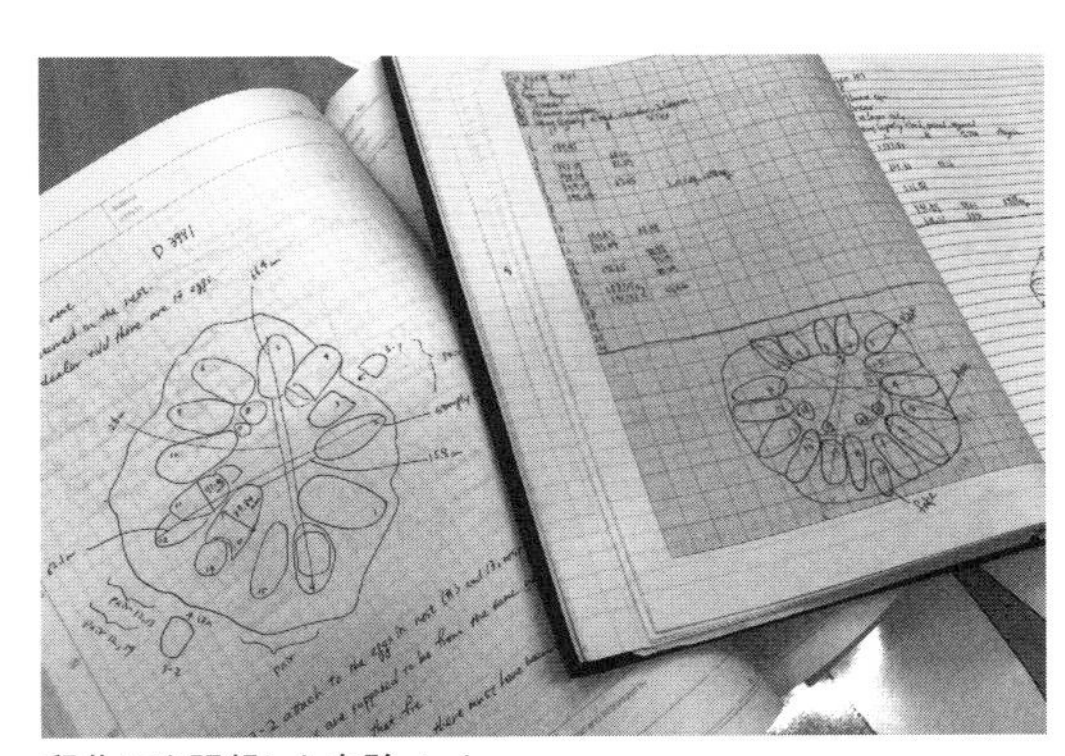
卵化石を記録した実験ノート。

世界的にも稀な化石産地

それにしても、贛州ではなぜこんなにもオヴィラプトロサウルス類の卵やクラッチ化石が見つかっているのだろう。これほどオヴィラプトロサウルス類の卵化石の割合が高い地域を、私は他に見たことがない。数だけでなく、質も優れているのが贛州だ。調査中、クラッチ化石と骨の化石が共存した標本をいくつも確認したし、卵の中に保存された繊細な胚化石も数多く見つかっている。お腹の中に二つの卵が保存された世にも珍しいオヴィラプトロサウルス類のメスの骨格化石が見つかったのも贛州だ。二〇〇〇年代に入ってから目覚ましい発見の相次ぐ贛州は、世界的にも稀な化石産地だ。

実はその理由はまだよく分かっていない。この地には、かつてさまざまなオヴィラプトロサウルス類が棲息（せいそく）していた。贛州に広く露出する地層は南雄（ナンション）層と呼ばれ、白亜紀後期のものだ。ジュンチャンを中心とする研究によれば、これまでにバンジー、ジャンシサウルス、ナンカンジア、ガンジョウサウルス、ファナンサウルス、トンティアンロン、コリトラプトルと、七種の小型から中型のオヴィラプトロサウルス類が報告されている。贛州は世界で最もオヴィラプトロサウルス類が多様な地域の一つなのだ。

体のサイズが同じくらいの、さまざまなオヴィラプトロサウルス類恐竜が、同じ地域・時代に共存していたのは驚くべきことだ。中国南部は、オヴィラプトロサウルス類において重要な進化の場であったのではないかとジュンチャンは考えている。対応関係は分からないが、おそらく私が観察した卵化石は、かれらが産んだものと考えられる。多様なオヴィラプトロサウルス類がたくさんいる地域で、良質な卵やクラッチ化石が保存される条件がうまく揃(そろ)った場所というのが贛州なのだろう。

白亜紀の当時、オヴィラプトロサウルス類は、ペンギンやアホウドリのように集団で巣作りしていたのではないかと思う。化石産地を調査できればよいのだが、中国では化石が工事現場で見つかったり、化石ハンターが発掘して博物館に持ち込んだりするのが一般的だ。フィールドで得られるはずの情報が失われてしまっているのは残念である。今後さらに詳しい研究調査がされることを期待している。

贛州のオヴィラプトロサウルス類たち。

5　世界最大の恐竜クラッチ化石

ウェルカム乾杯再び

「コーヘイ、次は河南に行くぞ」

私たちを乗せた飛行機は、河南省鄭州市に向けて飛び立った。中国の国内線は安いのに充実した機内食が出る。飛行機が苦手な私は、経費の使いどころを間違えているのではないかと不安になる。ジュンチャンはそんなこと気にも留めない。

しかし、今回はどうしても河南省に行かなくてはならなかった。なぜなら、河南省地質博物館には、巨大オヴィラプトロサウルス類のクラッチ化石が展示してあるからだ。今回の研究で絶対に外せない標本だ。旅が始まる前から、ジュンチャンには、河南省地質博物館に行きたいと伝えてあった。

河南省地質博物館は、私にとって思い出深い場所だ。広東省とともに、卒業研究で訪れた地だった。あの時はジュンチャンや博物館のスタッフたちと、ルアンチュアンという、小型オヴィラプトロサウルス類の卵殻化石が見つかる新しい化石産地に出かけた。現場は山あいにあった。草木も枯れる一一月、冷たい北風が身に凍みた。赤茶けた斜面に張り付き、分厚い卵殻化石を採集した。卵殻はそこらじゅうに散乱していて、まるで土器の破片のようであった。かつてそこはオヴィラプトロサウルス類の営巣地（えいそうち）だったのだろう。

滞在していた小さな村には宿泊施設などなく、消防団の派出所のような小屋で寝泊まりした。暖房がないから、私たちは身を丸くしながら、沸かしたお湯で足を温め、鍋や麺料理、そして白酒で暖をとったのは良い思い出だ。

今回も鄭州市につくと、博物館のスタッフが温かく迎えてくれた。初日の夜から夕食会が開かれる。プー館長（当時）は小柄で温厚、無類の酒好きだった。それはもう、たっぷりと飲む。いったいどこにあれだけのお酒が入っていくのか。黄河（こうが）のように大きな胃袋を持っていた。

館長が河南省の白酒「杜康（ドゥカン）」をグイグイと薦めてきた。「ハオハオ」と言ってしばらく付き合う。その後、ショットグラスにミネラルウォーターを入れて何度かやり過ごす。館長が私のグラスをクンクンし、ズルがばれる。館長が自分の分の杜康をなみなみと注いでくれる。己の酒を減らしてまで我が杯を満たしてくれる優しさ。うれしくてげっぷが出た。ジュンチャンに助けを求めると、「俺の分も飲んでくれ」とショットグラスを寄こしてきた。ジュンチャンの優しさも天井知らずである。気心の知れたメンバーなので、自然と飲み会が盛り上がる。

プー館長は上海四海恐竜博物館のシャオ館長とそっくりだ。そういえばシャオ館長も河南省出身と言っていた。ちなみにシャオ館長は私たちのことを聞きつけ、なんと鄭州まで会いにやってきてくれた。ニッコリ笑った、その手に見慣れた赤と白の酒瓶が握られている。

「カンピン、モータイ!」

河南人のおもてなし精神はまったくもって素晴らしい。

二つのクラッチ化石

次の日、さっそく調査を開始した。数ブロック離れたホテルから歩いて博物館を目指す。さわやかな秋風が心地よい。どこかの草むらでノミをもらってしまった。

鄭州市は河南省の省都であり、省政府の庁舎がいくつもある。河南省地質博物館は巨大な庁舎の隣にあった。博物館の入り口には、立派な竜脚類の実物大模型が出迎えてくれる。これもジュンチャンが発表した恐竜だ。ジュンチャンはこの博物館の研究員とともに省内でさまざまな恐竜化石を発掘し、研究している。それまで貧しかった村からルーヤンゴサウルスというアジア最大級の恐竜を報告し、世間を驚かせた。村は一躍知られる存在になった。ジュンチャンは河南省に多大なる貢献をしていて、特に博物館のスタッフは、ジュンチャンを慕っていた。

河南省地質博物館には、巨大オヴィラプトロサウルス類のクラッチ化石(卵の学名はマクロエロンガトゥーリサス)が二つ展示されていた。一つはガラスケースに入っておらず、むき出しのまま展示台に置かれている。この標本には問題があった。卵化石を後からそれっぽく並べ直した標本だったのだ。

クラッチ化石が大きすぎる場合、そのままの状態で発掘し、輸送することができない。そのため、分割して掘り出し、再び卵を泥岩に並べ直す場合がある。上手に切り出していくつかの岩石ブロックに分け、博物館で正確につなぎ合わせれば良いのだが、この標本は現場でデータが取られておらず、配置やサイズが本来の状態とはズレていた。悪意はないと思うが、卵の配置は研究には使えない。個々の卵化石は本物だから、慎重に一部の卵化石だけを調べ、卵殻のサンプリングをした。

もう一方のクラッチ化石は、展示室の一角にひっそりと置かれていた。薄暗いトンネルのような展示室を進むと、巨大な巣化石が目に飛び込んでくる。私が今回、本命としていた標本だ。五年前に博物館を訪れた際、このクラッチ化石の存在に気づき、以来いつか調査したいと思っていた。今回は二度目の訪問が実現した。ついにチャンスがめぐってきたのだ。

秘策フォトグラメトリー法

「で、デカい……」

それがこの標本を見た最初の感想である。おそらく、誰もがそう口にするだろう。その巨大さに、パッと見ただけではそれがクラッチ化石であるとは思えない。白亜紀のミステリーサークルと呼ぶにふさわしい。三二個の卵がきれいに輪っか状に並んでいる。その圧倒的な存在感は、見慣れた小型・中型のクラッチ化石とはまったくの別物だ。今のところ、世界最大の恐竜クラッチ化石である。

卵殻の表面に筋模様があることから、確かにオヴィラプトロサウルス類の卵であると分かる。マクロエロンガトウーリサスは赤ちゃん化石が報告されているので、オヴィラプトロサウルス類の卵として間違いない。

この巨大オヴィラプトロサウルス類のクラッチ化石標本は、小部屋のような展示ケースの中に収められていて、円卓ほどもある大きなガラス窓からのぞけるようになっていた。こちらの標本は発掘現場で詳細なデータが記録してあったので、正確に組み合わされていた。それゆえ、厳重に保管されているのだ。

しかし、これは私にとって大問題であった。ガラス張りの厳重な展示ケースの中にあるため、触ったり、計測したりすることはできない。丸い窓にはしっかりとボル

河南省地質博物館に収められた巨大オヴィラプトロサウルス類のクラッチ化石。

トが締められていて、開けられるような仕組みにはなっていない。

「今回の調査期間中に、この窓は開けられないよ」

プー館長にお願いしてみたが、ダメとのこと。近くて遠いとはこのことだ。私はショーウィンドウのクラリネットを見るような、羨望（せんぼう）のまなざしで標本を眺めた。この標本を調査するために河南省へやって来たのに、触れられないというのは本当に残念。マクロエロンガトウーリサスのコンチクショウ！

研究に問題はつきものである。むしろここまでがうまく行き過ぎた。指一本触れずに標本を計測するにはどうしたら良いか。一休さんのトンチのようだ。

このような状況に備えて、私には秘策があった。「フォトグラメトリー法」を使うのだ。フォトグラメトリーとは、最近流行りの立体画像を作る技術だ。さまざまな角度で撮影した写真をパソコンのソフトで一つに合成し、立体画像を作り出す。実際に触れることができなくても、パソコン内で標本の大きさを計測できるというわけだ。どうだ、一休さん、これが現代の先端技術だ！　一休みしている場合じゃないぜ！

幸い、大きな丸い窓から写真は撮れそうだ。とにかくいろいろな角度から、たくさんの写真を撮った。ほとんど来館者がいなかったので助かった。これで大・中・小と、必要だったオヴィラプトロサウルス類の卵・巣化石のデータがすべて揃った。あとはカナダに戻って分析するだけ。さあ、巨大オヴィラプトロサウルス類の巣作り行動に迫ろう！

6　卵どろぼうの歴史

始まりはゴビ砂漠

オヴィラプトロサウルス類の研究には、どんでん返しの歴史がある。いったんここで、オヴィラプトロサウルス類の卵化石にまつわる研究の歴史を紹介しよう。物語は一九二三年七月、モンゴル・ゴビ砂漠から始まる。

その日、北京を出発したアメリカ自然史博物館の探検隊は、シャバラク・ウス※1と呼ばれる過酷な砂漠にたどり着いた。荒涼とした大地が果てしなく続いていて、赤い砂が熱風で舞い上げられている。動いているのは探検隊のキャラバンか、各々化石を探す隊員だけだ。

真夏の陽炎(かげろう)のようにゆらゆらとそびえたつ砂岩(さがん)の崖で、隊員のジョージ・オルセンは薄い陶器のような破片を見つけた。破片は鈍く湾曲していて、表面に波打った筋模様がある。あたりを探索してみると、ホットドッグくらいの大きさの細長い化石がいくつか見つかった。表面には先ほどの破片と同じく筋模様がついている。オルセンははっとして、それが卵化石であることに気が付いた。

隊長のロイ・チャップマン・アンドリュースを連れて戻ってきた時、発見はさらに大きなものになった。卵殻片が散らばった地面のすぐ上を、オルセンが丁寧にブラシで払うと、小型恐竜の上半身の骨格が姿を現したのだ。短い鼻づら、歯のない顎、カギヅメをそなえた長い指。これまで見たことのない、なんとも奇妙な恐竜化石。頭骨と卵の化石は、たった四インチ（約一〇センチ）しか離れていない。卵と恐竜は、どうして一緒に化石になったのだろう。七五〇〇万年の時を経て再び日光を浴びた二つの化石。オヴィラプトルと卵をめぐる物語が始まった瞬間である。

普通に考えれば、この二つの化石は卵とその親だと解釈できそうだ。しかし、一般に広まった解釈は、まったくもって違っていた。

有名になったオヴィラプトル

――この恐竜を、「ケラトプス類が好物の卵どろぼう」という意味の「オヴィラプトル・フィロセラトプス」と名付ける。

骨格化石を研究したのは、アメリカ自然史博物館四代目館長のヘンリー・フェアフィールド・オズボーンだ。オズボーンは、一九〇五年にティラノサウルスを発表したことでも有名な古生物学者である。

なぜ彼は「卵どろぼう」と名付けたのか。骨格化石が卵化石のすぐ上で見つかったのがその理由だ。一緒に見つかった卵化石は、当初、同じ地層からたくさん見つかるケラトプス類のプロトケラトプスのものだと考えられた。プロトケラトプスの卵のすぐ上で見つかったという状況が、まるで卵を盗んでいるように見えることから、この名前が付けられた。実際のところ、オヴィラプトルが卵を盗んでいたかどうかは分からない。オズボーンは「こういう名前を付けたものの、誤解を生むかもしれない」と論文の中で書き記している。アンドリュースは、オヴィラプトルが卵を盗む恐竜だったと信じていたようだ。

この巧妙な名前のおかげか、オヴィラプトルはその後とても有名になった。一昔前の恐竜図鑑や児童書には、オヴィラプトルがプロトケラトプスの卵を襲っている挿絵がたくさん描かれている。

オヴィラプトルは卵を食べる専門の恐竜のような姿をしている。硬い卵をこの分厚いくちばしで咥(くわ)え、一組の突起で割れば、とろりとした黄身と白身をうまく食べられそうだ。きっとこの哀れなコソ泥恐竜は、卵を奪おうとして砂嵐に巻き込まれて死んでしまったに違いない。

と想像するのは、いささか早合点である。卵を食べているまさにその最中の化石ではないし、お腹の中に食べた卵の（殻）化石が見つかったわけでもない。そもそも、あの細長くて筋模様のある卵は、本当にプロトケラトプスが産んだものなのだろうか。

疑問と胚化石の発見

卵化石を研究したのは、前章で登場済みの、ヴィクトール・ファン・ストレーレンというベルギー出身の学者だ。顕微鏡を使ってゴビ砂漠の卵殻化石を詳細に研究した最初の人物である。ストレーレンが一九二五年に発表した論文を読み返してみても、卵化石はどの恐竜が産んだものなのかという考察は一切ない。はじめからプロトケラトプスの卵として扱われている。他の誰かから、プロトケラトプスの卵と聞いていたのだろう。

その後、ロシアやアメリカの研究者によって卵化石研究は進展し、現在の爬虫類（はちゅうるい）や鳥類の卵殻構造も詳しく研究されるようになった。ある研究者は、プロトケラトプスのものと考えられていたあの筋模様のある卵殻化石は、現在の鳥類の卵殻と構造がよく似ていることに気が付いた。

「むしろ鳥に近い恐竜の卵ではないだろうか……」

プロトケラトプスの卵説に疑問が生まれた瞬間である。しかし、それは学界を揺るがすほどの大きな疑問には至らなかった。

　そして衝撃的な化石が発見された。アンドリュース隊の探検から七〇年経った一九九〇年代初頭、再びアメリカ自然史博物館がゴビ砂漠で調査を行った。もちろん、調査隊のメンバーはアンドリュースやオルセンたちではなく、現代の恐竜学者だ。なんと、この調査でオヴィラプトロサウルス類の胚化石が見つかったのだ。繊細な骨格が、体を折りたたむようにして卵殻化石の内側にへばりついていた（ただし、それがオヴィラプトルなのか、別の種類のオヴィラプトロサウルス類なのかは分かっていない）。

　標本をひっくり返してみると、卵殻の外側の表面に、はっきりと筋模様が残っていた。筋模様のある卵は、プロトケラトプスが産んだのではなく、オヴィラプトロサウルス類が産んだものだったのだ！　オヴィラプトルが命名されてから七〇年、ようやく卵どろぼうは濡れ衣だったことが明らかになった。一九九四年に論文が発表されると、オヴィラプトルは冤罪だったというニュースが世界中の研究者に伝わった。オヴィラプトル君、ヨカッタネ、ヨカッタネ。

ビッグ・ママの発見

　二〇一三年にニューヨークを訪れた際、私はオルセンが発見したあの標本に出会った。卵化石を眺めていると、あの夏のオルセンやアンドリュースたちの興奮が伝わってくるように感じられる。化石標本には、その動物が生きていたそのものの歴史と、研究を行った学者たちの歴史という、二つのドラマが詰まっている。私の研究はその動物の生きた証を明らかにすることだが、私は研究者たちの泥臭い歴史にも興味がある。

「どんなに研究しつくされた標本でも良いので、もう一度調査させてください」

私の研究はこの一言から始まる。どんな標本でも、新しい考えや技術を用いることで、新しい情報を引き出せると信じているからだ。標本を観察することで、過去の研究者たちの軌跡を感じ取ることができるし、私自身の研究の歴史を吹き込むことができる。標本にはそうやって歴史が塗り重ねられていく。博物館の標本は、未来へと継承され続けなくてはならない。

話が脱線してしまった。一九九〇年代初頭に胚化石が見つかった直後、今度は抱卵姿勢の化石が見つかった。この標本は「ビッグ・ママ」という愛称で知られ、世界で最も有名な恐竜化石標本の一つになっている。

今では、オルセンが見つけた最初のオヴィラプトルの骨格は、卵化石のすぐ上から見つかったので、卵を盗むどころか、自分の卵を大切に守ろうとして砂嵐に巻き込まれた親の化石だったと解釈されている。冤罪が晴れたのだが、学名は変更されず、今でも「オヴィラプトル」と呼ばれている。ころころと学名を変えると、混乱を招いてしまうから、一度ついた学名は滅多なことでは変更されないのだ。ただし私は、「オヴィラプトル」という名前がとても気に入っている。この名前そのものに、一〇〇年に及ぶ研究の歴史が詰まっているからだ。

バトンが回ってきた

ここまで長々と説明してきたが、これは恐竜が好きな方にとってはよく知られた逸話(いつわ)である。最近の恐竜の本を開けばたいていこの冤罪事件のあらましが説明されている。

卵どろぼうが濡れ衣であったことが分かったのは、今や二〇年以上も前の出来事。この二〇年のうちに、恐竜研究は目覚ましく発展を遂げた。オヴィラプトロサウルス類に関しても、次々と新知見が得られている。前章で、卵殻の間隙率を使ってオヴィラプトロサウルス類の抱卵行動に迫ったのもその一つと言える。

二〇〇七年、オヴィラプトロサウルス類には超巨大種がいたことが明らかになった。ギガントラプトルと名付けられたこの恐竜は、私を悩ませ続けた。

「本当に抱卵はオヴィラプトロサウルス類で共通の行動だったのだろうか。巨大種は抱卵できなかったんじゃないか」

ある日、中国から一通のメールを受け取った。

「九月一二日の午後六時に上海浦東空港に来てくれ」

私のもとにもオヴィラプトルをめぐる冒険のバトンが回ってきたのだ。かくして私は旅行鞄(かばん)に調査道具を詰め込み、オヴィラプトルの残した秘密を探る旅に出かけた。
卵どろぼうのその後。いよいよ、それを語る時がやって来た。

7 卵どろぼうのその後

カナダで調査開始

オヴィラプトロサウルス類は巨大化するにしたがい、抱卵できなくなったのか。その答えのヒントは、卵殻の間隙率にある。私は中国からカナダに戻り、すぐに博物館から借用した卵殻片の間隙率調査に乗り出した。

ここで少しだけ間隙率についておさらいしよう。間隙率の高い卵殻、つまり、穴（気孔(きこう)）だらけのスカスカ卵殻は、ワニ類やツカツクリ科鳥類のように「埋蔵型の巣」を作り、抱卵しない。一方、間隙率の低い卵殻、つまり、気孔の少ない緻密な卵殻は、多くの鳥類のように「オープンな巣」を作り、抱卵する。両者は、統計分析によって判別が可能だ。

卵殻化石の間隙率を調べるには、まずは卵殻の薄いスライス、つまり薄片(はくへん)を作る必要がある。

卵殻の表面に沿って平行なスライスにすることで、気孔が観察しやすくなる。

私はSサイズ、Mサイズ、Lサイズの卵化石から破片を借用していた。各サイズの卵でそれぞれ薄片を作ろう。ちなみに、オヴィラプトロサウルス類の卵化石はサイズによって学名が異なっており、Sサイズ（長さ一七センチ以下）の卵はエロンガトウーリサス、Mサイズ（長さ一七～二四センチ）の卵はマクロウーリサス、Lサイズ（長さ二四センチ以上）の卵はマクロエロンガトウーリサスと言う。マクロエロンガトウーリサスが、巨大オヴィラプトロサウルス類の卵である。

生きていた時の卵の重さはそれぞれ、二〇〇～五〇〇グラム、四〇〇～九〇〇グラム、二二〇〇～六六〇〇グラムと推定される。卵の重さは、卵の長さと幅から計算できる。

オヴィラプトロサウルス類の3種類の卵。Sサイズ（長さ17cm以下）のエロンガトウーリサス、Mサイズ（長さ17－24cm）のマクロウーリサス、Lサイズ（長さ24cm以上）のマクロエロンガトウーリサス。

抱卵の可能性

薄片が完成し、偏光顕微鏡（へんこうけんびきょう）をのぞく。まずはSサイズ、Mサイズの薄片から。予想どおり、気孔はほとんど見られなかった。都会の星空のように、丸くて小さな気孔が点在しているだけだ。小型・中型のオヴィラプトロサウルス類は間隙率が低いと言えそうだ。これは前章の研究結果のとおりである。

続いてLサイズの卵の薄片を顕微鏡にセットする。卵を巣材の中に埋めていたなら、たくさんの気孔があるはずだ。期待で胸が高鳴る。接眼レンズに目を近づけた。

琥珀（こはく）色の薄片には、気孔がほとんどなかった。都会の夜空だ。

「あれ、標本を間違えたかな？」

ラベルを見直すも、やはりLサイズの卵だった。私は、巨大種は抱卵しないだろうと予想していたので、巨大種だけ高い間隙率になると思っていた。他のLサイズの卵殻薄片を観察しても、気孔がまばらにしかない。巨大種の卵殻間隙率も低いことが分かった。

これは何を意味するのか。統計分析をしてみると、「オープンな巣」タイプに分類された。巨大種も「オープンな巣」を作り、抱卵していた可能性が浮上した。

この結果から、すぐに新たな疑問が思い浮かぶ。親が抱卵しても、卵はつぶれなかったのだろうか。

そこで次に、卵の強度を調べてみることにした。卵にジワジワと力を加えていくと、あるタイミングでひびが入る。薄い卵殻ならすぐにひびが入るし、分厚い卵殻ならなかなかひびが入らない。(卵の大きさのわりに) 分厚い卵殻ほど、強度は高くなる。

ということは、相対的な殻の厚みは強度の指標になりそうだ。卵研究の世界では、殻の厚みの二乗が、強度の指標として使われている。私は、S・M・Lサイズの卵殻の厚みの二乗を比較してみた。それぞれ卵の大きさが異なるので、まずは大きさを揃える必要がある。

その結果、S・Mサイズの卵に比べて、Lサイズの卵は相対的に殻が薄いことが分かった。分かりやすいように、仮にすべての卵の重さを五〇〇グラムに揃えて比較してみよう。すると、S・Mサイズの卵殻は厚さ〇・九ミリメートルであるのに対し、Lサイズの卵殻は厚さ〇・四ミリメートルしかない。Lサイズの卵には、S・Mサイズの卵ほど、強度がないのだ。

抱卵する現生鳥類の卵も仮に五〇〇グラムとすると、殻の厚みは平均〇・八ミリメートルになる。S・Mサイズの卵殻はこれよりも分厚いから、抱卵しても問題なさそうだ (親の体重と巣の中の卵の数を考慮して計算しても、問題ない強度であることが分かった)。一方、Lサイズの卵殻は鳥の平均値を大幅に下回っている。

これはとても面白い結果だった。巨大種は抱卵行動が示唆されるのに卵殻の強度は低い。卵は親の体重に耐えられたのかははなはだ疑問である。こんなことありえるのだろうか。

予想外の難問にぶつかってしまった。体重二トンもあった巨大オヴィラプトロサウルス類は、いかにして卵をつぶさずに温めたのだろう。一休さんがほくそ笑んでいる。

謎のドーナツ化現象

その答えは、卵の配置に隠されていた。河南省地質博物館を訪れた時に話を戻そう。

展示室で厳重にガラスケースに収まった巨大オヴィラプトロサウルス類のクラッチ化石は、ミステリーサークルのようであった。今まで見てきた小型オヴィラプトロサウルス類のクラッチ化石とは微妙に何かが違う。

表面模様のある細長い卵はわずかに洋ナシ型をしていて、尖(とが)った方が巣の外側を向いている。これはS・Mサイズの卵と同じだ。全体として、輪っか状の配置になることも同じ。しかし、決定的に異なるのは……。

「ドーナツだ！」

頭の中に、「ポン・デ・リング」というドーナツがポンッと思い浮んだ。普通、オヴィラプトロサウルス類の巣では、卵がギュッと集まっていて、たとえ輪っか状の配置をしていても、中心の空間はごくわずか。アメリカ先住民のテントを上からつぶしたような形状だ。しかし、この巨大なクラッチは、卵が大きな輪を描いて並んでいて、中心にぽっかりと大きな空間がある。オヴィラプトロサウルス類の巣に起こった、謎のドーナツ化現象。これはいったい、どういうことだろう。

私はパソコン上で、中心のぽっかりと空いた空間の大きさを計測してみた。直径は一メートル超もある。保育園に通う私の姪（めい）が、中心の空間で足を伸ばして横になれるほどのサイズだ。ちなみにこれは、巨大オヴィラプトロサウルス類であるギガントラプトルが、足を折り曲げた時の長さ（≒太ももの長さ）に等しい。

S・Mサイズのクラッチでは、中心の空間は最大でも直径三〇センチ弱しかない。卵の大きさを考慮してみても、巨大種だけ、中心の空間が異様に大きいことが分かる。

この状況を数学的に表してみる。次のページのグラフをご覧いただきたい。このグラフは、S・M・Lサイズのクラッチの大きさを示したものである。縦軸は中心空間の直径（対数）、横軸はクラッチ全体の直径（対数）である。中心空間とクラッチの直径には比例関係があり、クラッチの直径が大きくなると、中心空間も大きくなることが分かる。中学校の数学でやったよね。この関係は、$y=ax+b$という右肩上がりの直線（回帰直線）で表すことができる。直線の傾きは一・五で、一より大きくなっている。つまり、クラッチの直径の増加に対して、中心空間の方が大きな割合で増加している。

これが意味することは、S・Mサイズの巣では、卵は密になってギュッと敷き詰められるのに対し、Lサイズの巣では、大きく輪を描くように卵が配置される、ということだ。どうやら巨大種の巣作り法のヒントは、ここに隠されているようだ。

オヴィラプトロサウルス類の営巣方法

これまでの結果をまとめてみよう。

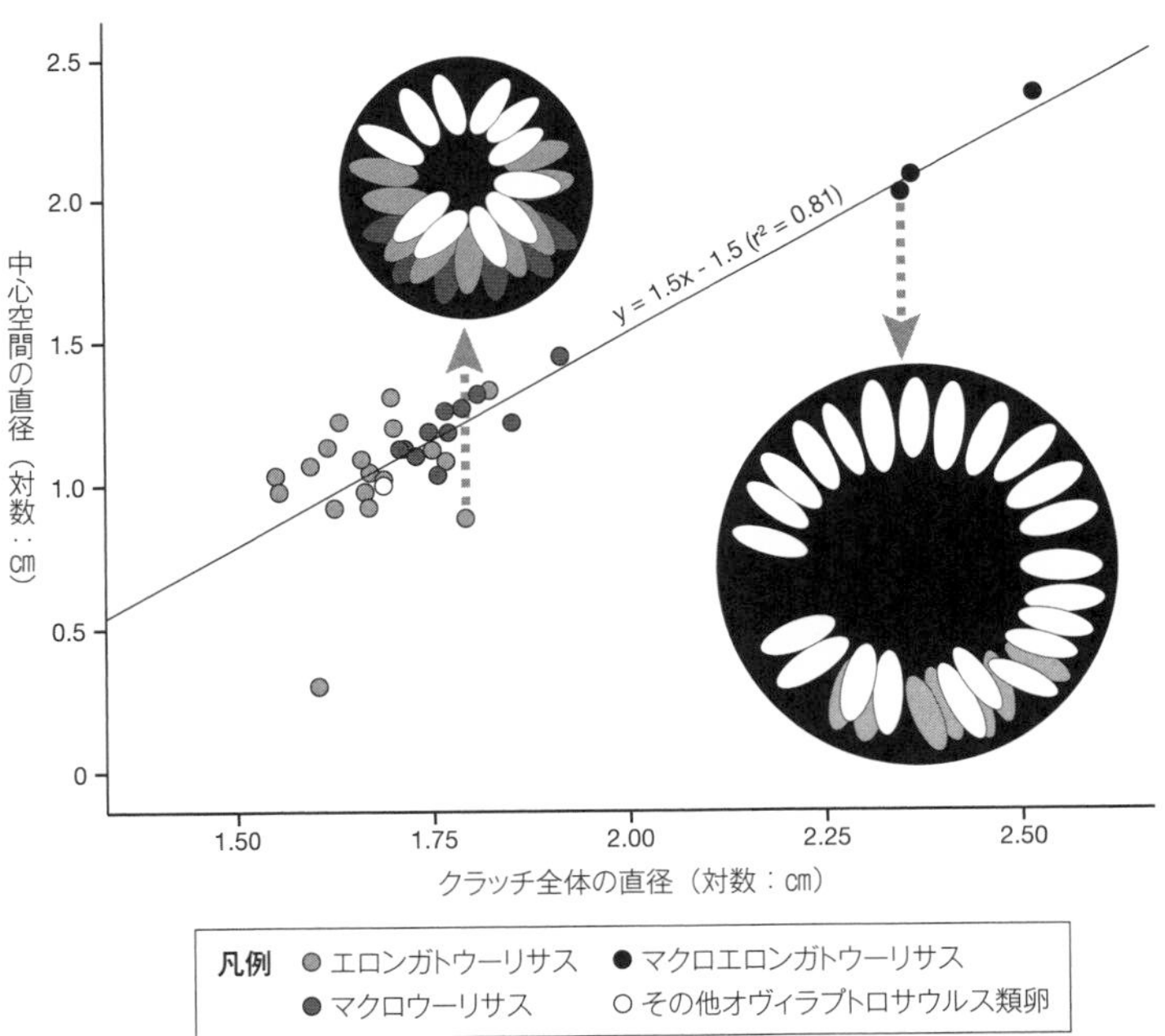

オヴィラプトロサウルス類のクラッチの大きさを示したグラフ。大きな巣ほど、中心空間が広くなる。

一、卵殻の間隙率は、卵のサイズを問わず相対的に低い↓小型種から巨大種までオープンな巣で、抱卵した可能性がある。

二、小型・中型種では卵殻に十分な強度があるが、巨大種では強度が低い↓巨大種の卵は割れやすい。

三、巣の中で卵は輪っか状に並ぶが、巨大種の場合、中心の空間がとても大きい。

これらの結果から導かれる、オヴィラプトロサウルス類の営巣方法はこうだ。まず、小型・中型のオヴィラプトロサウルス類はぎっしりと並べられた卵の上にちょこんとうずくまり、覆いかぶさるようにして抱卵していた。この説は、モンゴルで見つかった抱卵状態の骨格化石からも支持される。一方、巨大な巣では、卵をドーナツ状に並べ、親が卵を潰さないよう、中心の空間にうずくまって抱卵したのではないか。オヴィラプトロサウルス類は体の大きさに関係なくオープンな巣を作り､体の大きさに合わせて卵の配置を変え､抱卵した。これが私の考えだ。

しかし、あれだけたくさんの卵があると、うまく温められなかったのではないかと疑問が湧いてくる。卵は部分的に地面に埋まっていた可能性が高いので、親の体温だけで卵を温めるのは難しかったかもしれない。抱卵するにしても限度があるはずだ。

ここで言う「抱卵」とは、体温による保温だけでなく、雨風や直射日光から卵を守り、温度や湿度をある程度一定に保つことも含まれる。うずくまった体の脇に卵を寄せ、翼を使って雨風や日光をしのぐ覆いを作る。卵の保温には、熱せられた地面から伝わる熱もある程度役立ったのではないだろうか。現在でも、砂漠に棲む鳥には、翼や羽毛を使って卵を冷ます種もいる。

Ｌサイズの卵化石が見つかる白亜紀後期の初め頃は、恐竜時代の中でも温暖な時代だった。暖かい気候と翼による保護が、巨大種の抱卵を可能にしたのではないかと思う。

また、親が巣の真ん中にいる、というのは、外敵から卵を守るうえでも効果的である。卵を狙う捕食者からすれば、孵化までの間、常に巣にいる親はやっかいな存在だったことだろう。現在のワニ類や鳥類でも、巣作りの成功率は、親が巣のそばにいるかどうかが重要な鍵になる。どろぼうから卵を守っていた恐竜が、皮肉にも「卵どろぼう」[※2]と呼ばれているのだ。つくづく興味深いヤツ。

前章でも書いたが、もしかしたら、そもそもの抱卵の起源とは、親が卵を守る行動から徐々に進化したのかもしれない。巣の上で捕食者から卵を守る行動が誕生し、その後、翼を使って雨風や直射日光から卵を保護する行動へと変化し、最終的に親の体温を使って直接卵を温める行動になったのではないだろうか。最近の研究によれば、恐竜が翼を獲得した経緯は、飛ぶためではなく、ディスプレイや抱卵など、繁殖行動のためだったと考えられている。翼の獲得が、卵を保護する、という鳥類型の繁殖方法のきっかけになったのだろう。

いつでも旅に出よう

二〇一二年九月二九日、私は河南省地質博物館での調査を終えた。鄭州での最終夜はプー館長をはじめとする博物館のスタッフが晩餐会（ばんさんかい）を開いてくれた。黄河沿いにある鄭州は、巨大な川魚を野菜や薬味と一緒にぐつぐつ煮込んだ料理が有名だ。油で揚げられた皮はパリパリして香ばしく、散りばめられた唐辛子がピリリと舌を刺激する。河南省では、魚の頭が向けられた席に座っている人が、白酒を三杯連続で飲むのが習わしになっている。必ず客人の方を向いているので、これはヤラセである。私たちはありがたく白酒をいただいた。ジュンチャンは始終ニコニコしていた。かつて三国時代の豪傑たちが大杯を食らった歴史的な地域で、白酒を飲めるというのは嬉しい限りだ。将来また再会することを願って、宴は終わった。

翌朝、私は河南省を後にした。まだ鄭州に用事があるというジュンチャンともここでお別れだ。鄭州空港には

河南省地質博物館のスタッフと晩餐会。地元の料理とお酒が並ぶ。真ん中の２人がジュンチャン（左）とプー館長（右）。

ジュンチャンや博物館のスタッフの方が見送りに来てくれた。空港で何かあってはいけないから、とジュンチャンはいつも保安検査場までついてきてくれる。行きと帰りで、ジュンチャンの対応が違うことが可笑(おか)しい。

「ジュンチャン、調査中、本当にありがとうございました。得るものが多くてとても楽しい旅でした。オヴィラプトロサウルス類の抱卵の研究は、きっと良い論文になると思います。ぜひまた一緒に旅をしましょう。健康に気を付けてください」

「ハオハオ、また中国に戻っておいで。いつでも旅に出よう。ダーラによろしくね。気をつけて帰りなさい」

ジュンチャンは背が高いから、保安検査場の中からもずっとその笑顔が見えていた。

その言葉どおり、その後も私はたびたび中国を訪れ、ジュンチャンと恐竜化石ミステリーツアーに出かけた。その旅でいったいどんな地域を訪れ、どんな不思議な標本に出会ったのか、いつか機会があれば、お話しできればと思う。

二〇一八年の春、私たちは巨大オヴィラプトロサウルス類の営巣方法に関する論文を発表した。それから半年も経たないうちにジュンチャンは病状が突然悪化し、亡くなった。実は、二〇一二年に一緒に旅した時にはすでに闘病の身だったのだ。最期までジュンチャンは新種の恐竜を発表し続けていた。その研究者魂は、尊敬してもしきれない。

この先も、ジュンチャンと旅を続け、一緒に研究ができると思っていたので、いまだに信じられないことである。鄭州か、あるいは河源からヒョッコリ連絡が来て、「ハオハオ、コーヘイ、新しい化石が見つかったよ！　さあ、旅に出よう」と誘ってくれるのではないかという気さえする。

「○月○日、この空港に来てくれ」というメールを受け取れば、私はいつでも旅に出かける準備ができている。

8　開かずの扉が開く

初めて触れた標本

二〇一九年二月、私はまたまた河南省地質博物館を訪れた。ＮＨＫのドキュメンタリー番組のロケのためだ。ジュンチャンなしで中国に来るのは、非常に不思議な感じである。なんと今回は、開かずの扉だった巨大オヴィラプトロサウルス類のクラッチ化石の窓が開くことになっていた。ＮＨＫの撮影ということで、特別な許可が下りたのだ。

ついに開いた扉。ドラゴンの巣に迷い込んだ気分になる。©北澤周子

私の目の前で二人の作業員が黙々と作業し、開館以来ずっと標本を守ってきたガラスが外された。私は展示ケースに上がることを許された。靴を脱いでそっと標本の土台に乗る。クレーンでつり上げられた8Kのカメラがあとを追いかけてきた。

初めて触れた標本は、冷たくてどっしりとしていた。触れるだけで卵の重みが伝わってくるようだ。巣の真ん中に座ると、その大きさを実感できる。ドラゴンの巣の中に迷い込んだ気分だ。巨大なのに愛らしい、実在したドラゴンである。九〇〇〇万年も昔、この上で体重二トンの巨大な恐竜が、卵を狙う捕食者から巣を守っていたのかと考えると、なんとも感慨深い。放送された番組でも喋(しゃべ)ったが、巨大恐竜の愛情を感じることができる標本だ。残念ながら卵は孵化しなかったが、親のおかげで九〇〇〇万年間も卵が守られている。

私は卵化石を一つひとつ間近で観察し、データを取っていった。前回の調査では分からなかった情報が、研究ノートに書き加えられていく。いつかこのデータが役に立つ時が来るだろう。

抱卵行動の起源は？

番組では、デイノケイルスという、別の種類の恐竜の巣作り風景がコンピュータグラフィックスで再現された。デイノケイルスはオルニトミモサウルス類という、獣脚類(じゅうきゃくるい)恐竜のグループに属する。残念ながら、デイノケイルスの卵化石は見つかっていないため、かれらの抱卵行動は分かっていない。そこで系統上、オヴィラプトロサウルス類に近く、体の大きさも似ているということで、番組では巨大オヴィラプトロサウルス類の巣作り法が参考にされた。

では、進化上、抱卵行動はどこまで遡ることができるのだろう。前章では、ロウリンハノサウルスという比較的原始的な獣脚類恐竜はまだ抱卵をせず、卵を地面に埋めていたと推測した。となると、抱卵行動はロウリンハノサウルスとオヴィラプトロサウルス類の間のどこかの恐竜で誕生したと考えるのが妥当だろう。両者の間の卵化石はほとんど見つかっていないため、これを検証するのはとても大変だ。

この謎に迫ることができたのは二〇一八年夏のことだ。巨大オヴィラプトロサウルス類の論文を発表した直後のこと。一通のメールが入った。小林先生からだ。

「今年のゴビ砂漠の発掘調査に来ますか？　テリジノサウルス類の集団営巣跡にも行きます。八月一一日、成田空港集合です」

テリジノサウルス類と言えば、系統上、ロウリンハノサウルスとオヴィラプトロサウルス類の間に位置する恐竜である。抱卵行動の起源に迫れるかもしれない。

次の目的地はモンゴルだ。私はまだ見ぬ恐竜の巣作り法を解明するため、モンゴル・ゴビ砂漠へと飛び立った。

※1　「泥水の場所」という意味。現在は「バイン・ザク（「豊富な低木」という意味）」と呼ばれている。

※2　最近のオヴィラプトロサウルス類のアゴの形態を分析した研究で、オヴィラプトロサウルス類は植物食や雑食だったと推測されている。その論文を読んでみると、雑食には「卵も含まれる」とある。あれ、やっぱり君たちは卵を泥棒していたのかい？

コラム　ベイビー・ルーイの数奇な運命

巨大オヴィラプトロサウルス類の卵は私にとって思い入れのある化石だが、ダーラにとってても思い入れのある化石である。ここでは、「ベイビー・ルーイ」と呼ばれる巨大オヴィラプトロサウルス類の赤ちゃん化石をめぐる、波瀾(はらん)に満ちた物語を紹介したい。

最初の舞台は中国河南(かなん)省である。河南省は広東(カントン)省とともに古くから恐竜の卵化石が知られている地域だが、そこには残念な歴史も含まれている。一九八〇年代から九〇年代にかけて、卵化石が大量に掘り出され、海外へ違法に流出したのだ。化石の売買が横行してしまうと、学術的価値のある標本が失われてしまう。研究者や学会はこのことに危機感を持っている。ダーラは以前、違法に売買された中国の卵化石について、FBI（アメリカ連邦捜査局）に協力したこともある。ダーラの研究室にあった感謝状はその時のものだ。化石売買はFBIが動くくらい深刻なのだ。現在、中国政府は化石標本の不当な取引を禁止している。

河南省から流出した標本の中に、おそらく世界で最も有名な卵化石標本が含まれていた。「ベイビー・ルーイ」と呼ばれる巨大卵と赤ちゃん化石である。一九九六年の『ナショナルジオグラフィック』誌は「ベイビー・ルーイ」の復元模型の写真が表紙を飾っていて、卵化石の特集記事がある。この中で、河南省の卵化石の海外流出問題にも触れられている。ページを開くと「ベイビー・ルーイ」の標本写真がある。長さ四〇センチメートルはあろうかという大きな卵のそばに赤ちゃん恐竜の全身骨格が残されている。とても美しい標本だ。赤ちゃんは背中を丸め、後ろ足がきれいに折りたたまれている。まるで、孵化直前のヒナのようだ。これほど見事な胚・赤ちゃん化石は滅多になく、いつしか撮影した写真家の名前をとって「ベイビー・ルーイ」と呼ばれるようになった。

「ベイビー・ルーイ」はどの恐竜に属する赤ちゃんなのか。当時の記事には、テリジノサウルス類ではないかと書かれている。骨格の形態や卵のサイズから言って、巨大な獣脚類恐竜であることに間違いはない。ただしその属性が判明するまで、実に二〇年以上かかっている。九〇〇〇万年の眠りから覚めた「ベイビー・ルーイ」は、中国とアメリカを転々とし、数奇な運命を辿ることになった。

「ベイビー・ルーイ」が発見されたのは中国河南省の西峡盆地と呼ばれる卵化石で有名な産地。白亜紀後期の初め頃の地層（約九〇〇〇万年前）にあたる。この地域では、一九九〇年代前半に巨大な巣化石が相次いで見つかっている。卵化石には「巨大な細長い卵の石」を意味する「マクロエロンガトウーリサス」という学名が付けられた。これは卵に付けられた学名なので、その卵を産んだ恐竜は誰なのかは分からない。当時は正体不明の巨大卵化石だったのだ。

一九九三年、「ベイビー・ルーイ」はアメリカ・コロラド州にある化石商に売られた。標本はまだ岩石に埋まっていて、胚の存在は確認されていなかった。化石商が莫大(ばくだい)な時間を費やして化石のクリーニングを行うと、息を呑むほど繊細な赤ちゃん化石が姿を現したのだ。骨化石を修復する作業は骨が折れる。

この事実を知ったアメリカの恐竜学者たちが、標本の調査に乗り出した。骨格形態や卵殻(らんかく)の特徴から、オヴィラプトロサウルス類の可能性が浮上した。しかし一九九〇年代中頃はまだ巨大なオヴィラプトロサウルス類の存在は知られておらず、恐竜学者は困惑したことだろう。その当時、オヴィラプトロサウルス類の骨格化石と卵化石が一緒に見つかった例はまだ二つしかなく、両方とも小型種だった。出どころが確かな標本ではないため、「ベイビー・ルーイ」の論文は発表されないままでいた。

二〇〇一年、インディアナ州のある博物館がこの標本を買い取った。その後一二年にわたって「ベイビー・ルーイ」はこの博物館で展示されたが、違法に流出した標本であるため、水面下で中国に返還される交渉が始まった。この返還に尽力したのが、ジュンチャンやアメリカ、カナダの研究者だ。標本の返還先は、「ベイビー・ルーイ」の産出地である河南省に決まり、二〇一三年一二月に河南省地質博物館へと送られた。

「ベイビー・ルーイ」の正式な所属先が決まると、国際チームによって研究が再開された。標本の発見者が見つかり、化石の正確な産出場所も明らかになった。二〇一四年には河南省地質博物館で「ベイビー・ルーイ返還」の記者発表と国際恐竜シンポジウムが開かれ、二〇一七年には「ベイビー・ルーイ」の論文がついに発表された。「ベイビー・ルーイ」は新種のオヴィラプトロサウルス類カエナグナス科の恐竜であることが分かり、「ベイベロン・シネンシス」という学名が与えられた。「中国の赤ちゃん竜」というド直球の名前だ。ジュンチャンはネーミングに関心がないのか、いつもシンプルな名前を付ける。一九九〇年代には半信半疑だったオヴィラプトロサウルス類という属性は、この時は確信をもって発表された。すでに巨大オヴィラプトロサウルス類であるギガントラプトルの骨格化石が報告されていたからだ。そういう意味では、論文が遅れたため、標本のインパクトは少し弱まってしまった。しかし、その価値は色あせない。この標本によって、「マクロエロンガトゥーリサス」はオヴィラプトロサウルス類の卵であるということがはっきりしたのだ。所属不明の巨大卵化石の正体が判明した瞬間だった。この論文にはダーラも参加していて、「ようやくマクロエ（と私たちは略して呼ぶ）の正体が分かったね」と話していたものだ。ダーラは二〇年来の研究の決着がつき、ほっとしていた。

この章で紹介した私の研究は、「ベイビー・ルーイ」あってこその研究である。マクロエが誰の卵か分からなければ、「抱卵行動と巨大化」というテーマに取り組むことができなかったからだ。世界一巨大な恐竜の赤ちゃん化石に、シェイシェイである。

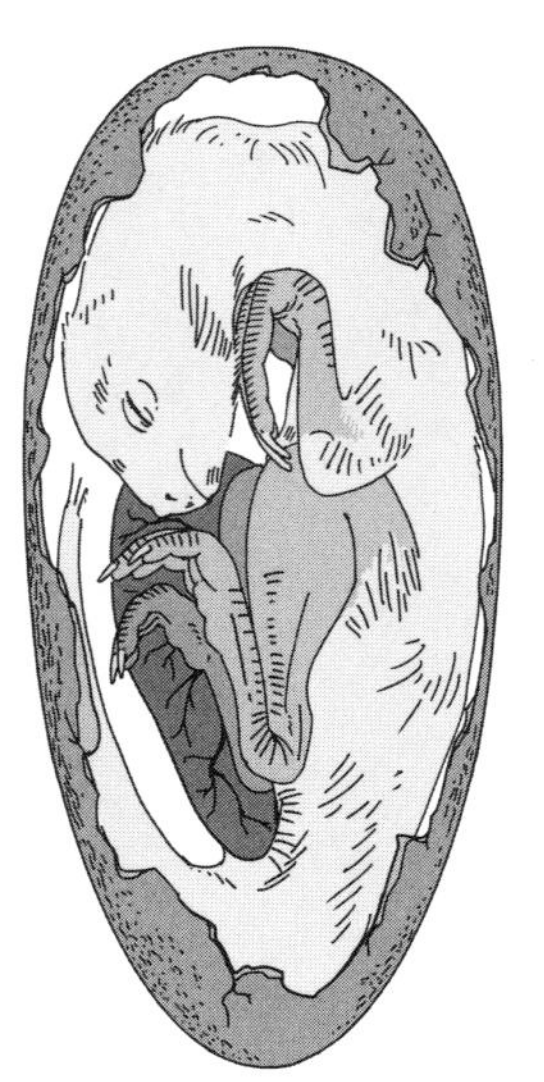

「ベイベロン」とその卵「マクロエロンガトウーリサス」。

第5章
ゴビ砂漠の集団営巣のナゾを追え！

1　アジア恐竜研究の聖地、ゴビ砂漠へ

足元にも卵があるよ

「ほら、ここに卵の断面があるでしょ？」

小林研究室の門下生であり、兄弟子である久保田克博さん（兵庫県立人と自然の博物館研究員）が、地面を指さした。一見すると、風化が激しいただの地面である。目を凝らしてみる。

「あ、あるじゃん！」

だんだんと卵殻化石が浮かび上がってくる。卵殻がリング状になっていて、卵がスパッと切れた断面であることに気が付く。

風化の激しい卵殻化石は、地層の色と同化している。砂利ばかりが転がっているように見えるが、平べったい破片が規則的に埋まっていた。じいっ

地面から顔を出した卵化石。輪っかのような輪郭が見えるが、分かりますか？（口絵参照）

上空から見た美しいジャブクラント層。

と眺めていると、これまで見えていなかった卵殻が見えてくるのだ。

卵化石には、骨化石にはない奥ゆかしさがある。地層の中から顔を出していても、主張がないから、なかなか気が付かない。

「今、君がしゃがんでいる足元にも卵があるよ」

おっと、いけない。気がつかずに卵を踏むところだった。踏み絵ならぬ踏み卵化石は、卵研究者としてあるまじき行為である。幸い卵は埋まっているので、ダメージはなかった。

今、私がいるのはモンゴル・ゴビ砂漠。ここはジャブクラント層と呼ばれる白亜紀（はくあき）後期の地層だ。今から八六〇〇万年（?）から七二〇〇万年前に堆積した。モンゴルの恐竜全盛期の頃である。周囲はいかにもゴビ砂漠といった雰囲気の草原地帯が広がっているが、ここだけ岩肌むき出しの地層（露頭（ろとう）という）だ。小高い山脈のように突出したジャブクラント層一帯だけ、ちょっと異様な光景である。私たちはここでドローンを飛ばしたことがあるが、上空から眺める景色には息を呑む。マングローブの根っこのように四方に張り出した地形が、草原地帯の上にそそり立っているのだ。研究者しか見ることのできない絶景である。

念願の現場

ジャブクラント層では、これまでにヤマセラトプスなどの恐竜化石が見つかっているが、化石はそんなに多くない。「面白くない」と言われていた地層で、卵化石が大量に見つかった。

卵を産んだ恐竜はテリジノサウルス類と考えられる。系統上、比較的鳥類に近いが、オヴィラプトロサウルス類ほど〝鳥化〟は進んでいない。抱卵（ほうらん）したのか気になる恐竜グループだ。それゆえ、かれらの巣作り方法が分かれば、非鳥類型恐竜類から鳥類へ、繁殖方法がどのように進化していったのかをより詳しく理解することができる。

しかも、私たちが調査している地点は、世界で初めての発見となるテリジノサウルス類の集団営巣跡（えいそうあと）だった。かれらはコロニーを作り、集団で巣作りしていたようだ。それは何を意味するのか。

テリジノサウルス類の秘密を探るには、この現場を徹底的に調べる必要がある。卵化石を研究する者として、どうしても見ておきたい現場だった。しかし、これまで、なかなかその機会には恵まれなかった。モンゴルに行ってみたいと思いながらも、何年も月日が流れた。私がモンゴルに来られない傍ら、小林快次(よしつぐ)先生や久保田さんがコツコツと集団営巣跡の発掘を進めてくれた。たくさんのデータを取り、私に提供してくれた。

彼らを信用していないわけではないが、データだけ見てもなかなか納得できなかった。本当にデータで指し示すとおりの化石が、現場に埋まっているのだろうか。百聞(ひゃくぶん)は一見(いっけん)に如(し)かず。自分の目で確かめない限り、論文の執筆が進まなかった。ようやく機を見つけ、このたび、ゴビ砂漠にやってきたというわけである。

今、私の足元には集団営巣の証拠が埋まっている。何ものにも代えがたい情報の山である。とうとう自分の目で、卵化石を確認することができた。

「ほらね、俺たちの言ったとおりでしょ!」

久保田さんがニコッと笑った。

2　集団営巣跡を発見！

ゴビ砂漠の卵殻化石

ここで、私がゴビ砂漠の卵化石を研究することになった経緯をお話したい。私が最初にこの集団営巣跡について知ったのは、二〇一二年一月のことだった。

「ほら、こんなのが見つかったよ！」

小林先生が興奮気味に見せてくれたそれは、ティッシュペーパーに包まれた卵殻化石だった。私はカナダから一時帰国し、小林先生の研究室にいた。

北海道大学総合博物館では二年に一度、小林研究室の在学生やOBが集まり、『絶滅動物化石の最新研究』という一般向けのシンポジウムを開催している。「古巣に行きたい。でもただ遊びに行くだけじゃつまらない」という私たちOBのわがままを聞き入れ、小林先生がシンポジウムを企画してくれるのだ。運営は在学生が担当し、要旨集の作成から当日の段取りまでをこなす。シンポジウムのおかげで、OBたちはお互いにどういう研究に取り組んでいるか分かるし、在学生を鼓舞することにもなる。負けず嫌いな小林先生も大人気ないぐらい面白い研究発表をぶつけてくる。このシンポジウムでは上も下も関係ない。ただ面白い発表をすることだけが狙いだ。私にとっては北大に帰る口実ができるので、これほど嬉しいことはない。

シンポジウムの合間に小林先生が嬉しそうに見せてくれた卵殻化石は、前年の夏にゴビ砂漠で見つけたものだそうだ。クリーム色で艶のある表面は、保存状態が良く、いかにもゴビ砂漠の卵殻化石を思わせる。厚みといい、湾曲具合といい、ダチョウの卵殻のようでもある。

しかし、私は卵殻化石のエキスパートである。卵殻片を見ればだいたいの属性を判定できる。モンゴルで見つかる卵化石は、すべての種類が頭の中にインプットされている。

目の前の卵殻は、明らかにダチョウのそれとは異なっていた。表面がでこぼこしているし、気孔の形状も違う。卵殻の断面をハンドレンズで観察しても、鳥の卵殻でないことは明らかだ。ダチョウ卵殻にはないはずの楔形の卵殻構造が確認できる。直観的にハドロサウルス類か、テリジノサウルス類の卵殻だろうなと思った。顕微鏡で調べれば、すぐに結論が出るだろう。

小林先生の見解も同じだった。後日送られてきたメールには、薄片観察と走査型電子顕微鏡で調べた結果、デンドロウーリサス卵科で間違いないだろうと書かれていた。デンドロウーリサス卵科ならば、テリジノサウルス類の卵と考えられる。

テリジノサウルス類は、馬のような頭に長い首、そして太っちょな胴を持つ二足歩行の獣脚類恐竜だ。手には最大九〇センチメートルにもなる長いカギヅメを備えている。大型種は全長一〇メートルほどにもなるから、恐ろしい獣に感じることもあろう。しかし実際は植物食で、図鑑を開くとなんとも可愛らしい姿で描かれている。ずんぐりむっくりした、白亜紀のテディベアだ。

テリジノサウルス類の胚化石は中国河南省から見つかっている。骨格と卵の対応関係が判明している数少ない恐竜の一つである。河南省で見つかった標本と同じくデンドロウーリサス卵科であったことから、モンゴルの標本もテリジノサウルス類のものであると考えられる。ちなみに、「デンドロウーリサス」は「樹状の卵の石」という意味。卵殻の断面を顕微鏡で観察すると、枝分かれした構造が確認できる。アジアではわりと普通に見つかるタイプの卵殻化石である。

ではなぜ、小林先生はこのありふれた卵殻化石を嬉しそうに見せてくれたのか。実はこれが、大発見につながる可能性があったからだ。

0.5mm

デンドロウーリサス卵科の卵殻断面（薄片写真）。ブロッコリーのように枝分かれした構造が見える。

変わった見た目の恐竜、テリジノサウルス類。

研究開始のゴング

きっかけは、二〇一一年八月にK子さんが卵殻片を発見したことから始まる。K子さんはアマチュア化石ハンターであり、小林先生の発掘調査隊のメンバーだ。本当は「T美さん」のはずであるが、小林先生の著書『恐竜まみれ―発掘現場は今日も命がけ―』(新潮社)ではなぜか「K子さん」として登場している。それに倣(なら)って本書でもK子さんとしよう。なお、小林先生サイドからみた本研究の様子は、『恐竜まみれ』をご一読いただきたい。これは名著です。

K子さんは非常に詳細な調査ノートを残している。発掘の様子がいきいきと伝わるステキな記録だ。初期の調査に参加していない私にとって、このノートの存在は大変ありがたい。ここではかいつまんで当時の様子を説明しよう。

その日、小林先生率いる調査チームはゴビ砂漠東部にいた。調査最終日の夕方。疲れがたまる頃だ。チームのメンバーはプロスペクト、つまり化石を探して砂漠をさまよっていた。

K子さんはじっと地面を見つめながら歩いていて、卵殻片を見つけた。卵殻化石は、最初の一枚を見つけ出すのが難しい。周囲の岩石と同化していて、なかなか気が付かない。卵殻片が落ちていると知っていなければ、あるいは卵殻片を探すことが目的の調査でなければ、たいていはスルーするだろう。調査最終日の夕方に卵殻片に気が付くとは、K子さんはさすがである。

卵殻片は一枚見つかると次第に目が慣れてきて、次が見つけやすくなる。K子さんは地面に破片が散らばっていることに気が付き、さらに眺めていると、卵の輪郭が浮かび上がってきたそうだ。卵はまだ地面に埋まっている！

K子さんはこの発見を小林先生に報告するも、「ダチョウの卵殻でしょ」という一言が返ってきた。中央アジアではつい最近（少なくとも一万年ほど前）までダチョウが棲息していて、ゴビ砂漠でもあちこちでダチョウの痕跡が見つかっている。淡い色で分厚い卵殻はダチョウのものである場合が多い。連日の調査で疲れていた小林先生は取り合おうとしなかった。

しかしK子さんは引き下がらない。自分が納得するまで折れないタチだ。K子さんは現場まで小林先生を連れていき、直接確認してもらった。すると小林先生の目の色がみるみる変わり、明らかに興奮し始めた。これは恐竜の卵化石に間違いない！　かくして小林先生の脳内で研究開始のゴングが鳴ったのである。

あたりを注意深く探すと、他にもたくさんの卵が埋まっていた。卵はクラスター状で見つかるので、卵の集合体、つまりクラッチ化石と呼べる。白亜紀の当時、K子さんが立っている場所は恐竜の巣だったわけだ。あたりを観察していると、クラッチは他にも見つかった。もしかしたら、これは恐竜たちが群れで巣作りした現場、つまり集団営巣跡なのだろうか。大発見の可能性が出てきた。しかし、この年の調査はここまで。続きは翌年に持ち越されることとなった。

胚化石を探して

小林先生が卵化石に興味を示したのは、私が知る限りこれが初めてである。骨化石の専門家はあんまり卵に関心がない。シンプルな形状だし、発掘しても似たような球体しか出てこないから、面白みがないのだろう。卵化石を見つけたのはいいが、おそらく小林先生の考えの先にあったのは、胚や赤ちゃんなどの骨化石だったのではないか。胚化石が出れば、いよいよ大発見になる。卵の次は骨化石を見つけようと思っていたはずだ。

そこで二〇一二年の調査では、卵の中の堆積物をほじくり返してみた。小林先生たちは、卵化石を一つずつ掘り返し、中に胚化石がないかチェックした。多くの卵は上半分が浸食によって削り取られてしまっていて、下半分がどんぶりのような状態で埋まっている。ほじくり返してみると、どんぶりの内部は二層の土砂が埋めていることが分かった。上は赤っぽい泥岩、下はオレンジ色の泥岩だ。卵の底には卵殻片が散らばっていた。

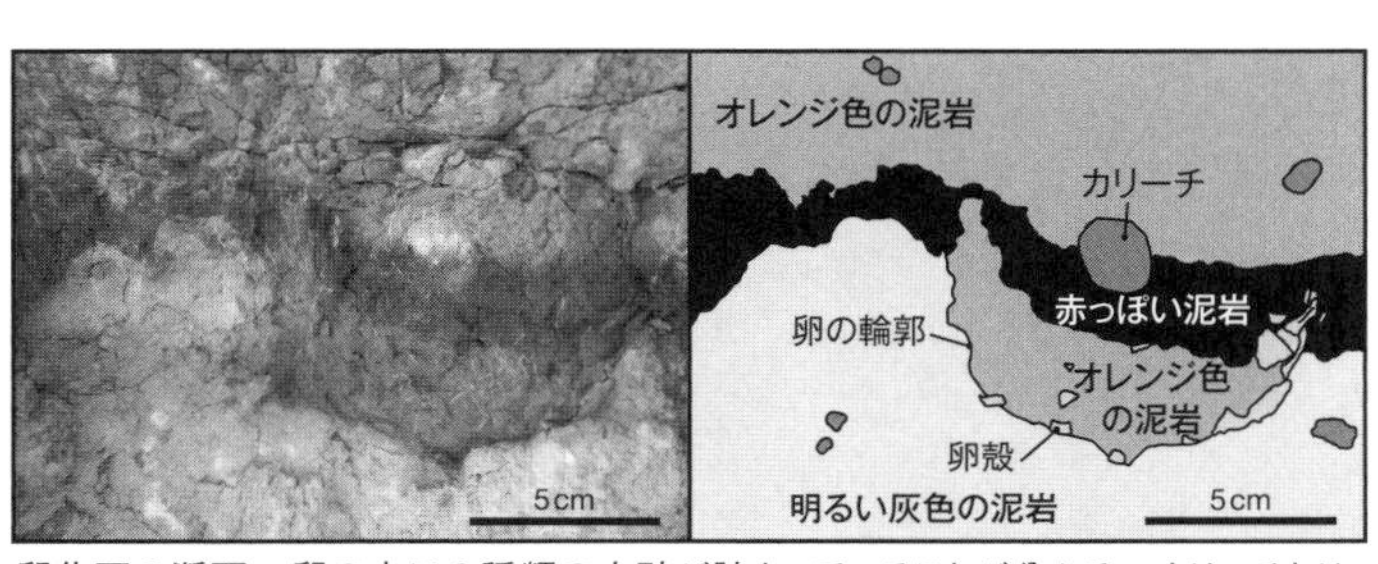

卵化石の断面。卵の中に２種類の土砂が詰まっていることが分かる。カリーチとは、炭酸カルシウムの岩石のこと。

赤ちゃんの骨はないだろうか。慎重にほじくる。

しかし、残念ながら赤ちゃん化石は見つからなかった。どれだけ探しても出てこない。骨が入っている卵は一つもなかった。

隊員たちが「泣ぐ子はいねがー」と鬼の形相でテリジノサウルス類の胚を探したのは言うまでもない、と私は想像する。というのも、実はこの年も、私は調査に参加していないのだ。小林先生は研究プロジェクトに私も迎え入れてくれたが、大学院生の私にはカナダからモンゴルへ調査旅行できるだけのお金はなかった。ジュンチャンとの貧乏中国旅行とは異なり、モンゴル調査は意外とお金がかかる。大学のティーチング・アシスタント[※1]をして稼いだお金は、アメリカ東海岸や中国での調査で消えてしまった。吉田育英会の奨学金が終了し、新たな奨学金を獲得していたが、研究費の支給はないため、貧乏生活が続いていた。残念ながら、私の出番はやってこない。カナダでくすぶっていただけである。

二〇一二年の調査では、骨化石を探すことに加え、一帯を詳しく調べることで、クラッチ化石の分布も詳細に記録された。この年は、合計で二〇個ほどの巣の痕跡が認められた。クラッチはすべて同じ地層平面上から見つかった。赤っぽい色をした薄い泥岩層である。この地層は、大雨の時に川が氾濫し、穏やかな泥流によって埋没した氾濫原（はんらんげん）堆積物と考えられる。

クラッチ化石がすべて同じ層に埋まっていること、そして卵の内部を同じ種類の土砂が埋めていることから、すべてのクラッチは同じタイミングで堆積したことが分かる。ある一回の繁殖シーズンだけを記録した、集団営巣跡と言って間違いなさそうだ。

クラッチ化石は約三〇〇平方メートルのエリアから見つかっている。小学校の二五メートルプールよりもちょっと小さいくらいのサイズだ。地層はところどころ削られて欠落しているから、実際にはもっとたくさんの巣があった可能性がある。失われた分を含めると、当時は三二個程度の巣があったことが予想できる。白亜紀のテディベアがわらわらと集まって巣作りをしていたと想像すると、なんだか可愛い。ただし鎌のようなツメを持つ繁殖期のテディベアは殺気立っているはずなので、安易に近づいてはいけない。

ちなみに、卵の大きさと巣の中の卵の数の合計から、親恐竜のだいたいの大きさが推定できる。一番保存状態の良いクラッチには合計三〇個の卵が残されていた。卵はグレープフルーツくらいの大きさ（直径一三センチ）の球体である。これらのことから推測すると、親恐竜は体重四五〇キログラムほどだったと考えられる。中型クラスのテリジノサウルス類といったところだ。残念ながらジャブクラント層からはまだテリジノサウルス類の骨化石は見つかっていない。すぐ下の地層（バインシレ層）からはセグノサウルス、エルリコサウルス、エニグモサウルスの三種類が知られている。ジャブクラント層のテリジノサウルス類は、だいたいエルリコサウルスとエニグモサウルスの中間くらいの大きさだ。

土砂の規則性が示すもの

胚化石は見つからなかったが、小林先生はあることに気が付いた。卵の内部を埋める土砂には、ある規則性があるのだ。掘り進めると、上部に赤っぽい泥、下部にオレンジ色の泥が出てくる。底には小さな卵殻片が溜(た)まっている。どの卵を掘り返してみても、だいたいそうなっている。決まってこのパターンで土砂が卵を埋めているのだ。これは何を意味するのか。

小林先生はピーンときた。これは、孵化(ふか)した後の卵だ。まず、赤ちゃんが卵に穴をあけ、卵から這(は)い出た。その時、卵殻片の一部が卵の底に落ち、後にオレンジ色の充填物となる土砂が卵にたまった。その後、しばらくして営巣地全体が洪水によって泥に埋まった。こう考えると、赤ちゃん化石が見つからないことも、卵内部が二種類の泥で埋まっていることも説明が付く。胚が見つからなかったのは残念だが、**見つからないこと自体が発見だった**のだ。

ただし、孵化したことを証明するのはとても難しい。卵を狙う捕食者に食べられた跡の可能性もあるし、何かの拍子に卵が割れ、泥がたまっただけかもしれない。可能性はいくつか考えられる。確かなのは、白亜紀の当時、卵には穴が開いていて、泥が侵入したということだけだ。

孵化した赤ちゃんが開けた穴のことを「ハッチング・ウィンドウ」と呼ぶ。今回の例は、ハッチング・ウィンドウなのだろうか。過去の論文を調べてみると、例えばフランスで見つかった竜脚類(りゅうきゃくるい)の卵化石には、ハッチング・ウィンドウが残されていたとされている。しかしなぜそれがハッチング・ウィンドウと呼べるのか、フランスの卵化石の論文には、十分な根拠が書かれていなかった。

七〇〇〇万年以上前の卵化石から、孵化した卵であることを証明するのは並大抵のことではない。十分に説明できれば、孵化に成功した集団営巣跡の発見という、世界初の快挙となる。小林先生と私の挑戦が始まった。

3　リモートワークを始めよう

作戦会議とデータ収集

二〇一二年の調査以降、小林先生は私と頻繁に連絡を取るようになった。私は調査に参加できないが、持てる卵の知識を提供できる。小林先生は、これはどうなのか、あれはどうなのかと聞いてくる。日本とカナダで何度もオンライン会議をし、「孵化に成功した集団営巣跡であること」を裏付ける根拠はどういうものになるのか、作戦を練った。

私は、卵殻片の向きはどうかと提案した。現在の動物の場合、巣の周辺で散らばる卵殻片の向きには、一定の傾向がある。孵化に成功したカメの場合、卵の底に散らばる卵殻は、外表面が下（地面側）を向いた破片の数が、外表面が上（空側）を向いた破片よりも多くなる。一方、卵の周辺に埋もれる卵殻は逆で、外表面が上（空側）を向いた破片の数が、卵殻の外表面が下（地面側）を向いた破片よりも多くなる。卵殻の向きは、孵化したことを示す証拠になるかもしれない。

そこで小林先生には、現場で詳しくデータを取ってきてもらうことにした。二〇一四年の調査では、私が事前に調査指示を出し、小林先生が現場で汗水たらしてデータを集めてくる、という構図になった。そのデータを見て、「あ、今度は卵の底に散らばる卵殻片のデータがほしいです。来年の二〇一五年の調査ではそのあたりのデータを重点的に集めてきてください。ヨロシク！」と指示を出す。なにゆえ、弟子の私が涼しいカナダでノンビリと過ごし、小林先生を駒のように使っているのか。小林先生ファンの皆さま、批判はごめんこうむりたい。

夏が終わると、「ほら！　ちゃんと調べてきただろ⁉」と小林先生から成果報告の連絡が届いた。卵殻の向きは、現生種の孵化に成功した巣と同じ傾向だった。

小林先生は他にもたくさんのデータを集めてきてくれた（本当にありがとうございました！）。浸食をまぬがれ、卵がまるごと埋まったままの状態のクラッチも見つけ出していた。

卵はきれいに並んでいて、巣がかき乱された形跡はない。興味深いのは、卵の上部に直径六〜一〇センチくらいの穴（というか窓）が開いていたことだ。穴の開いている向きは卵によって微妙に異なっている。例によって、卵内部は赤っぽい泥とオレンジ色の泥で埋められていた。

卵の周りには、フタと思われる卵殻（直径六センチ程度）が落ちていた。フタが卵の外に落ちているということは、内部から開けられた穴であることを示している。

このことから、捕食者によって穴が開けられた説は却下できそうだ。さらに、卵の穴の向きがまちまちであることから、堆積した時に上部からの一定の圧力によって穴が開いた説も却下できる。状況から考えて、孵化した後の卵とみて、問題なさそうだ。卵に開いた大きな穴はハッチング・ウィンドウと結論付けられる。

ちなみに、このように化石化する過程を研究する学問のことを「タフォノミー」という。化石の形成過程を知ることができれば、その動物の生態をいきいきとよみがえらせることができる。

研究を引き継ぐ

小林先生が次々と成果を上げてしまったので、本章では私の出番がほとんどなくなってしまった。私はカナダでひたすら論文を読み、小林先生と次の一手を練っただけである。

二〇一五年一〇月、アメリカ・テキサス州ダラスで開催された米国古脊椎（こせきつい）動物学会にて、久しぶりに小林先生に会った。ウェルカム・レセプション会場であるペロー自然科学博物館に向かうため、私たちは学会がチャーターしたバスに乗り込んだ。自然と、私たちの会話はゴビ砂漠の集団営巣跡の話題になった。その時、小林先生から思いもよらぬ一言が告げられた。

「君がこの研究を完成させてくれ」

この研究を私に渡すと言うのだ。小林先生は論文に執着がない。誰が論文を書こうが関係ない、それでサイエンスが一歩前進すれば良し、という考え方だ。これは、小林先生をはじめ、小林先生の師匠筋から続く研究哲学である。

今回は卵化石研究ということもあり、今後のため一本でも多く業績が欲しい私に、研究を譲ってくれたのだ。「本当にそれで良いんですか?」と何度も尋ねるも、小林先生は引かない。君が受けた恩恵は次の世代に返せばよい、と言うのだ。そういうわけで、研究をありがたく引き継ぐことになった。

この時、K子さんが最初に卵殻化石を見つけてから、すでに四年が経過していた。小林先生はここまで発掘調査の指揮を執り、率先してデータ収集に努めてくれた。ここから先、すなわちデータのまとめと解析、そして論文執筆が私の仕事である。小林先生をはじめとする共同研究者たちが私をバックアップしてくれているが、研究を中心的に行うのは私だ。K子さん、小林先生と引き継がれた研究のバトンは、私に託された。

それ以来、私は小林先生の集めたデータを解釈し、論文の執筆にとりかかった。しかし、こう言うのもなんだが、なかなか筆が進まなかった。やる気はあるのだが、文章を書くのをためらってしまう。自分の目で一度も現場を見ていないので、本当にこう書いて良いのかと疑問が湧いてくる。卵殻や岩石のサンプルや薄片は小林先生から借用し、私の手元にあったので、それについては詳しく記述することができる。しかし、木を見て森を見ずというか、現場全体を見ないで解釈を進めていくことに不安があった。

論文原稿を書いては消して、書いては消して、を繰り返していた。改良を重ねるうち、原稿はゆうに三〇稿を超えていた。サイドプロジェクトとはいえ、ここまで時間をかけた論文は初めてだ。

さらに時は流れ、二〇一八年になった。私は博士課程を修了し、名古屋大学博物館で研究員になっていた。私がダラダラとやっていたもんだから、業を煮やしたK子さんからは「論文はいつできるんですか?」とたびたび催促された。このままズルズルと後回しにするわけにはいかない。でも、今のままでは終わらない。一度、私が現場に行って、自分の目で確認しないと納得できない。幸い、研究員になったので、当面のお金の心配は必要ない。博士研究がひと段落した今こそ、モンゴルに行く絶好のチャンスだろう。

そんな折、小林先生から一通のメールがきた。

「今年のゴビ砂漠の発掘調査に来ますか？　テリジノサウルス類の集団営巣跡にも行きます。八月一一日、成田空港集合です」

4　自分の目で確かめないと納得できない

意外と快適な調査生活

モンゴル・ゴビ砂漠。そこは、一九二〇年代にアメリカ自然史博物館のロイ・チャップマン・アンドリュースが探検を行って以来、世界中の恐竜学者を魅了してきた。そんなアジア恐竜研究の聖地に、ついに足を踏み入れた。

「ニーハオ、ニーハオ！」

小林先生が背後から私に話しかけてきた。発掘作業中、小林先生と私の間で、中国語を使うのがブームになっている。と言っても、二人とも挨拶程度しか話せないから、「ハオハオ」とか「ニーハオ」ばかりだ。相手の不意を突き、いかにネイティブっぽく話しかけるかが勝敗を決める。

　私たちはある恐竜のボーンベッドで発掘を行っていた。ボーンベッドとは、複数の恐竜化石が一か所に埋まった層のことである。化石層を覆う土砂をはがし、散乱する骨を探し、化石を掘り出していく。

　基本的な発掘方法はカナダの場合と同じだ。ある程度骨を露出させたら、化石の周りの土砂を掘り込んでいき、島状に削り出す。その上に石膏（せっこう）に浸した麻布を貼り、ジャケットと呼ばれる化石のミイラを作る。こうすれば、振動から化石を守りつつ、安全に運搬できるのだ。

　しかし、モンゴルではジャケットを作る方法が微妙に異なっていた。石膏を溶かす時の水の量は適当だったし、麻布で覆う前の化石に泥を塗るという不思議な工程があった。モンゴルの発掘ではこれが普通なのか。新鮮な経験だった。

ジャケットを記録している様子。

①

化石を発見！

②

まずは表面の余分な土砂を取り除こう！

③

化石層に達したら慎重に発掘だ。

④

島状に掘れた！

⑤

石膏に浸した麻布を貼って補強！

⑥

ジャケットの完成！

恐竜化石の発掘の手順。

キャンプ地はボーンベッドのすぐ近くにあり、自分のテントから三〇歩も歩けば発掘現場に到着する。食堂のテントの方が遠いくらいだ。私たちはすぐに発掘を開始できた。一日中ボーンベッドに張り付いているから、フィールドワークなのに、ほとんど歩く必要がない。これではカナダの研究室に引きこもっていた時と大差ない。

　せっかくゴビ砂漠に来ているのだから、プロスペクトもしてみたい。時間が許せば、ベースキャンプから離れ、歩いて化石を探すことにした。どこまでも平たんで、どの方向を眺めても地平線が見える。こんな平らな場所が地球にあったのかと驚く。容赦なく日光が照りつけているが、草原を吹く風はカラッとしていて、日本の夏よりも快適である。

　私が歩けば小さなトカゲが躍り出てきて、私のちょっと前を駆けていく。まるで道を教えてくれているようだ。かれらについていけば、恐竜化石にたどり着く……のであれば夢のようだが、化石はなかなか見当たらない。モンゴル科学アカデミーのスタッフは私の横でどんどん恐竜化石を見つけていった。さすがである。私も必死で化石を探すも、収集するに値(あたい)するブツはなかなか落ちていない。鵜(う)の目、鷹(たか)の目、ファルコンの目でプロスペクトをしていたことは言うまでもない。

　この調査では、モンゴル人のコックさんがいて、朝昼晩の食事を作ってくれた。発電機と冷蔵庫も持ってきているから、冷えたビールさえも飲むことができる。地平線に落ちる夕日を眺めながら飲むビールは格別である。

夕食時には皆でテーブルを囲み、羊などの豪快な肉料理をモリモリ食べる。めちゃくちゃうまい。ウォッカで乾杯し、酒宴は進む。

K子さんは何度も私に話しかけてきて、研究の内容や進み具合を聞いてくる。ちょっとでも腑に落ちないことがあれば、「なぜそうなるのですか？　なんで、なんでですか？」と質問が矢継ぎ早に飛んでくる。好奇心の鬼である。

酒が回り、食堂テントの外でちょっと休憩していると、心地よい風が頬を撫でた。昼間の熱気は嘘のようだ。周囲は真っ暗。恐ろしいほど静かだ。はるか遠くに一軒だけ、ゲルの明かりが見えた。視界に飛び込んでくるのは、満天の星空だけだ。それ以外、人工物は何もない。いや、人工衛星が何度も上空を通り過ぎた。まさか、地上よりも宇宙の方が人工物が多いとは驚く。カナダのバッドランドで見る星空もすごいが、ゴビ砂漠の星空もなかなかのものだった。全方位、視界を遮るものが何もないから、星が地平線へ直接沈んでいく。

調査生活を続けていると、小林先生がフィールドワークを何よりも好んでいる理由が分かる。フィールドワークの時の小林先生は本当に楽しそうである。日々の雑務から離れ、ようやくほっとできるのがフィールドワークなのだ。大自然の中での生活は、開放感と活力を与えてくれる。

そんな良いことだらけのゴビ砂漠だが、一つだけ困ったことがあった。食堂のテントの明かりに、おびただしい数の虫が集まるのだ。日が落ち、宴もたけなわの頃になると、テントの中には何百、何千という甲虫や羽虫がうごめいている。ライトを中心にぐるぐる飛び続ける虫たちは、煙のようでもあり、それ自体が一つの怪物のようでもある。砂漠にこれほどの数の虫たちが潜んでいたことに驚愕する。ボタ、ボタッと皿やグラスの中に落ちてくる。私たちの服の中にもいつの間にか入り込んでいる。飲み会も終わり、自分のテントで眠りにつく頃、もぞもぞと甲虫が肌をはい回る。取っても、取っても次から次へともぞもぞし始める。これに慣れないと、ゴビ砂漠ではやっていけない。

道なき道を突き進む

　さて、前置きが長くなったが、今回私がゴビ砂漠の調査に参加したのは、テリジノサウルス類の集団営巣跡を確認するためだ。調査も終わりに近づいた頃、現場に行けることになった。卵サイトは私たちのベースキャンプから四〇キロメートルほど西へ行ったところにある。悪路を迂回しながら進むため、三時間ほどかかる。ちょっとした日帰り旅行となった。同行するのは、小林先生、K子さん、そして小林先生の門下生で私の兄弟子にあたる久保田さんだ。

　モンゴル人ドライバーの運転で、道なき道を進んでいく。ゴビ砂漠には舗装された道はないが、轍がいくつか走っている。ドライバーは地図も見ないで目的地を目指した。途中、遊牧民のゲルに立ち寄り、道（？）を聞きながら草原地帯を突き進む。ドライバーも遊牧民も、果てしない草原地帯でよく距離と方角が分かるものだと感心した。途中、羊の群れやラクダの群れに何度か出くわした。

昼頃になって、突如としてマングローブの根っこのようなバッドランドが現れた。ジャブクラント層である。車は起伏の激しい地層の中に突入し、上へ下へ激しく波打った。ドライバーは車が一台通れるだけの幅を見つけ、タイヤがとられないように注意しながらずんずんと進んでいく。バッドランドの中を運転できるそのドライビング・テクニックに脱帽した。そして集団営巣跡があるポイントで停車した。こうして本章の冒頭の場面に続くわけである。

確認、そして納得

まず私は、小林先生たちが以前作ったクラッチ化石の分布地図を見ながら、クラッチ化石の

ジャブクラント層を目指す。途中、ラクダの群れに遭遇！

場所を一つずつ確認していった。久保田さんとK子さんが、「ほら、ここにあるよ」と教えてくれる。小林先生は短パン姿でプロスペクトに行ってしまった。

クラッチ化石がある場所に杭を打ち、赤いテープで目印を付けていく。クラッチ化石はたった数年のうちに激しく風化しており、ほとんど失われたものもあった。

集団営巣跡の場合、すべてを発掘・保存することはできない。代表的なクラッチ化石のいくつかはすでに発掘し、博物館へと運ばれたが、全部のクラッチ化石を回収するわけにはいかない。時間も労力も、保管場所も限られている。ほとんどの化石は現場に残されたままだ。いずれ年月がたてば、集団営巣跡の痕跡は完全に消えてしまうだろう。

ただ、浸食が進んだおかげで、新たなクラッチ化石も見つかった。刷毛で表面の砂利を取り除き、フレッシュな面を出す。いつも博物館でやるように卵を計測し、ノートにクラッチ化石を記録していく。卵の内部をナイフでほじくってみると、やはり最初は赤っぽい泥岩が出てきて、その下にオレンジ色の泥岩が現れた。卵の底には卵殻片がちゃんと散らばっていた。小林先生たちが報告していたとおりの展開だ。

「ほら、なんで疑っていたんだい?」

久保田さんが笑う。

「俺たちのことを信用していないんだから!」

すべてのクラッチ化石に赤い目印を付け、クラッチ化石の確認が終わると、次は空撮することにした。上空から営巣地全体を撮影し、クラッチの分布を把握するのだ。

私がドローンの準備をしていると小林先生もやってきて、自分のドローンを飛ばし始めた。小林先生のドローンは、私のよりもグレードが高く（それゆえ値段も高く）、飛行速度、飛行時間ともに私のドローンを上回っている。私がチンタラ飛ばしていたもんだから、小林先生がスイスイとその飛行テクを披露してきた。

「おい、のび太！　どうだ！」

小林先生はジャイアンか！　久保田さんやK子さんは、「こりゃあ師匠の勝ちだな」と言ってクスクス笑いながら見物している。なんやねん、コレ、勝負じゃないし！　私は「ハオ、ハオ」と言って適当にやり過ごした。

楽しい時間はあっという間に過ぎ、集団営巣跡の調査は終了した。数時間だけの滞在だったが、私の目標は達成できた。すべて納得できた。これで実感を持って論文を執筆することができるはずだ。

5　なにゆえ君は群れるのか

パソコンの中の発掘現場

帰国し、まずは空撮した写真を解析することにした。フォトグラメトリー法によって写真を合成し、集団営巣跡の立体画像を作った。これは本当にすごい技術である。発掘現場の保存が、パソコンの中でできてしまうのだ。

フォトグラメトリー法による発掘現場の保存は、その後、兵庫県丹波市で卵化石の大規模発掘をした際にも活用している。数日おきにドローンを飛ばし、空撮していく。するとパソコン内で発掘現場が立体的に保存できるうえ、日に日に地層が掘り込まれていく過程が記録できる。発掘時のデータを三次元的に記録できるのがフォトグラメトリー法の利点だ。

ただし、フォトグラメトリー法を使うと「やった気」になってしまい、立体画像を作ることがゴールのような感覚に陥ってしまう。立体画像はあくまでデータの一部であり、ほとんどのデータは野外で収集しなくてはいけない。

テリジノサウルス類の集団営巣跡の現場で、フォトグラメトリー法を利用したのにはわけがあった。クラッチ化石が、すべて同じ地層平面上（層準（そうじゅん））から見つかっているのかを客観的に確認したかったからだ。現場の立体画像を作り、専用のソフトを使って地形の起伏に基づいて等高線を引く。すると、すべてのクラッチ化石がちゃんと同一層準に分布していることが分かった。

各クラッチの卵化石は、同時期に堆積したことを示す土砂（赤っぽい泥とオレンジ色の泥）で満たされているから、今回の発見は間違いなく、ある繁殖シーズンを保存した集団営巣地と言える。

当初、巣は二〇個程度見つかったとしていたが、その後、一五個に下方修正した。卵殻片が密集しただけの地点や、卵が二つだけしか見つからなかった地点など、クラッチと呼ぶべきか疑わしい事例がいくつかあったからだ。一五個とは言え、大規模な営巣地であることに変わりはない。世界で初めてのテリジノサウルス類の集団営巣跡であり、世界最大規模の獣脚類恐竜の集団営巣跡でもある。アジアで集団営巣跡が見つかったのはとても珍しいことでもある。

親は巣を守ったのか

ではなぜ、テリジノサウルス類は群れを作り、集団で巣作りしたのだろうか。集団営巣は、ペンギンやカモメなど、現在の海鳥などで広く知られた行動だ。群れることで、卵を狙う捕食者をいち早く見つけることができたり、エサのある場所を知らせたりと、情報共有できるメリットがある。当然ながら、この恩恵は親が巣にいる場合にしか成り立たない。親が巣を守っていなければ、捕食者にとって巣の密集地帯はごちそうの山、ビュッフェ状態だ。鳥類の場合、ほとんどの親が巣で抱卵するため、卵は親によって守られている。

しかし、多くの恐竜は抱卵せず、卵を巣材の中に埋めていたはずだ。前章までで、抱卵は、ロウリンハノサウルスとオヴィラプトロサウルス類の間に存在する系統に起源しているのではないかと推定した。テリジノサウルス類はまさにこの間に収まる。かれらは抱卵したのだろうか。

そこで、例によって卵殻の薄片を作り、間隙率(かんげきりつ)を調べてみた。すると、たくさんの数の気孔が見られた。山奥の星空のように、薄片にした卵殻には数多くの気孔がキラキラと輝いている。テリジノサウルス類の卵殻はスカスカのタイプであることが分かった。非常に高い間隙率で、「埋蔵型の巣タイプ」と判別できる。つまり、テリジノサウルス類は抱卵せず、卵を巣材の中に埋めていたと推測される。

このことから、二つの面白いことが分かる。まず、抱卵行動はオヴィラプトロサウルス類あたりで進化しただろう、ということだ。系統上、テリジノサウルス類とオヴィラプトロサウルス類の間に位置する恐竜グループはいない。つまり、オヴィラプトロサウルス類以前の恐竜は埋蔵型タイプ、オヴィラプトロサウルス類からそれ以降の恐竜は抱卵タイプと考えられそうだ。※2

もちろん、テリジノサウルス類が二次的に埋蔵型タイプに戻った可能性もゼロではない。とはいえ、少しずつパズルのピースが埋まってきたことは確かだ。

もう一つの興味深い結果は、テリジノサウルス類は集団営巣していたのに抱卵しなかった、ということだ。鳥のようであり、鳥にはない行動パターンだ。

親が巣を守らない限り、集団で巣作りするメリットはなくなってしまう。巣作りできる場所が少ししかなくて、たまたま集団営巣っぽく見えただけなのだろうか。

実は似たような例は現在のワニ類でも観察されている。一か所に巣がたくさんあるけれど、親が巣を放置する例だ。

ワニには、きちんと親が巣を守る個体、巣のそばにいるけど特に何もしない個体、そして巣のそばにすらいない個体がいる。当然ながら、親が巣を守る場合が一番、巣の成功率が高い。ということは、巣の成功率が分かれば、親が巣を守っていたかどうかを知る手がかりになるのではないか。テリジノサウルス類の集団営巣跡では、多くの卵から孵化した形跡が見つかった。この結果はひょっとして、すごく重要なのではないだろうか。

小林先生や私の関心は、なぜこんなにもたくさんの卵が孵化に成功したのか、ということに集中した。もう一度データを整理してみる。一五個のクラッチのうち、九個のクラッチから、少なくとも一つの卵で、孵化した形跡が認められた。つまり、9÷15で六〇%の巣が巣作りに成功したと言える。このように、一つでも孵化した卵がある巣を「営巣に成功した巣」とみなし、全体に対する「営巣に成功した巣」の割合を「営巣成功率」と言う。現在のワニ類や鳥類などの生態研究で用いられる用語だ。テリジノサウルス類の集団営巣跡の営巣成功率は六〇%であった。これは高い値なのだろうか、それとも低い値なのだろうか。

私は、現在のワニ類や鳥類の営巣成功率を調べてみることにした。現生種を使って化石種を類推する、というのは私が最も得意とする研究スタイルだ。現生種の論文を読み漁った。

すると予想どおり、興味深い結果が得られた。親が巣を保護したり、巣のそばで待機したりする場合、営巣成功率は三三~九七%になる。一方、親が巣を離れ、巣を保護しない場合、営巣成功率は八~五〇%になることが分かった。両者は有意に異なる。

ゴビ砂漠のテリジノサウルス類が六〇%というのは、高い値と考えてよさそうだ。現生種の親が巣を保護したりする場合の営巣成功率の幅に収まる。このことから、私は、テリジノサウルス類の親は巣を守っていたのではないかと考えている。抱卵しない恐竜でもこうした行動が推測されたのは初めてだ。白亜紀のテディベアは、集団で巣を作り、卵を敵から守っていた。

複雑な進化過程

こうしてみると、繁殖行動はとても複雑な進化過程をたどったことが分かる。現在の鳥類は集団営巣も、親の保護も、抱卵もする。これらの行動は、非鳥類型恐竜類に起源している。ただし、獲得したタイミングはバラバラだ。集団営巣の証拠は、いろいろな恐竜のグループから見つかっている。ハドロサウルス類のマイアサウラや竜脚類のティタノサウルス類、そしていくつかの獣脚類だ。ある説によると、ティタノサウルスは集団営巣するものの巣の保護はしなかったのではないかと言われている。巣の保護は、少なくともテリジノサウルス類の段階になって獲得された行動ということだ。

ちなみに、マイアサウラは「子育て恐竜」として知られているが、研究が行われたのはずいぶん前で、最近になって否定的な意見もみられる。再度の研究が期待される。

そしてオープンな巣や抱卵は、オヴィラプトロサウルス類あたりの恐竜で獲得されたと考えられる。現在の鳥類にみられる繁殖行動は一斉(いっせい)に獲得されたのではなく、段階的に獲得されていったようだ。

6　ついにK子さんの発見が日の目を見る

論文掲載！

二〇一九年七月、私たちの論文はようやく日の目を見ることとなった。地質系の国際学術雑誌に掲載されたのだ。「テリジノサウルス類の集団営巣」「アジア最大級の集団営巣跡」「一シーズンだけの営巣地」「高い営巣成功率」「抱卵しない恐竜の巣の保護行動」と、アピールポイントがもり沢山の論文となった。ありがたいことに、かの有名な学術雑誌『ネイチャー』もこの研究を取り上げ、誌面で詳しく解説してくれた。

やっと肩の荷が下りた。これでK子さんに報告できる。論文の掲載が決まり、私はすぐにK子さんにメールした。報告を一番楽しみにしていたのはK子さんだろう。

K子さんからはすぐに絵文字だらけのメールが返ってきた。絵文字部分は「言葉にならない喜び」だそうだ。

「あの時、明らかに行きたくないモードの小林先生に負けず、無理矢理引っ張っていってホントによかった!」

K子さんの絶対に引かない根性のおかげで、大発見につながった。この研究の主役は私でも小林先生でもなく、K子さんだろう。ヨカッタネ、ヨカッタネ。これからも大発見を期待しています。

小林先生はというと、「俺は、卵化石はもういいなあ」と言って再び骨の研究に戻った。骨化石を追い求める小林先生らしい発言だ。

卵化石にしかできない謎解きを

恐竜研究の主流は今も昔も骨化石であり、これは当然のことである。骨から得られる情報の方が圧倒的に多いのだ。卵化石に興味を持っている人など、ほとんどいない。有名な恐竜学者でさえ、卵化石と聞いて、なんの興味も示さない場合がある。なんでそんなつまらないものを研究しているんですか、という雰囲気がミエミエである。学会に参加しても、卵化石の研究発表は往々にして人が集まらない。

しかし、これは卵化石研究者にも責任があると私は考えている。卵には、骨だけでは絶対に分からない情報が隠されているし、なにより、繁殖行動という、生物を生物たらしめる最重要要素を秘めている。進化とは、繁殖行動の繰り返しである。それをこれまでの古生物学者たちはたいていスルーしてきた。卵化石研究がつまらなかったのは、これまでの研究が、記載や分類など、進化の本筋とはズレた研究が多かったためではないか。どこでこういう卵が見つかりました、という研究が山ほど掲載されても、私でさえもちょっとうんざりする。

私がやりたいのは、卵化石を通して、恐竜たちの生き生きとした行動や生態を解き明かすことだ。繁殖にまつわる研究は、きっと将来、恐竜の放散[※3]や進化、そして絶滅を解明するヒントになるはず。卵に興味を持ってもらうためには、まずは卵化石研究者が面白い研究をしていかなくてはいけない。だから私は、新種の発見とかそういうことにはあまり興味がない。いかに限られた証拠を使って繁殖行動を推定するか、という謎解きにとりつかれている。

骨化石のビジュアルやインパクトには負けるが、卵化石には卵化石にしかできない謎解きがたくさんある。珍しい研究分野だからこそ、他人を模倣したような研究にはならないし、独創的なアイディアが必要である。私は、そこに自分の居場所があると思っている。誰にでもできるような研究はしたくない。著者名を伏せて論文を読んでも、「これはタナカの研究だ」と言われる研究がしたい。

モンゴルの集団営巣跡の研究は、私に謎解きの楽しさを改めて教えてくれた。それもこれも、卵化石を専門としていたからこそめぐってきた幸運だ。大学四年生の時、偶然卵化石研究に出会えて本当に良かったと思う。

※1　北米の大学では大学院生がティーチング・アシスタントとして学部生の実習クラスを指導する。

※2　このことから、前章に出てきたデイノケイルスのニコは抱卵せず、埋蔵型だったのかもしれない。あまり真実は追及しない方が良い、好例だ。

※3　生物が環境に合わせて分化し、広がっていくこと。

果たしてデイノケイルスは抱卵したのだろうか。

コラム　大草原の小さなトイレ

カッコよく第5章を終えたところで、突然の便意。ここは砂漠のど真ん中。三六〇度地平線が見えている。隠れるところはどこにもナシ。そばでクルーが化石発掘に勤(いそ)しんでいる。トイレに行きたいけど、バレる。絶体絶命。さあ、どうしよう。可及的速やかに、この広大な大地(フロンティア)に妖精を解き放たなければならない。

フィールドワークでのトイレ事情はいかなるものか。いつ何時、砂漠で便意が襲ってくるかもしれない読者のために、ここでは発掘時のトイレ事情とマナーをお話しよう。皆さんのサバイバル生活にお役立てください。

実はゴビ砂漠の場合、先に述べたような心配はご無用である。なぜなら、フィールド・ステーションにトイレがあるからだ。

え？　砂漠にトイレって、どういうこと？　と思われるかもしれない。私たちがゴビ砂漠へ調査にやってきた初日に、仮設トイレが建設された。といっても、地面に穴を掘っただけの簡易トイレである。地面を二メートル近く掘り込み、その上に便座を設置する。このままでは周りから丸見えだから、便座の両側と後ろ側にパーティション用の布を張り、電話ボックスのように半個室とする。これで完成。屈強なモンゴル人スタッフたちが、ものの数十分で作り上げる。

　これが意外と快適なのだ。座ってできるのはずいぶんと楽である。ただし便座の中をのぞいてはいけない。みんなが肉料理をモリモリ食べて解き放った妖精たちが山脈を成している。調査も終盤になると、どこから集まったか、ハエさんたちが山登りに精を出していた。

　パーティションは絶妙な高さであった。誰かがトイレに座っている時、頭のてっぺんがチョコンと見える仕組みになっている。プライベートが確保され、それでいて、誰かは分からないが、誰かがいるのが分かる。だから、トイレで鉢合わせる心配はないのだ。見事な機能美である。トイレの入り口はあっちの方向を向いているから、私たちの行動範囲内から中を見られる心配はない。万が一気を付けないといけないのは、化石探しの時だ。化石を探してアッチに行ったり、コッチに行ったり……。だけれども暗黙の了解によって、誰もトイレの入り口の方向で化石探しはしなかった。私たちのチームは、ラグビー日本代表に負けずとも劣らないワンチームであった。

ゴビ砂漠の野外トイレ。開放感抜群！

ちなみに、調査が終わってフィールドを離れる時は、穴の中を燃やして埋めてしまう。その光景を見て、私は、兵(つわもの)どもが夢の跡と消える寂しさを感じた。妖精よ、永遠なれ！

ゴビ砂漠の場合、私たちがフィールドワークを行った場所は大地が平らだったから、トイレを作る必要があったのだろう。じゃあ、ところ変わってカナダ・アルバータ州でのフィールドワークはどうだろうか。

私の経験上、トイレを建設したことは一度もない。アルバータ州のバッドランドは起伏が激しくて、崖やくぼみがたくさんある。どこにでも身を隠すことができるから、トイレは必要ないのだろう。みんな思い思いの場所で妖精を解き放つ。

ある時、私たちは崖の上の草原地帯にテントを設営した。大変眺めがよく、フィールド・ステーションからは深いバッドランドを見渡すことができた。夕方の燃えるようなバッドランドは感動するし、満天の星は自分だけのものである。朝日に照らされて、フードゥーの間をはねる鹿がよく見える。

反対に、昼間、発掘をしている時は高台にあるテントが遠くにぼんやりと見えていて、とても安心する。発掘が終わってテントへと歩いて向かう途中、テントの中にあるビールを想像すると疲れが吹き飛ぶようだ。思わず足取りが速くなる。フィールドワーク中のビールは贅沢品(ぜいたくひん)だから、たとえ生ぬるくても、恐ろしく美味しく感じる。ビバ・フィールドワーク、ビバ・ビール。

高台にテントを張ると、困った点もある。草原地帯は強い風が吹くのだ。ある日、発掘から戻ってきたら、強風でテントがなぎ倒されていた。さらに悪いことに、私は花粉症だから、風に乗った花粉が鼻をムズつかせ、くしゃみが止まらなくなった。鼻が詰まってなかなか寝付けない。しまいには鼻血ブーであった。その時は小林快次先生が調査に参加していたので、血の付いた鼻水ティッシュをそっと見せてみた。小林先生は一言、「いや、見せなくていいから」と冷たく言い放った。カナダといえど、フィールドワークの時は花粉症対策が必要である。ちなみに、出かける時はテントをしっかりと閉じておかないといけない。泥棒は来ないけれど、こっそりとヘビが侵入する危険があるからだ。テントの中でヘビと遭遇したら、怖すぎて妖精をちびってしまう。

話がそれてしまった。ウ○コの話題である。アルバータ州のフィールドワークでは、皆思い思いの場所で妖精を解き放つ。崖の下に降りていき、適当な場所を見つける。ここでも暗黙の了解のうちに、女性陣と男性陣は向かう方角が異なる。取り決めをしたわけではないけれど、自然と方角が決まるのだ。

私は半洞窟の隠れ家的トイレを見つけ、そこで妖精を解き放つことにしていた。少しでも隠れていると落ち着く。用を足しながら「あ、こんなところに恐竜化石が埋まっているじゃん！」と大発見をする展開をいつも期待しているが、いまだにそのチャンスはやってこない。私は妖精を放ちながら、目の前の岩を凝視する。化石はないだろうか。もし本当に大発見をしてしまって、みんながゾロゾロと私のトイレにやってきたらどうしよう。「おや、こっちにもオオモノがあるじゃないか！」

ある日私は、行きつけのトイレを探して薄暗くなったバッドランドをフラフラとさまよっていた。そして誰かのトイレを見つけてしまった。方角からして、Tさんのトイレに間違いない。Tさんは当時ロイヤル・ティレル古生物博物館で研究員をしていた日本人だ。とても穏やかで優しく、いつでも相談に乗ってくれる。私にとってTさんは先輩兼兄のような存在であった。そんなTさんのトイレは、崖の中腹から突き出たテラスのような場所にあった。なんという開放感！　なんという眺望の良さ！　隠れてコソコソ用を足していた私とは真逆の考え方であった。目からうろこが落ちるとはこのこと。崖を駆け上がり、急いでTさんにこの感動を報告した。

「そりゃあどうせするなら、眺めのいいところがイイじゃん！」

私はTさんを尊敬することしきりであった。

さて、最後に中国のトイレ事情を紹介したい。中国では発掘らしい発掘をしたことはないけれど、観光客が絶対に訪れないような農村に出かけることがよくある。ここで待ち受けているのが、ニーハオトイレである。ニーハオトイレとは、地面にスリット状の穴が並んで空いているトイレのことである。個室ナシ、仕切りナシ。大人同士が隣り合いながら妖精を解き放つ。ハオハオ、ニーハオ！

私は一人でないと落ち着いてできないから、夜、頃合いを見計らってトイレに出かけることにした。この村にはホテルがなく、私たちは派出所のような建物を借りて宿泊していた。部屋には二段ベッドが四つ並んでいる。晩秋の農村は大変寒く、夜になると部屋は冷えた。暖房もシャワーもないから、中国人の共同研究者が桶にお湯をためて持ってきてくれた。これで足を温めるとぬくぬくと温かく、幸せであった。

私がトイレに行くと言うと、「トイレットペーパーはあるか？　ヘッドライトは持っているか？　一緒に行くか？」と心配してくれる。トイレは五〇メートルほど離れた掘っ立て小屋にあって、電気がない。真っ暗のニーハオトイレに落ちるのは、想像しただけで怖い。やっぱり、明日の朝行こう。急に便意がなくなり、私の腹の中の妖精はおとなしくなった。ニーハオトイレよりも、開放的な砂漠のトイレの方が妖精も喜ぶ。

ちなみに、モンゴルだろうがカナダだろうが中国だろうが、トイレットペーパーは必須です。これがなくてはバッターボックスに立てない。皆さん、くれぐれもお忘れなきように。ノー・ペーパー、ノー・フィールドワーク！

第6章

安楽椅子研究のススメ

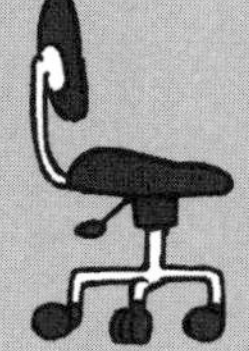

1 YOUは何しに北極圏へ？

アヒル顔同盟

これは修士課程二年目の時のこと。ロイヤル・ティレル古生物博物館で「国際ハドロサウルス類シンポジウム」が開かれた。世界中のハドロサウルス類研究者が集うマニアック会議である。ハドロサウルス類は通称「duck-billed dinosaur（アヒルのくちばし恐竜）」と言う。アヒル顔の可愛いやつらである。北海道で見つかった「むかわ竜」ことカムイサウルスも、ハドロサウルス類に属する。

私はハドロサウルス類をメインで研究しているわけではないけれど、フランソワ・テリエン博士たちと一緒にアルバータ州南部で見つかったハドロサウルス類の足跡化石を発表することになっていた。そういうわけで、アヒル顔シンポジウムに参加した。

アヒル顔のカムイサウルスは
ハドロサウルス類。

口頭発表では、「スペインのハドロサウルス類について」「モンゴルのハドロサウルス類について」「ハドロサウルス類の脳構造について」「ハドロサウルス類の歯の組織について」「ハドロサウルス類の走り方」など、ハドロサウルス類オンパレードの発表が続く。皆アヒル顔への愛であふれている。この場に限っては、アヒル顔同盟の皆さんがうらやましい。彼らは同じ興味を持つ同志たちなのだ。恐竜学者は、自分の扱う恐竜に顔が似てくると言うが、本当だろうか。ダイナソー小林先生の顔は、カムイサウルスに似ていたっけ？

私はシンポジウムに冷やかし程度で参加していたから、聴講にも身が入らず、コーヒー片手に「今日の夜ご飯は何食べよう」と、半分くらい上の空であった。そんな中、「おっ！」と思う発表があった。

極東ロシアでハドロサウルス類とトロオドン科の卵殻（らんかく）化石が見つかったという話題だ。白亜（はくあ）紀（き）後期のその当時、化石が見つかった場所は北緯七七度に位置していた。北極圏である。

掘り出し物

北極圏の恐竜は、ホットなテーマだ。シベリアやアラスカからは、以前からハドロサウルス類やケラトプス類、獣脚類（じゅうきゃくるい）などの骨格化石が報告されている。かれらはなぜ北極圏に棲（す）んだのだろう。いかにして冬を越していたのだろうか。暖かい夏だけ北極圏で過ごし、冬になると南下したのだろうか。寒さに耐えられたならば、白亜紀末の大量絶滅事変で地球が寒冷化した時、どうしてかれらは絶滅したのだろうか。北極圏をテーマにした研究は、恐竜の進化と絶滅を考えるうえでとても重要である。

そんな北極圏から、ハドロサウルス類とトロオドン科の卵殻化石が見つかったという。このことから、かれらは北極圏で営巣していたらしい。幼体は移動能力が低いから、一年中北極圏で暮らしていたと考えられる。これはすごい発見だぞ。私は晩飯のことなどすっかり忘れ、ワクワクしながら発表に聞き入った。学会やシンポジウムは、こういう掘り出し物があるから面白い。

北極圏で営巣したならば、ハドロサウルス類はいったいどうやって卵を温めていたのだろう。暖かい夏場に営巣するにしても、低緯度地域よりもずっと涼しかったはずだ。トロオドン科なら抱卵（ほうらん）できただろうが、ハドロサウルス類は抱卵しない。系統上、埋蔵型の巣を作っていたと考えられる。発表では、どうやって営巣したのかという点は一切触れられていなかった。

北極圏という涼しい環境で卵を温める方法、これは難問である。まさかこの難問に、博士課程の最後でチャレンジするとは思ってもみなかった。

2　恐怖のキャンディデシー・イグザム

立ちはだかる壁

二〇一四年一二月。博士課程も半ばに差し掛かっていた頃、私の博士研究はある重大局面を迎えていた。キャンディデシー・イグザム（学位審査中間試験）という、研究の進み具合を確かめる中間テストが迫っていたからである。

キャンディデシー・イグザムのルールは単純明快。博士課程の学生はどこかのタイミング（博士課程を始めてから二八か月以内）で必ず受けること。合格すればそのまま博士研究を続けてよし、不合格なら退学、以上。

ちなみに合格すると、それまでのPh.D.スチューデント（博士課程学生）という呼び名からPh.D.キャンディデート（博士号候補者）という呼び名へレベルアップする。レベルアップしても見た目は変わらないし、強くもならない。懐も寂しいままである。

不合格のことは考えたくない。一応、救済措置（＝再試験）はあるが、私の知り合いは過去に不合格となり、大学を去った。この時私は、退学というのは大学側の脅しではなく、本気であることを悟った。ゆえに、こちらも本気で挑まなくてはならぬ。

地球科学棟ＥＳ１３６号講義室で試験が始まった。まずは、目の前に座る五名の試験官に研究の進捗具合をプレゼンする。私の博士研究には、三つのメイン研究が含まれている。最初の二つは第２章と第３章で紹介した研究だ。ガスコンダクタンスを使った従来の手法では、うまく巣のタイプを推定できない、という研究と、卵殻間隙率という新しい手法を使って、恐竜の巣のタイプや抱卵行動を推定する研究だ。三つ目の研究は、恐竜の卵が何日で孵化したのかを推定する研究。時間がかかっていて、まだ論文として発表しておらず、本書ではヒミツの研究である。

試験官の五名はコミッティー・メンバーと呼ばれ、いわば専門分野のプロ集団である。指導教官と私の研究分野に関連した大学内外の研究者で構成される。私のコミッティー・メンバーは、恐竜類の繁殖の専門家（＝ダーラ）、分野の異なる古脊椎動物学者三名（うち一名は統計学に強い強敵である）、そして古生物の分類の専門家からなる。ダーラが決めた布陣だ。ダーラは、専門分野が絶妙にばらついていてバランスが良く、大学近辺の研究者を集めた。いつもは研究の助言をくれるメンバーだが、今回ばかりは私の目の前に立ちはだかる壁となる。この壁を超えないと次には進めない。

まずは最初の関門であるプレゼンが終了した。ほっとする間もなく、口頭試問に移る。水を一口飲んで口を潤し、テーブルについた。長テーブルの両サイドにはコミッティー・メンバーが座り、私を見つめている。

試験官は、研究の背景となる基礎知識や研究に対する考えを聞き、博士課程を続けるに足る学生かを判断する。口頭試験は事前におおざっぱな出題範囲を教えてくれる教授もいるので、ある程度準備が可能だ。私は試験の三週間前にそれぞれの教授を訪問し、情報収集にあたった。「探りを入れよ」というダーラの命を受けての行動である。

忍者のごとく登場した私に、教授たちの対応はまちまちだった。これとこれとこれとこの論文を読んでおくように、と論文を渡してくる先生もいれば、「私はこの分野から質問します」とザックリ範囲を指定してくる先生もいる。大変だったのが、どっさりと「課題図書」を指定してきた先生だ。進化学を中心に七冊。どれも辞書のように分厚い。その日から私はふうふう言いながら書物の山と格闘することになった。今さらふうふう言うのは、これまで怠けてきた証拠だ。良いチャンスと捉え、勉強することにした。ちなみに大学で教える側に回った現在、意外とこの時の勉強が役に立っている。

もう一つ研究を増やす

結局、口頭試験はあっという間に終わった。私はキャンディデシー・イグザムに合格し、無事にPh.D.キャンディデートへとレベルアップした。試験ではたくさんの質問を受けたが、必死だったのであまり記憶がない。口の中がカラッカラだったことだけは覚えている。試験が終わると、先生たちはニコニコして、いつもの雰囲気に戻った。

「あぁ良かった、これで博士課程を続けられる」

安堵するのも束の間、一人の先生から思いもしなかった一言が発せられた。

「ただ、君の博士研究はちょっとテーマが狭いから、もう一つ研究を増やした方がいいと思います」

え、研究を増やす？　予想外の展開だ。私の研究テーマは、恐竜研究の中でも「繁殖」という、とても限られた範囲を扱っていて、もう少し視野の広い研究があると良い、ということで意見が一致したそうだ。ダーラも「確かにそのとおりだわ」と同意した。ムウ。

「もう一つ研究を増やすことはできる？」

ダーラが聞いてくるが、これは問いではなく、「決定事項です」という口調だった。

「これからもう一つ研究を生み出せるだろうか……」

試験が終わった解放感よりも、新たな研究をこれから始めて、短期間で終わらせるという新たなミッションに対する不安の方が大きくなってきた。すでに博士課程は三年目に突入している。これまで三つの研究に取り組んできて、そのうちの一つは論文として発表した。残りの二つの研究は現在進行中で、まだ完成には遠い。

さらにこの時、中国やモンゴル、兵庫県の卵化石のサイドプロジェクトも同時並行で手掛けていた。サイドプロジェクトを博士研究に加えればいいじゃん、という意見もあるだろうが、本筋の研究とは関係ないので除外していた。実際、中国やモンゴルのプロジェクトに本腰を入れて取り組んだのは、博士課程が終わった後だった。

ちなみに兵庫県の卵化石のサイドプロジェクトというのは、日本初の恐竜卵殻化石の記載論文を発表しよう、というものである。近年、丹波竜（竜脚類タンバティタニス）が発掘されたことで有名な丹波市で、たくさんの卵殻化石が見つかっている。二〇一四年初めに帰国した時、兵庫県立人と自然の博物館の研究員の方が共同研究しようと持ち掛けてくれた。地域密着型の研究は早く仕上げるに限る。旬なネタだし、日本の研究者たちに私の存在をアピールできる。将来の職探しにもつながるかもしれない。ビシッと論文が出せれば株も上がり、博物館からさらなる研究のコラボを持ち掛けられるかもしれない。やらない手はない。

ただし、丹波の卵殻研究は思いのほか時間を要した。カナダにいる以上、すぐに現地に行って調査を行うことができないため、標本分析に苦戦したのだ。キャンディデシー・イグザムの直前に原稿を学術誌に投稿したのだが、これから慎重に査読され、修正が求められるはずだ。出版までまだしばらく時間がかかりそうだった。

この状況に加え、もう一つ新たな研究を生み出すとなると、よりいっそう時間が限られてくる。日本の大学院生であれば三年目は最終年で、博士論文のまとめに入る時期だ。ようやく博士課程の終わりが見え始めたと思っていた。資金繰りに苦しんでいたため、博士課程はできる限り早く終わらせたい。

時間とお金が限られている中、繁殖というテーマで視野の広い研究を生み出せるだろうか。どんな研究が良いだろう。家路をとぼとぼと歩きながら、考えをめぐらす。

私のアハ体験スポットとして名高いスーパー「セーフウェイ」前交差点あたりでふと思い出した。そういえば、キャンディデシー・イグザムを受ける直前、ベルリンで小林先生が興味深いことを話してくれたっけ……。

3 ベルリンの旅

石だたみと発表と

キャンディデシー・イグザムのおよそ一か月前、私はドイツ・ベルリンを訪ねていた。米国古脊椎動物学会に出席するためだ。アメリカの学会はアメリカで開催されるのが普通だが、た

晩秋のベルリン。カルガリーとは違い、歴史の重みのある街。

まにアメリカ以外の国が会場に選ばれることもある。遠い国で開かれると、旅行のワクワク感がいっそう高まる。

紅葉に染まったベルリンは、おとぎ話から飛び出してきたようだ。なんと可愛らしい街並みだろう。初めて見る景色なのにどこか懐かしく、物寂しさがあった。金属的な雰囲気のあるカルガリーとはまるで異なる。電車の中から窓の外を流れていく民家や教会を眺め、私は初めてのヨーロッパ旅行への期待で胸を膨らませた。

昼過ぎにホテルのチェックインを済ませ、一人、散歩に出かけた。一一月のベルリンはしっとりと静かで、濡れた落ち葉が石だたみに張り付いている。陽が傾き、道の両側に連なる壁のようなアパートが長い影を落としている。今頃、世界中の古脊椎生物学者たちが続々とベルリンに到着していることだろう。路地を歩きながら、これから始まる学会のことや、その後にやってくるキャンディデシー・イグザムのことを思案した。ドイツの科学者も、石だたみを歩きながら考えをめぐらせていたのかもしれない。

学会は四日間の日程で行われる。ホテルのイベントホール会場では、午前と午後に口頭発表

（「オーラル」）、そして夕方にポスター発表（「ポスター」）が行われる。会場は古脊椎動物学者と学生で埋め尽くされていた。口頭発表は、「両生類セッション」「哺乳類セッション」「ロコモーションセッション」など、毎日テーマの異なる三つのセッションが同時に進行する。「獣脚類恐竜セッション」は、いつも満員御礼の人気セッションだ。著名な研究者たちが前方の座席に陣取っているのを見て、私は吐きそうになりながらも、なんとかトチらずに自分の発表（「オヴィラプトロサウルス類の巨大化と営巣行動について」）を終えることができた。嬉しいことに、その研究を学術誌『サイエンス』が取材してくれた。

　さて、終わってしまえばこっちのもの。すっかり気分がよくなり、連日、ドイツビール片手に研究者たちと夜遅くまで会話に花が咲く。学会は疾風のごとく進んでいき、残すイベントは最終夜のバンケットだけになった。

　バンケットとは、学会の最後を締めくくるお祭りのような宴で、簡単なコース料理とワインが振る舞われる。これまで研究発表が行われてきた大広間に丸いテーブルが仰々しく配置され、豪華なバンケット会場ができあがる。ボーイたちが円卓に大きな丸皿やカトラリー、ワイングラスを並べ、粛々と晩餐の準備が整っていく。席は自由なので、私は小林先生やカナダの若手研究者のいるテーブルに座った。

偏りのナゾ

「丹波の卵殻化石の論文原稿を読んだよ」

運ばれてきた前菜のサラダを食べながら、小林先生が話しかけてきた。小林先生は研究チームには入っていなかったが、原稿を読んでもらっていたのだ。この研究には不可解なナゾがあり、私の頭に引っ掛かっていた。

「それがどうもおかしいんです。丹波で見つかる卵殻化石は、なぜか獣脚類恐竜のものばかり。種類が偏っているんです」

丹波の恐竜化石発掘地では、泥が固まってできた岩、泥岩(でいがん)から卵殻の破片が九〇枚以上も見つかっている。私はそれらを一枚一枚観察し、五種類に分類した。四種類が小型獣脚類恐竜のもので、残る一種はハドロサウルス類だ。見つかった卵殻の数を数えると、全体の八五％は獣脚類恐竜の卵殻に属する。丹波で見つかる卵殻化石は小型獣脚類恐竜だらけ、ということになる。ハドロサウルス類は群れで大きな卵をたくさん産むから、普通に考えればハドロサウルス類の卵殻が一番多く見つかるはずだ。それにもかかわらず、小型獣脚類恐竜の卵殻ばかり見つかるのはなぜだろうか。獣脚類恐竜の巣が近くにあったからなのだろうか。獣脚類恐竜ばかりが棲んでいた場所なのだろうか。あるいは、他の恐竜の卵殻は消えてなくなってしまったのだろうか。

「ニューメキシコ州の卵殻化石もそうでした。あの地域ではハドロサウルス類やケラトプス類の骨化石がたくさん見つかっています。なのに、卵殻化石はほとんどが獣脚類恐竜のものです。アルバータ州のダイナソー州立公園でも同じです。獣脚類恐竜のものばかり。一方で、アルバータ州の「悪魔の峡谷（デビルズ・クーリー）」や「騎士の牧場（ナイト・ランチ）」といった卵化石産地では、ハドロサウルス類の卵殻が当たり前のようにたくさん見つかります。産地によって、卵殻の種類とその割合に明らかな偏りがあるのです。これはいったいどういうことなのでしょう」

「う～ん、きっと何か、生物学的な原因があると思わないかい」

ワインでのどを潤しながら小林先生が答える。

「恐竜たちはグループによって、営巣場所が違っていたとか」

巣作りする場所が恐竜のグループによってまちまちだから、見つかる卵殻化石の種類にも、偏りが生じるのではないか、と言うのだ。小林先生には思うところがあった。

小林先生やダーラたちはその昔（といっても二〇〇八年）、恐竜たちには好みの巣作り場所や環境があったのではないか、という研究をしていた時期があった。私が北海道大学を卒業した頃のことだ。彼らは、モンゴルや北米で見つかった保存状態良好のクラッチ化石を調査して、恐竜のグループによって好みの営巣場所がないかを調査した。その結果、獣脚類恐竜の巣は砂岩（さがん）（砂が固まってできた岩）から多く見つかる傾向にあり、ハドロサウルス類や竜脚類（りゅうきゃくるい）は泥岩から見つかる傾向にある、ということが分かったそうだ。岩石が異なるということは、卵を産む環境が異なっていたことを意味しているかもしれない。ただし、調査したクラッチ化石の数が全部で一五個しかなく、統計学的に有意ではない。仮説を裏付ける標本が足りないのだ。小林先生たちはこの研究をカナダのある学会で発表したのだが、論文にすることもなく、研究はそれきりになっていた。

　バンケットも中盤にさしかかり、学会長が壇上で挨拶したり、学会賞受賞者が感想を述べたりしている。私はメインディッシュを食べ終え、小林先生と先ほどの話題を続けていた。

「なるほど。恐竜たちにも好みの巣作り場所があったかもしれないですね。それが分かれば、なぜ丹波やニューメキシコ州、アルバータ州で卵殻化石の多様性に偏りがあるのか、説明がつくかもしれない」

「ちょっと前に発表されたライソン・アンド・ロングリッチの論文は読んだ？　彼らは恐竜の骨格化石を使って、恐竜が〝棲み分け〟[※1]を行っていたのか調べているよ。卵殻研究の参考になるかもね」

　確かにそうだ。もう一方の隣に座っているカナダ人研究者にも、この論文をどう思うか聞いてみた。

「うん、あの論文は興味深かったよ。過去に、足跡化石でも似たような研究がなされているね。卵化石でも試してみたら面白いと思うよ」

果たして、恐竜たちは、巣作り場所に好みがあったのだろうか。

4　安楽椅子研究の始まり

恐竜たちの棲み分け

新しい研究を始めるにあたり、さっそく私はライソン博士とロングリッチ博士の論文を読んでみた。彼らの研究では、白亜紀最末期の恐竜グループが、どういう岩石の地層から見つかっているか、たくさんの骨格標本を用いて分析している。

動物は化石になる時、土砂に埋まる。陸上では、川や湖、海岸、土砂崩れ、砂嵐などの土砂だ。この土砂のことを堆積物と言う。堆積物には、粒子の大きさによって、泥や砂、砂利など、さまざまなカテゴリーがある。

彼らの論文によれば、エドモントサウルスなどのハドロサウルス科やテスケロサウルスなどの小型の鳥脚類（テスケロサウルス科）は、砂岩層から多く見つかるそうだ。一方で、トリケラトプスなどのケラトプス科は、泥岩層から多く見つかる傾向にある。面白いことに恐竜の骨格化石には、見つかる堆積物の種類に偏りがあるのだ。この違いはいったい、何を意味しているのだろう。

　ライソン博士とロングリッチ博士は、棲息（せいそく）場所の違いを示していると解釈した。砂岩から見つかるということは、水の流れが比較的速い場所、つまり、川の近くで埋まったわけだから、そのあたりを好んで棲んでいたと解釈される。一方、泥は流れが弱く、低湿地などのとても穏やかな場所で堆積する。つまり、砂岩から多く見つかるハドロサウルス科やテスケロサウルス科は川の近く、泥岩から多く見つかるケラトプス科は沿岸の低地を好んで棲んでいたと考えられるのだ。もちろん恐竜は自由に動き回れるか

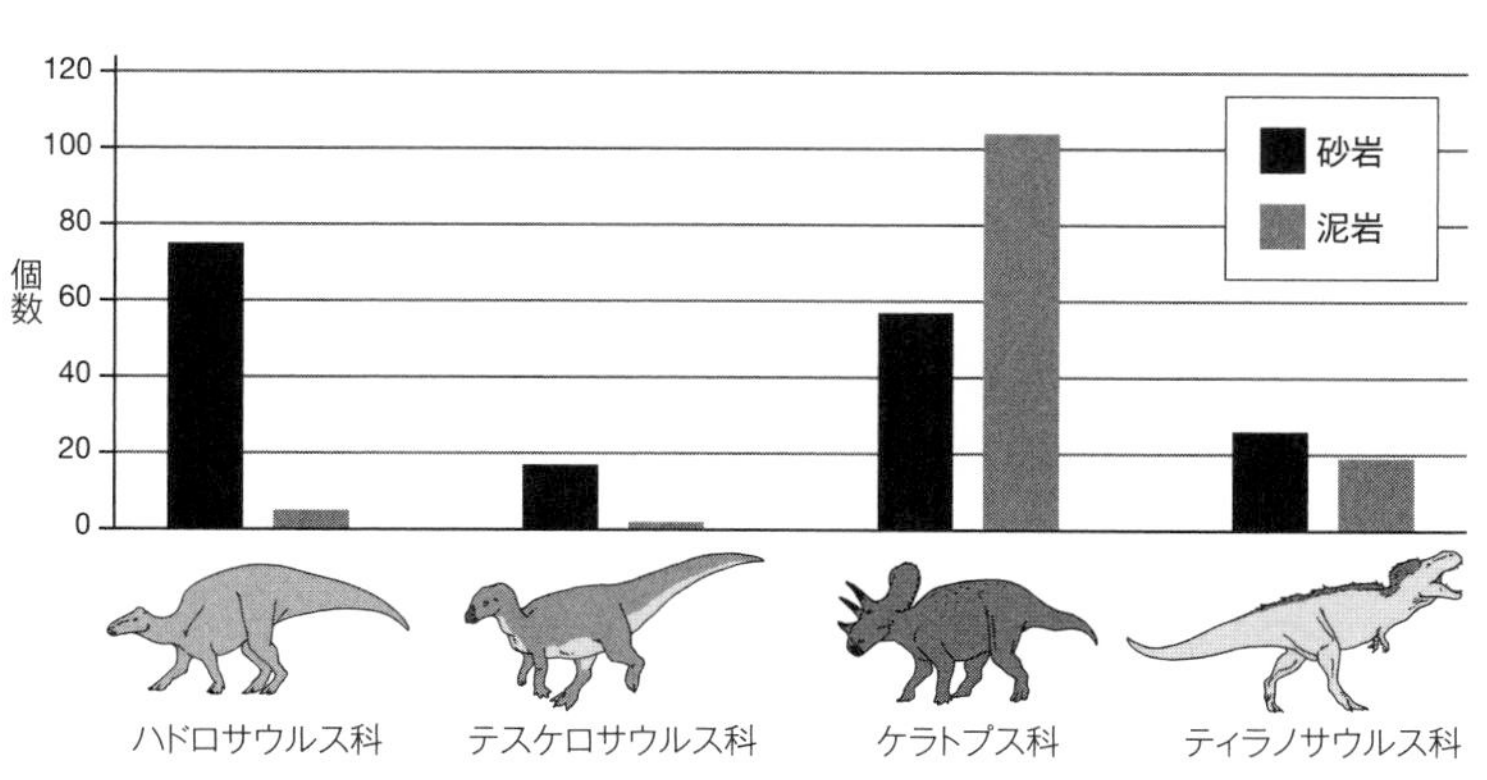

ライソン・アンド・ロングリッチの研究。植物食恐竜は棲み分けをしていた。

ら、「堆積した場所＝棲んでいた場所」とは言い切れない。それでも、大量の骨格標本を調べることで、グループとしての傾向が見えてくる。恐竜たちの〝棲み分け〟は、統計分析によって示された。

ちなみに、ティラノサウルスなどの肉食恐竜は、砂岩や泥岩のどちらからも同じくらいの割合で見つかるという。肉食恐竜は植物食恐竜を求めてさまよう流浪（るろう）の民だから、棲んでいる場所に偏りはないのだろう。

ライソン博士とロングリッチ博士の研究は骨格化石が用いられているが、同じことは恐竜の卵化石でも試せそうだ。なぜ、丹波やアルバータ州、ニューメキシコ州の卵殻化石の多様性には偏りがあるのか。恐竜たちはグループによって、巣作り場所に好みがあったからではないのか。

そこでもう一度、これまでの卵殻化石の産出状況をまとめてみた。すると、興味深い傾向があることに気がついた。下の表をご覧いただきたい。これは、丹波、アルバータ州、ニューメ

表　卵殻化石の産出状況

化石産地	堆積物の種類	最も多く見つかる卵殻の種類
兵庫県丹波市	泥岩	小型の獣脚類恐竜
アルバータ州・ダイナソー州立公園	砂岩	小型の獣脚類恐竜
アルバータ州・悪魔の峡谷（デビルズ・クーリー）	泥岩	ハドロサウルス類
アルバータ州・騎士の牧場（ナイト・ランチ）	泥岩	ハドロサウルス類
ニューメキシコ州・サン・フアン盆地	砂岩	小型の獣脚類恐竜

キシコ州の各地域で見つかる主要な卵殻化石と、堆積物の種類を比較したものだ。

論文からデータを拾う

この表をじっと見ていると、なんとなく傾向があるように見えてくる。北米では、小型獣脚類恐竜の卵殻化石は、砂岩から多く見つかっている。一方、ハドロサウルス類は泥岩から多く見つかる。兵庫県丹波市は例外で、泥岩なのに小型獣脚類の卵殻が多く見つかっている。ただし、この地層からは次いでハドロサウルス類の卵殻も見つかっている。なんとなく、堆積物ごとに見つかる卵殻化石の種類や割合の違いが見て取れるように思える。

これだけを見て、卵殻化石とその堆積物には関連性がある、とするのは早合点である。比較している標本の数がとても少ない。小林先生やダーラたちが以前行った研究も、標本数の少なさが問題だった。もっと大きなデータを使って検証すれば、答えが得られるのではないか。そこで私は、仮説「恐竜はグループごとに営巣する場所に好みがあった」を検証するため、大量のデータを集めることにした。ダーラたちが志半ばであきらめた研究を、今こそ完結させよう。研究計画はこうだ。これから手あたり次第、卵化石の堆積物を調べる。ある程度標本が集まったら、恐竜のグループごとに、堆積物と関連性はないか統計分析する。世界中の博物館に収蔵されている膨大な数の卵化石が調査対象である。ただし、世界中の博物館に出向き、標本を一つひとつ分析していたら、時間もお金もすぐに尽きてしまう。私は時間もお金もない貧乏留学生だ。

自分の研究室から一歩も出ずに研究を完結させられないだろうか。そこで、私が考えたのは、これまでに発表されている恐竜の卵化石論文に隈なく目を通し、論文からデータを拾っていくことだ。たいていの論文には、卵化石が見つかった地層について詳しく書かれている。幸い、恐竜の卵化石研究は、一四〇年続く長い歴史を持つ。膨大な時間をかけて先人たちがコツコツと卵化石を報告してきた。その論文の数は、何百にも及ぶだろう。知識は宝であり、宝は利用してこそ価値を持つ。わざわざ化石標本を調べに行かなくても、研究を遂行できそうだ。お金もほとんどかからない。今まで「あまり面白くない」と思っていた卵化石の報告論文が、急にキラキラと輝き始めた。このような論文からデータを取り出して新たな分析を行うことを、「メタアナリシス」というらしい。

派手な研究ばかりが恐竜研究ではないはずだ。お金をかけず、椅子に座りながら完成する研究だって、あってしかるべき。

読者の皆さんは、「安楽椅子探偵」という言葉をご存じだろうか。犯行現場に出向くことなく事件を解決する探偵のことだ。探偵は書斎の安楽椅子にどっしりと座ってパイプをくゆらせ、依頼人や助手の証言を聞き出す。会話の中の些細な矛盾や手がかりを利用して、限られた証言から答えにたどり着くのだ。私の好きな『古畑任三郎』も、バスにゆられているうちに事件を解決している。

私は、発掘現場や博物館に（できる限り）出向くことなく研究を完結させることを目指した。動かざること化石のごとし！　ここに「安楽椅子研究」が始まった。

5　触ればつかめる

地下牢のような研究室へ

朝、私は暗いうちに登校する。外に出るとピリリとした冷気が肌を刺す。玄関を出て一〇秒以内にツンと鼻毛がくっつく（凍る）感覚があればマイナス一〇度、すぐにくっつけばマイナス二〇度くらい。マイナス三〇度になると顔面に氷を押し付けられているように感じ、マイナス四〇度になると耳がちぎれそうなくらい痛い。いつの間にか、鼻毛で気温が分かるようになった。

大学までは二〇分ほど。寒いけれど、冬の朝は美しい。フカフカの雪の上に点々と続くウサギの足跡、街灯に照らされてキラキラと輝くダイヤモンドダスト、滝平二郎が切り絵にしたような樹氷、驚くほど大きくて規則的な雪の結晶。こういう些細な発見が、その日のやる気につながる。

凍えながらキャンパス内にある「ティムホートン」というコーヒーショップに向かい、安コーヒーを買ってから研究室に向かうのが私の日課だった。ティムホートンのコーヒーはシャビシャビで[※2]、貧乏学生が体を温めるには最適である。時々「アタリが出たらもう一杯」のキャンペーンをやっていて、これが結構当たる。キャンパス内のティムホートンはいつも貧乏学生が列をなしているため、朝早くに行くのがおススメである。

私の研究机は、地球科学棟の奥深く、地下牢のように窓のない七畳ほどの小さな部屋にある。白い壁が四方を囲んでおり、本棚を並べるといっそう圧迫感がある。唯一空いた壁には、古いペナント（三角形の細長い旗）が貼ってある。活動できる空間はほぼ四畳半。そこに一冬こもるのだから、ほとんど森見登美彦氏の小説世界である。

安楽椅子とは程遠い硬いオフィスチェアに座ってメールのチェックをしていると、「おはよう」と言って『三びきのやぎのがらがらどん』（福音館書店）に登場するトロルのような大男が入ってきた。彼はこの部屋のもう一人の住人C氏だ。氏は隣の部屋にある精密な電子顕微鏡を扱うエンジニアである。物事を論理的に考える能力に長けており、そのIQの高さは折り紙付きである。嘘か真か、子供の時、自作爆弾を公園で試して警察のお世話になったという異色の経歴を持つ。その文字どおりぶっ飛んだ過去に度肝を抜かれるが、他人に危害を加えようという考えは一切なく、ニヒルな冗談と大型犬をこよなく愛する紳士である。論理性の鬼ゆえ、私もダーラもC氏を頼りにしていて、たびたび論文原稿のチェックをお願いしていた。そんなC氏はいつも自分でコーヒーを淹れる。コーヒーフィルターからわっと湯気が立ち上がり、四畳半がコーヒーの香りで満たされる。一杯飲むと、彼は電子顕微鏡が置いてある隣の部屋へと消えてしまう。

論理性の鬼、C 氏。

卵化石研究史の旅

一人になると私は論文を読む作業に取り掛かる。一四〇年の間に蓄積された卵化石論文は、カナディアンロッキーのランドル山のように高く立ちはだかっていた。昨日は一〇本読んだ、今日は短い論文が多いから、一五本は読もう、というように、毎日少しずつ片づけていく。隅から隅まですべて読むのは大変だから、重要な箇所だけを重点的に読みこなしていく。私はこういう、コツコツ続けることがわりと得意だが、読んでも読んでも論文の山はなかなか低くならなかった。あべこべに、論文の中に未知の論文が引用されていることに気がつき、むしろ山は高くなるのだった。

論文の山をやっつけていく作業は、卵化石の研究史をめぐる旅でもある。近代において、最初に恐竜の卵化石が見つかったのはいつ、どこだろうか。私は論文を読みながら、南フランスの山あいの町、ル・マス＝ダジルに着地した。

一八五九年、ローマカトリック司祭のジャン＝ジャック・ピュエッシュは、農場の近くで化石探しをしていて、「極めて巨大な卵殻化石」を見つけ、報告した。見つけたのは破片だけだったが、破片の大きさから、直径一八センチメートルにもなる巨大な卵であることを彼は見抜いた。現在ではそれが竜脚類のものであることが判明している。一八五九年と言えば、「恐竜」という言葉が生まれてまだ二〇年も経っていない頃だ。恐竜の卵化石と言うと、一九二〇年代にモンゴルで発見されたのが有名だが、実はそれより何十年も前にフランスで発見されていたのだ。このことはあまり知られていない事実である。一九二〇年代のロイ・チャップマン・アンドリュース率いるアメリカ自然史博物館のモンゴル探検があまりにも有名で、彼らの功績の方が広く知られている。アンドリュースたちは、自分たちが世界で最初に恐竜の卵化石を見つけたと意気込んだが、その化石を研究したヴィクトール・ファン・ストレーレンは、フランスの卵化石の方が先に見つかっていることに気が付いていた。

今では、アメリカ、カナダ、メキシコ、イギリス、スペイン、ポルトガル、ルーマニア、ハンガリー、モロッコ、タンザニア、南アフリカ、レソト、アルゼンチン、ブラジル、ウルグアイ、ペルー、カザフスタン、ウズベキスタン、キルギス、ロシア、中国、韓国、インド、日本など、世界各地で恐竜の卵化石が見つかっている。この中には、「国際ハドロサウルス類シンポジウム」で報告された北極圏の卵殻化石も含まれている。

退屈とボルダリング

はじめのうちは、「安楽椅子研究は、お金がかからず省エネで、一石二鳥だなあ」と思っていた。しかし、そこには大きな落とし穴があった。すなわち、退屈である。来る日も来る日も太陽を拝むことなく、研究室でじっとしているだけで過ぎていった。会話をするのはたまに部屋に戻ってくるC氏くらい。

「学問のさびしさに堪へ炭をつぐ」とは山口誓子の一句である。今頃、北大の後輩たちは札幌(さっぽろ)駅高架下の「居酒屋シジミちゃん」でホッケを肴(さかな)に一杯やっている頃ではないか。サッポロクラシックとラーメンサラダが懐かしい。本当に、私の博士課程は終わるのだろうか。

毎日、研究室に閉じこもってばかりでは精神と健康に良くないと思い、ボルダリングを始めることにした。「バッドランドの忍者」を自称する私にとって、ボルダリングは身に付けて損はない能力のはず。カルガリー大学はジムが充実していて、学生は無料で使うことができる。というか、使用料が勝手に徴収されている。今こそ、取り返すべし。

ボルダリングは体を使った三次元のパズルである。でっぱり（ホールドという）をつかみながら壁を登り、てっぺんのゴールを目指す。ホールドはどれでもつかんで良いというわけではない。コースが決まっていて、手足の順番がずれると、ゴールできない場合もある。どうやって壁を攻略していくか、頭も使うのだ。視線の先のカマボコのようなホールドを目指して、手を伸ばす。最初は触れられなくても、何度も挑戦するうちに指先でホールドに触れられるようになる。それでもなかなかつかむことはできない。あと五センチ手が長ければ……。

ボルダリングの初心者レッスンを受けていた時、蜘蛛男（スパイダーマン）こと講師のジョーダンは言った。

「ホールドにちょっとでも触ることができれば、いつか必ずつかむことができる」

なるほど、これは研究にも当てはまる。挑戦あるのみだ。

6　安楽椅子研究の終わり

データセット完成

朝、ベッドの中でロビン※3の澄んださえずりを聞いて

ロビンことコマツグミ。

目を覚ます頃になると、カルガリーにも遅い春がやってくる。地面を覆っていた雪は解け、大地は白から茶色、そして間を空けず若草色へと移り変わっていく。庭には子ウサギが居ついて、日増しに増える緑を追いかけている。ノーズヒル公園の丘から眺める新緑は最高に気持ちが良く、ビールのCMはここで撮るべき、と思うくらいである。透き通るような白樺(しらかば)の林を若いシカの群れが駆けていく。どんなに冬が長くても、花は忘れずに咲き、春は必ずやって来てくれるのでありがたい。

冬の終わりとともに、長く続いた論文のチェックも終わった。最終的に一〇〇〇本ほどの論文に目を通していた。集められる限り、すべての論文をチェックした[※4]つもりだ。

パソコンの中の表には、化石が見つかった堆積物（砂岩か、泥岩か、古土壌か）などの情報が一つずつ記録してある。膨大なデータセットができあがった。

卵化石には、三つの産出パターンがある。①卵殻片だけが見つかる場合、②原形をとどめた卵が単体で見つかる場合、そして③クラッチが見つかる場合だ。仮説「恐竜はグループごとに営巣する場所に好みがあった」を調べるには、どのパターンが最適だろうか。

答えは、③クラッチ化石である。私が知りたいのは、卵を産んだまさにそこはどういう場所だったのか、という情報だ。クラッチ化石であれば、中生代(ちゅうせいだい)の当時はそこが巣だった場所と確実に言える。まさにその場所に恐竜が卵を産んだという、動かぬ証拠だ。

お好みの土壌は？

古生物学には、「原地性（げんちせい）」と「異地性（いちせい）」という言葉がある。「原地性」は、棲息場から移動せずに埋まった化石のこと。クラッチ化石はそこに巣があったという動かぬ証拠、「原地性」である。

一方、「異地性」は、棲息場所から二次的な原因で移動して埋まった化石のことである。卵殻片の化石の場合、水や風によって、巣が作られた場所から流されて堆積した可能性が高い。卵まるごとが単体で見つかる場合も、もしかしたらゴロゴロと転がって堆積した結果かもしれない。両方とも「異地性」の可能性がある。兵庫県やニューメキシコ州の卵殻化石はおそらく異地性である。クラッチ化石のデータと混ぜて分析しない方がよさそうだ。異地性のデータは、原地性のデータセットから分けることにした。

それでも、世界一九二例のクラッチ化石のデータを集めることができた。含まれる卵化石は、スフェロウーリサス卵科（らんか）（ハドロサウルス類の卵化石）、メガロウーリサス卵科とファベオロウーリサス卵科（どちらも竜脚類の卵化石）、エロンガトウーリサス卵科（オヴィラプトロサウルス類の卵化石）、そしてプリズマトウーリサス卵科（トロオドン科の卵化石）の五種類だ。テリジノサウルス類の卵化石（デンドロウーリサス卵科）は標本数が少なく、残念ながら分析できなかった。これらのグループのクラッチ化石は、堆積物の種類（砂岩か、泥岩か、古土壌かなど）と相関関係があるだろうか。

結果を図にまとめる。多くのグループで相関関係はあった。ハドロサウルス類のクラッチ化石は、泥岩やシルト岩と呼ばれる細粒の岩石から多く見つかることが分かった。砂岩や礫岩（れきがん）とよばれる、粒子の粗い岩石から見つかる場合よりもずっと多いのだ。さらにこの泥岩やシルト岩を調べてみると、「古土壌」であることが分かった。「古土壌」とは、当時の土が固まってできたいわば「土の化石」である。もともとは有機

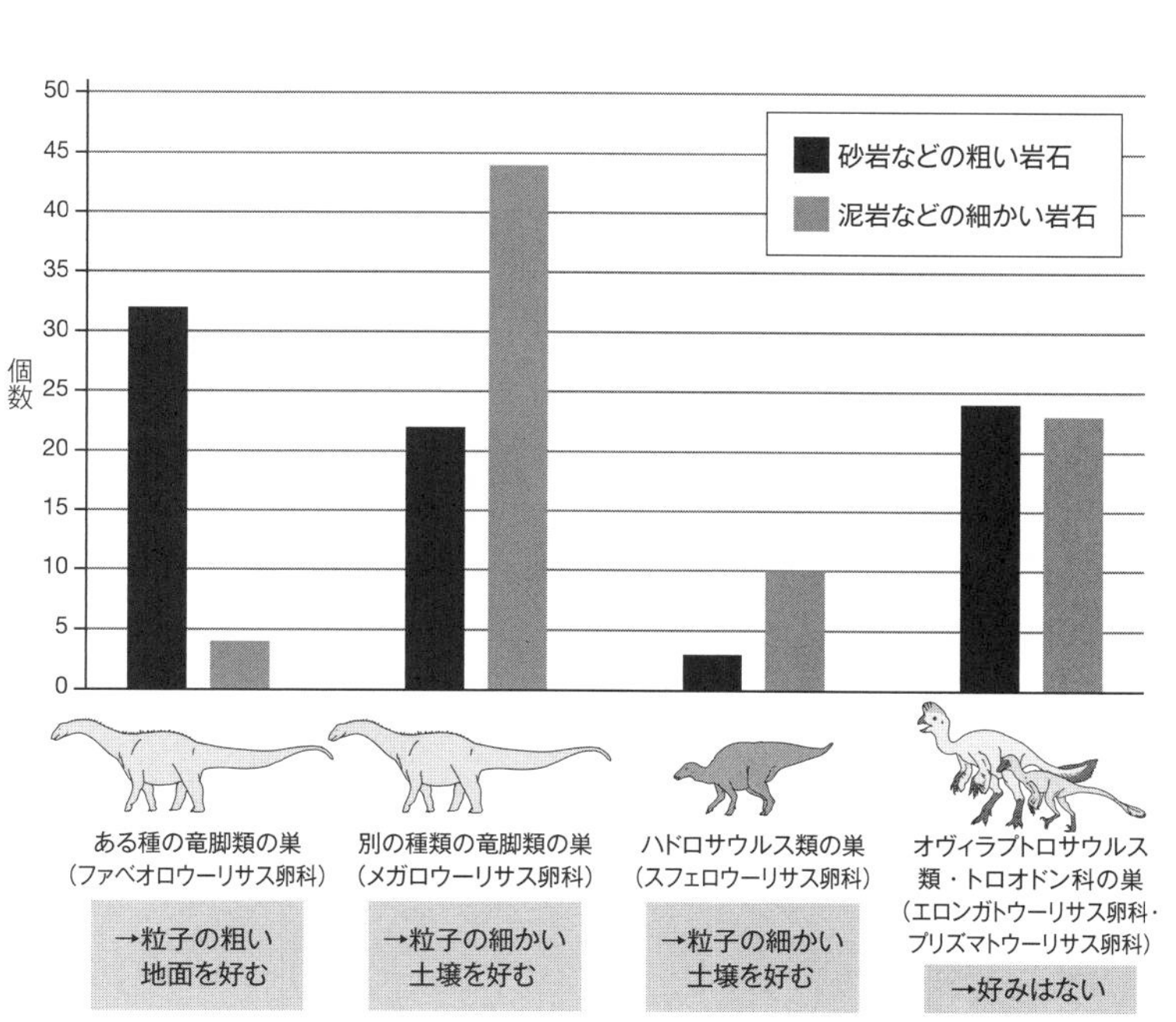

恐竜の卵の種類と見つかる岩石との関係。

物を多く含む土だったはずだ。つまり、ハドロサウルス類は、巣を作る場所として、きめの細かい土壌を好んでいたのだ。

竜脚類のクラッチ化石にも堆積物の種類に偏りがあった。竜脚類の卵には微細な構造の違う二種類があって、メガロウーリサス卵科とファベオロウーリサス卵科と呼ばれている。このうち、メガロウーリサス卵科は、ハドロサウルス類と同じように、古土壌質の泥岩から多く見つかる傾向にあった。

面白いことに、もう一方の竜脚類であるファベオロウーリサス卵科は真逆の傾向となった。古土壌質の泥岩ではなく、圧倒的に砂岩などの粗粒子の岩石から多く見つかっていた。かれらは、有機物があまり含まれていない（つまり、古土壌ではない）砂を好んでいた。

さらに、オヴィラプトロサウルス類やトロオドン科などの鳥類に近い獣脚類恐竜は、相関関係がないことが分かった。泥岩などの細粒の地面と砂岩などの粗い地面、その両方から同じくらいの割合でクラッチ化石が見つかっていた。古土壌の場合もあるし、そうでない場合もある。かれらはどんな地面にも巣を作っていたのだ。これは以前、ダーラや小林先生が行った研究とは異なる結果だった。

次の疑問

まとめると、ハドロサウルス類とメガロウーリサス卵科の竜脚類は土壌の地面を好み、ファベオロウーリサス卵科の竜脚類は砂の地面を好む。そして鳥類に近縁な獣脚類恐竜はどこにでも巣を作る、ということが判明した。

ちなみに、傾向が見出されたのは「原地性」であるクラッチ化石のデータだけで、「異地性」データの卵殻片化石では、傾向は見出されなかった。流されて堆積した卵殻片は、多くの場合、位置情報が失われてしまっているのだ。そういう意味で、兵庫県やアルバータ州、ニューメキシコ州の卵殻標本に見られた偏り（三一六ページの表）は、統計的有意な差を示していなかったことになる。少ない標本だけを見て都合よく解釈することは危険であることを実感した。

話を戻そう。クラッチ化石の分析によって、それぞれの恐竜たちには、巣作り場所に好みがあったことが示唆された。これってすごい結果ではないだろうか。砂や砂利の地面を好む、ということは、川のほとりの砂州（さす）や海岸の砂浜、砂漠といった場所で巣作りしていた可能性があり、土の地面を好む、ということは、氾濫原（はんらんげん）などの低湿地帯や湖のほとりなどの環境で巣作りしていた可能性がある。

でも、いったいなぜ、巣作り場所に好みがあったのだろう。仮説が検証されると、すぐに次の疑問が湧いてくる。答えのヒントを探るべく、私はもう一度、恐竜たちの棲み分けについて論じたライソン博士とロングリッチ博士の論文を読み直してみた。

論文は繰り返し読み返すことで、忘れていた知識を取り戻すことができるし、新たな発見がある。不思議なもので、読む時によって情報の受け取り方が変わるのだ。論文が発表された直後に初めて読む時、何年か経ってもう一度読む時、その分野にどっぷりと浸かってから読む時、研究が終わってから読む時、それぞれで得られる情報が異なる。「あ、前回は気づかなかったけど、この研究者はすでにこんなことにも気がついていたんだ」とか、「この論文で推測されていたことは、先日の論文で証明されたな」とか、気がつくことがある。今回もヒントは、論文の中に隠されていた。

つじつまが合わない

ライソン博士とロングリッチ博士の論文には、「ハドロサウルス類や小型の鳥脚類の骨格化石は**砂岩層**から多く見つかる」と書かれていた。

「あれ、砂岩層だって?」

私の調べでは、ハドロサウルス類のクラッチ化石が多く見つかるのは、古土壌質の泥岩層だった。骨格とクラッチでは、見つかる堆積物の種類が異なっているようだ。さらに読み進めていくと、「ハドロサウルス類が砂岩層で多く見つかるのは、かれらが川の近くを好んで棲んでいたためではないか」とある。

白亜紀後期の北米では、ハドロサウルス類とケラトプス類が大繁栄していた。かれらはともに植物食であり、大食漢であるから、食べ物をめぐってけんかが起こりかねない。そこで棲みかを分けることで、食べ物をめぐる競争を避けていたというのだ。これを棲み分け（ニッチ・パーティショニング）と言う。生物たちが無駄な争いを減らす、合理的な方法だ。

ではなぜ、普段川の近くに棲息しているハドロサウルス類は、わざわざ土壌を選んで営巣するのだろうか。そこはケラトプス類の陣地ではなかろうか（ちなみにケラトプス類の卵化石はプロトケラトプスを除き、発見されていないため、本章ではケラトプス類の巣作り法は省略する）。

前回読んだ時は、この重要性に気がついていなかった。ライソン・アンド・ロングリッチの論文は新たなナゾを投げかけた。営巣地（えいそうち）にも棲み分けがあるならば、わざわざ別の場所を選ばなくても、自分たちが今いる川のほとりの砂の上に巣を作れば良いはずだ。わざわざ土壌を探して遠出する理由は何か。私のデータは、どうもライソン博士とロングリッチ博士の論文とつじつまが合わないような気がする。

なぜかれらは土を使って巣を作ったのか——その答えを探すため、今を生きる動物たちの巣を調べてみることにした。ハドロサウルス類は系統から言って卵を巣材の中に埋めて、周囲の熱を利用して卵を温めていたはずだ。「埋蔵型の巣」タイプである。現在の地球で「埋蔵型の巣」を作るのはワニ類とツカツクリ科の鳥たち。かれらの繁殖方法が参考になるかもしれない。今度は現生種の論文を読んで情報をまとめる作業が始まった。

7　日本で記者発表に挑む！

記者の知りたいポイント

二〇一五年六月、兵庫県丹波市の卵殻化石論文が発表される直前になり、プレスリリースのために一時帰国することになった。プレスリリースには研究の概要をまとめた資料をメディアに流し、メディアの取材を受けて記事にしてもらう方法（投げ込み）と、記者発表を行う方法（レク）がある。今回は兵庫県立人と自然の博物館でレクを行うことが決まり、研究の代表者として研究概要を説明することになった。

兵庫県にとっては、研究成果を社会にアピールする良い機会。私の肩に、その責任がデーンとのしかかった。

　カルガリーは一年を通してサラッと乾燥していて、六月は雨が多いものの、抜けるような青空がまぶしい最高の季節だが、帰国して久しぶりの梅雨を体験することになった。蒸し暑い中、スーツを着て挑んだが、記者たちは皆クールビズだった。予想以上にたくさんの記者が集まり、関心の高さにびっくりした。卵殻化石とはいえ、やはり恐竜は人気なのだな、と改めて実感する。記者を相手に研究の概要を説明し、口の中がパッサパサになるまで質問の対応をする。質問は矢のように飛んでくる。

　ここで気づいたことは、記者発表は、学会での口頭発表やキャンディデシー・イグザムとはまるで異質のものだということ。研究発表をする際、分かりやすく研究を伝えることは大前提だが、記者の方々は知りたいポイントがちょっと違う。「新種なのかどうか」とか、「世界何例目の発見なのか」とか、「世界最小なのかどうか」などのように、とにかく数や順番にこだわる。研究者からすると特に重要でもない情報が重要だったりするので、「え、そこにひっかかるの?」といった

兵庫県立人と自然の博物館で記者発表に挑む！
©池田忠広

感じだ。逆に記者の方は、「なんでそこをもっと詳しく説明しないんだ」とも思っていたと思う。サイエンスとしての重要性はそこじゃないのになあ。

私と記者の間にはズレがあったため、研究概要を説明し終えた時の記者の第一声が、「全然分からない！」だったことをよく覚えている。それ以降、記者発表をする際は、記者の知りたい情報にも視点を合わせた発表を心掛けている。目からウロコが落ちる体験になった。

情報解禁は論文が発表される瞬間である。そのため、記者には事前に論文が公表される日時を正確に伝えておく必要がある。二〇一五年六月二九日夕方、論文公表とともに情報が解禁され、丹波市で新種の恐竜卵殻化石が見つかったというニュースが一斉（いっせい）に報じられた。予想以上に多くのメディアにこのニュースを取り上げていただき、興奮冷めやらぬ一日となった。兵庫県立人と自然の博物館のスタッフや化石発掘に関わった多くのボランティアの方々にようやく成果を示すことができ、ほっとした。

丹波の卵殻化石は獣脚類恐竜のものばかり、という点は論文の中で触れている。なぜ獣脚類ばかりなのか、その明確な回答はしないまま残した。

先の見えない研究生活

カルガリーに戻ると本格的な夏がやってきた。夏は午後一〇時くらいまで明るいから、みんなここぞとばかりに外に出て太陽を満喫する。庭でKJがガレージ兼バンド練習部屋を建設していて、一緒に屋根の上に登ってビール片手に夕日を眺めた。ブレントウッドの森が風に揺れ、リスがキィーキィー鳴いている。カナダの夏は天国である。そうかと思うと、突然激しい夕立になり、チュッパチャプスほどもある雹(ひょう)が大地を打ち鳴らすこともある。

八月には二週間泊まりがけで野外実習のティーチング・アシスタントを担当することになった。迷える学生を補佐しながら、朝から晩までフィールドを駆けずり回った。クタクタになって実習から戻ってくると、カルガリーに吹く風は早くも冷気を帯びはじめた。何度目の秋だろうか。

庭の姫リンゴの木とナナカマドが赤く染まる頃、サンクスギビング（感謝祭）の祝日がやってきた。カナダは寒いので、サンクスギビングはアメリカよりも一か月早い。毎年、KJ家がサンクスギビングのディナーに誘ってくれる。

サンクスギビングでは七面鳥を焼く。というか、たいていの記念日で七面鳥を焼く。脂ののった赤身の肉にはグレービーソースを、淡白な白身の肉にはクランベリーソースをかけていただく。これがめちゃくちゃおいしい。日本でも流行ってほしいといつも思うのだが、残念ながら日本の家庭には七面鳥が焼けるほど大きなオーブンがない。

こうして慌ただしい日々がひと段落すると、私は再び研究室に閉じこもり、「ティムホートン」

のシャビシャビコーヒーを飲みながら現生ワニ類とツカツクリ科の論文を読む生活が始まった。データがたまれば分析し、結果を思案する。研究の終わりはなかなか見えない。私はダーラと話し合い、決断をした。博士課程をさらに一年間延長することにしたのだ。追っても追っても先の見えない博士研究は、ボルダリングと同じである。手を伸ばしても、ホールドにちょんと手を触れることができる程度でしかない。ゴールをつかみ取ることは、果たしてできるだろうか。この先、博士課程が永遠に続くのではないかと思われた。先の見えない大学院生の生活は、急に不安に駆られることがある。

穴の巣と塚の巣

現生ワニ類とツカツクリ科の論文を読んでいて、気づいたことがあった。それは、かれらには巣材の好みがあるということだ。ワニ類とツカツクリ科の親は抱卵せず、卵を巣材の中に埋めて「埋蔵型の巣」を作ることは繰り返し述べてきたとおりだ。

埋蔵型の巣は、実は二パターン存在している。砂浜や川のほとりの砂州のような場所に穴を掘り、その中に卵を埋める「穴の巣」と、地表に巣材をこんもりと積み上げ、その中に卵を埋める「塚の巣」だ。

「穴の巣」の場合、巣の素材は主に砂になる。というか、砂浜や砂州に巣を作るのだから、そうならざるを得ない。親はこのような場所を狙って卵を産み付けていると考えられる。

一方、「塚の巣」の場合、巣の素材は土や植物からなる腐葉土になる。植物が豊富にある土の上で巣を作る。ワニ類とツカツクリ科では、必ずどちらかの巣しか作らない種もあるし、同じ種でも、両方のタイプの巣を作る場合もある。例えば上野動物園でも飼育されているヤブツカツクリは「塚の巣」しか作らないが、パラオや北マリアナ諸島に棲むマリアナツカツクリは地域によって「塚の巣」と「穴の巣」を作る集団がいる。

おそらく、埋蔵型の巣を作っていた恐竜たち（例えば、ハドロサウルス類や竜脚類）も「穴の巣」か「塚の巣」を作っていたのだろう。現生種で「巣の素材」と「塚の巣・穴の巣」が相関していることを考えると、恐竜たちの巣の形態（穴か塚か）も推測できそうだ。

ハドロサウルス類やメガロウーリサス卵科の竜脚類のクラッチ化石が主に古土壌質の泥岩から見つかるということは、かれらが「塚の巣」を作っていたと推測できる。一方、ファベオロウーリサス卵科の竜脚類のクラッチ化石が主に砂岩から見つかるという事実は、親恐竜が「穴の巣」を作っていたからだと考えられる。クラッチ化石が見つかる堆積物の違いは、巣作り場所の棲み分けというよりも、「穴の巣」か「塚の巣」かという、巣の形態の違いを示していたようだ。

巣作り法と極域進出

ではなぜ、オヴィラプトロサウルス類やトロオドン科などの獣脚類恐竜のクラッチ化石は、泥岩と砂岩の両方から、同じくらいの割合で見つかるのだろうか。かれらは、「穴の巣」でも「塚の巣」でも、どちらでもないグループだからだろう。かれらが作ったのは埋蔵型の巣ではなく、オープンな巣である。これは第3章で推定したとおり。オヴィラプトロサウルス類やトロオドン科は抱卵したとされる恐竜だ。

抱卵したということは、場所を選ばず、どこでも巣作りした可能性が高い。親が卵を温めてさえいれば[※5]、極端なことを言えば、山岳地帯でも、砂漠でも、南極の氷の上でも、木の上でも、池の水面の浮巣でも巣作りできる。そして現に、現在の鳥類は極域から熱帯まで、大変さまざまな地域や環境で繁殖している。ただしオヴィラプトロサウルス類やトロオドン科は、現在の鳥ほど多様な場所で巣作りしていたわけではなく、地面に巣を作っていた。それが砂の上でも、土の上でも、どちらでも良かったようだ。

ならば抱卵した恐竜の卵化石は、さまざまな地域から見つかっているのではないかと思い至った。親が卵を温めるのであれば、地域に関係なく、低緯度でも高緯度でも巣作りしたのではないだろうか。恐竜の卵化石の分布はどうなっていたっけと思い、その日私は、大学に着くや否やパソコンを開いた。データリストを指で順になぞっていくと、多くの卵化石はモンゴルや中国、アルゼンチンなどの中緯度地域から見つかっていることが読み取れる。そして私の指はある点で止まった。そこには、極東ロシアからの卵殻化石報告が記されている。この地は、かつての北極圏だ。

ハッとして、ロイヤル・ティレル古生物博物館で開催された「国際ハドロサウルス類シンポジウム」の発表を思い出す。あの時、極東ロシアからハドロサウルス類とトロオドン科の卵殻化石が見つかったと報告されていた。

「やっぱり、トロオドン科は冷涼な北極圏でも繁殖できたんだ。抱卵することで、高緯度地域にも進出することができたんじゃないか」

地味だった研究テーマが突然、恐竜の棲息地分布と連動し始めた瞬間だった。巣作り法は、恐竜の極域進出にも影響を与えていたようだ。ここにきて、コミッティー・メンバーが求める視野の広い研究に化ける予感がした。

ヘウレーカ!

「あれ、でもなんでハドロサウルス類の卵殻化石まで見つかっているんだろう？　かれらは埋蔵型の巣（かつ塚の巣）を作っていたはずなのに」

埋蔵型の巣を作る現在のワニ類やツカツクリ科は、赤道直下から高くても北緯・南緯三七度までの中緯度地域にしか棲息していない。白亜紀後期当時の極東ロシアは北緯七七度。現在の埋蔵型の巣を作る種よりもずっと高緯度に分布している。いったいどうやって、北極圏のハドロサウルス類は卵を温めていたのだろう。

想像してみてほしい。あなたが体重四トンもある大型恐竜で、北極圏のシベリアに棲んでいる状況を。当時のシベリアは今より暖かく、植物も豊富に生えていたから、夏場は快適だっただろう。暖かいと言っても夏場の平均気温は約一九度と見積もられている。現在の東京の八月の平均気温は二六度で、一九度と言えば五月の平均気温と同じくらいだ。ドイツ・フランクフルトの夏に近い。そんな状況で、卵を孵化させなくてはいけない。卵には三〇度程度の熱が必要である。巨体ゆえ、抱卵はできない。さあ、どうやって卵を温めよう。この研究をゴールに導く、最後のナゾだ。

ちょうどその時、C氏が「おはよう」と言って出勤してきた。彼はいつものように大きな手でコーヒーを淹れる。その手つきは慣れたもので、フィルターの上に挽(ひ)いたコーヒー粉をこんもりと乗せ、お湯を注いだ。コーヒー粉の山は蒸されて、湯気が立ち昇った。その様子はまるで、「塚の巣」のようで……！　これだ！

鍵を握るのは「塚の巣」だ。ハドロサウルス類は、有機物に富んだ土の上に塚の巣を作ったはずだ。なぜ、塚の巣だったのか。なぜ、塚の巣である必要があったのか。現生種で仕入れた知識が一瞬頭をよぎり、そして結び付いた。こういう状況のことを「ヘウレーカ」と言うのだろう。今まで指先で触れるだけだったホールドを、ようやくしっかりとつかむことができたようだ。

8　いざ、最終試験へ！

最後の戦い

整然と並べられた長机と椅子。硬い顔つきで開始を待つコミッティー・メンバー。緊張した面持ちの傍聴者。カルガリー大学地球科学棟ＥＳ１３６号講義室には、重苦しい雰囲気が漂っていた。この日、私は博士課程最後の砦（とりで）、博士課程学位審査試験（ディフェンス）を迎えた。

月日はめぐり、キャンディデシー・イグザムの日から二年経った二〇一六年一二月、とうとう博士課程のクライマックスがやってきた。博士課程を締めくくる、最後にして最大の難関。キャンディデシー・イグザム同様、前半は博士研究の内容を発表し、後半は口頭試験を受けることになっている。

以前と違うのは、コミッティー・メンバー以外にも、たくさんの傍聴者が来ているということだ。その中には私の知った顔もたくさんいる。これまで私の研究を支えてくれた共同研究者たち、一緒に化石発掘に出かけたボランティア、ドラムヘラーでフィールドワークを手伝ったアニー、大学院生の仲間、私がティーチング・アシスタントで教えていた野外実習の学生、パンクロックのKJ、同じ研究室のC氏（コーヒーを持っている）。彼らは固唾をのんで私の博士課程の行く末を見守っている。多くの仲間によって支えられ、ここまでやってきた。いよいよ最後の戦いが始まる。

スーツに身を包み、私は演壇（ポディアム）に立った。みんなの視線を感じる。知り合いがたくさんいるためか、キャンディデシー・イグザムの時ほど緊張はしていない。「イントロダクション」から始め、「恐竜の巣の形態を推定する従来の方法は本当に正しいのかを検証する研究」「新たな手法で恐竜の巣の形態を推定する研究」「恐竜の卵が何日で孵化したのかを推定する研究」と、順に説明していった。濃厚な話が続くので、発表する側も、聞く側も、集中力が必要だ。

そして発表は、「恐竜の巣化石の堆積物に関する研究」に移った。研究室に閉じこもっていた成果を話す時がやって来た。

ワニ類とツカツクリ科の巣作り

クラッチ化石とそれを取り巻く堆積物には、なぜ関係性があるのだろうか。埋蔵型の巣を作る恐竜たちはどうやって卵を孵化させていたのだろうか。北極圏に棲んでいたハドロサウルス類は、どうやって卵を温めていたのだろうか。このナゾを解く鍵は、現在のワニ類とツカツクリ科の卵の温め方にあった。

絶滅した恐竜に近縁な動物である現在のワニ類と鳥類では、巣の素材にこだわりがあったり、なかったりする。多くの鳥はオープンな巣の上に親がちょこんと乗っかり、抱卵する。親が体温を使って卵を温めるので、いろいろな場所で巣作りが可能だ。巣の素材も種によってバリエーションがあり、さまざまな材料が使われる。

一方、卵を巣材の中に完全に埋める巣、つまり、埋蔵型の巣を作るグループには、巣の素材に強いこだわりがある。現生ワニ類とツカツクリ科は、地面に穴を掘って卵を埋める「穴の巣」か、地面の上にドーム状の盛り土をしてその中に卵を埋める「塚の巣」を作る。

ワニ類とツカツクリ科の巣作りの事例を世界中の文献から集め、「穴の巣」と「塚の巣」がどのような素材でできているか比較してみた。その結果、主に「穴の巣」では巣の素材が「砂」に、「塚の巣」では巣の素材が「腐葉土」になることが分かった。難しい言い方をすれば、この傾向は統計学的に有意になる。ではなぜ、「穴の巣」なら「砂」、「塚の巣」なら「腐葉土」と、巣の素材が二択になっているのだろうか。

その答えは、「卵の温め方」にあった。埋蔵型の巣を作るワニ類とツカツクリ科は、親が卵を温めない代わりに、天然のエネルギーを利用して卵を温める。天然のエネルギーを使った方法は三種類ある。①太陽光熱を熱源とする方法、②温泉や火山などの近くで、地熱を熱源とする方法、そして③植物が微生物によって分解される際に発生する発酵熱を熱源とする方法だ。

太陽光熱や地熱を熱源とする場合、卵は温められた巣材から熱を受け取ることになる。この場合、巣の素材は熱の伝わりやすさ（伝導率という）が高い方が有利だ。泥と砂の場合、砂の方が熱の伝導率は高くなるらしい。だから、太陽光熱や地熱を利用する種、つまり、「穴の巣」を作る種は、巣の素材に「砂」を好むのだろう。

植物の発酵熱とは、やや聞きなれない熱かもしれない。まだ肌寒い春先に、牧場に行ってみると、地面に撒(ま)かれた牛糞(ぎゅうふん)から湯気が立ち昇ることがある（漫画『動物のお医者さん』によれば、獣医学部の学生はこの光景を見て春の訪れを知るという）。あるいは、『ザ！鉄腕！ＤＡＳＨ!!』というテレビ番組で、ＴＯＫＩＯのメンバーが落ち葉を大きな箱の中に敷き詰めて、熱を発生させる映像をご覧になった方がいるかもしれない。これが発酵熱だ。微生物が有機物を分解する際に発生する熱だから、発酵熱を利用する場合は、土や植物をたくさん集めてきて、

地面にこんもりと塚を作る必要があるのだ。このことから、

「発酵熱で卵を温める」→「腐葉土」→「塚の巣」

「太陽光熱・地熱で卵を温める」→「砂」→「穴の巣」

という関係が成り立つ。ワニ類やツカツクリ科の作る巣の構造や巣の素材には意味があったのだ。卵を温める熱源と関連していた。

抱卵しなかった恐竜の巣作り

今度は、抱卵しなかった恐竜たちにこの関係を当てはめてみる。クラッチ化石の堆積物を調査してみると、主に古土壌質の泥岩から見つかるタイプ（ハドロサウルス類とメガロウーリサス卵科の竜脚類）と、主に砂岩から見つかるタイプ（ファベオロウーリサス卵科の竜脚類）がいた。

「クラッチ化石の堆積物」とは、巣の素材そのものだから、つまり、

「ハドロサウルス類とメガロウーリサス卵科の竜脚類」

卵を温める熱源	①太陽光熱	②地熱(火山·温泉)	③微生物の発酵熱	④親の体温(抱卵)
巣の形態	穴の巣		塚の巣	開放型の巣
巣材	砂を好む		植物・土壌を好む	さまざまな巣材

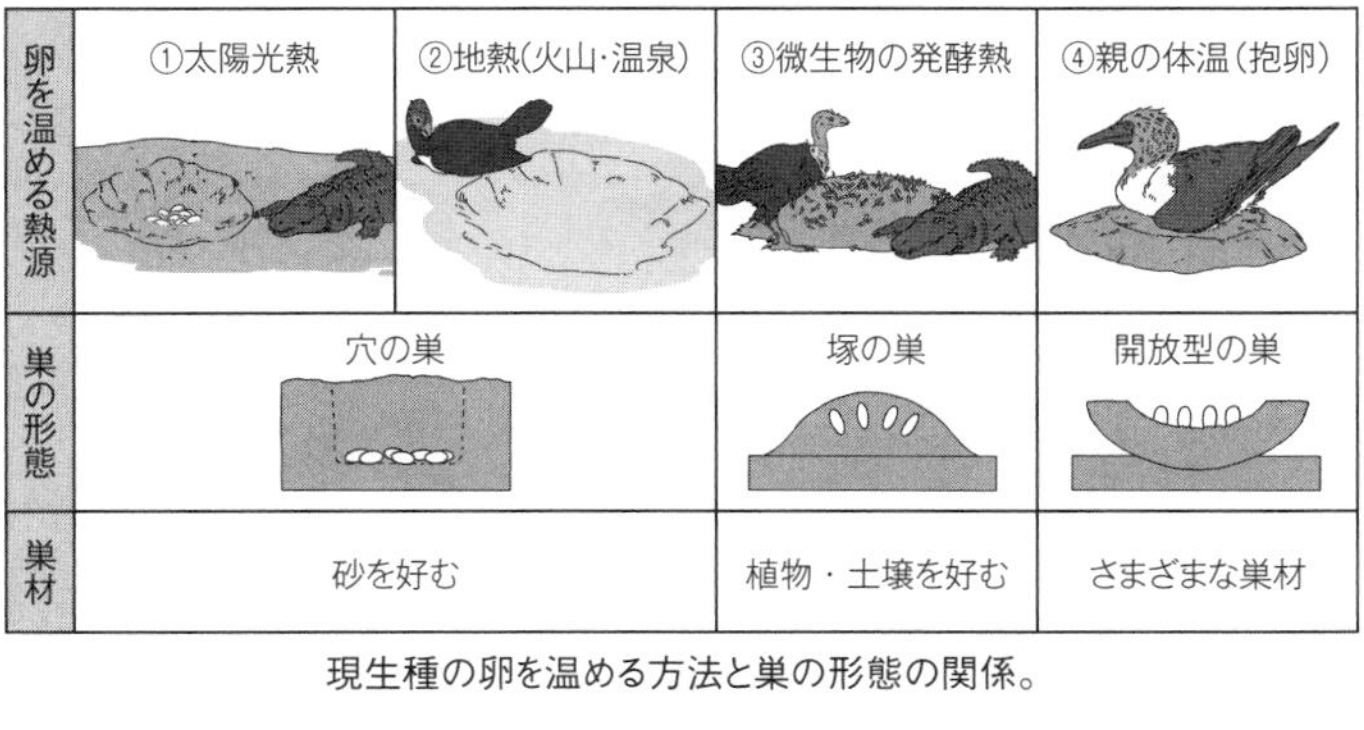

現生種の卵を温める方法と巣の形態の関係。

↓「古土壌」↓「塚の巣」↓「発酵熱で卵を温める」

「ファベオロウーリサス卵科の竜脚類」↓「砂岩」↓「穴の巣」↓「太陽光熱・地熱で卵を温める」

と考えられる。クラッチ化石の堆積物から、恐竜たちの巣のタイプと卵を温める方法（熱源）が推測できるのだ。


これまで、抱卵しなかった恐竜では、漠然と卵を温める方法が語られてきた。取り立てて証拠もないまま、「この恐竜は植物の発酵熱を利用した」などのようになんとなく言われてきたのだ（巣の素材に植物を利用したとしても、植物化石が巣の堆積

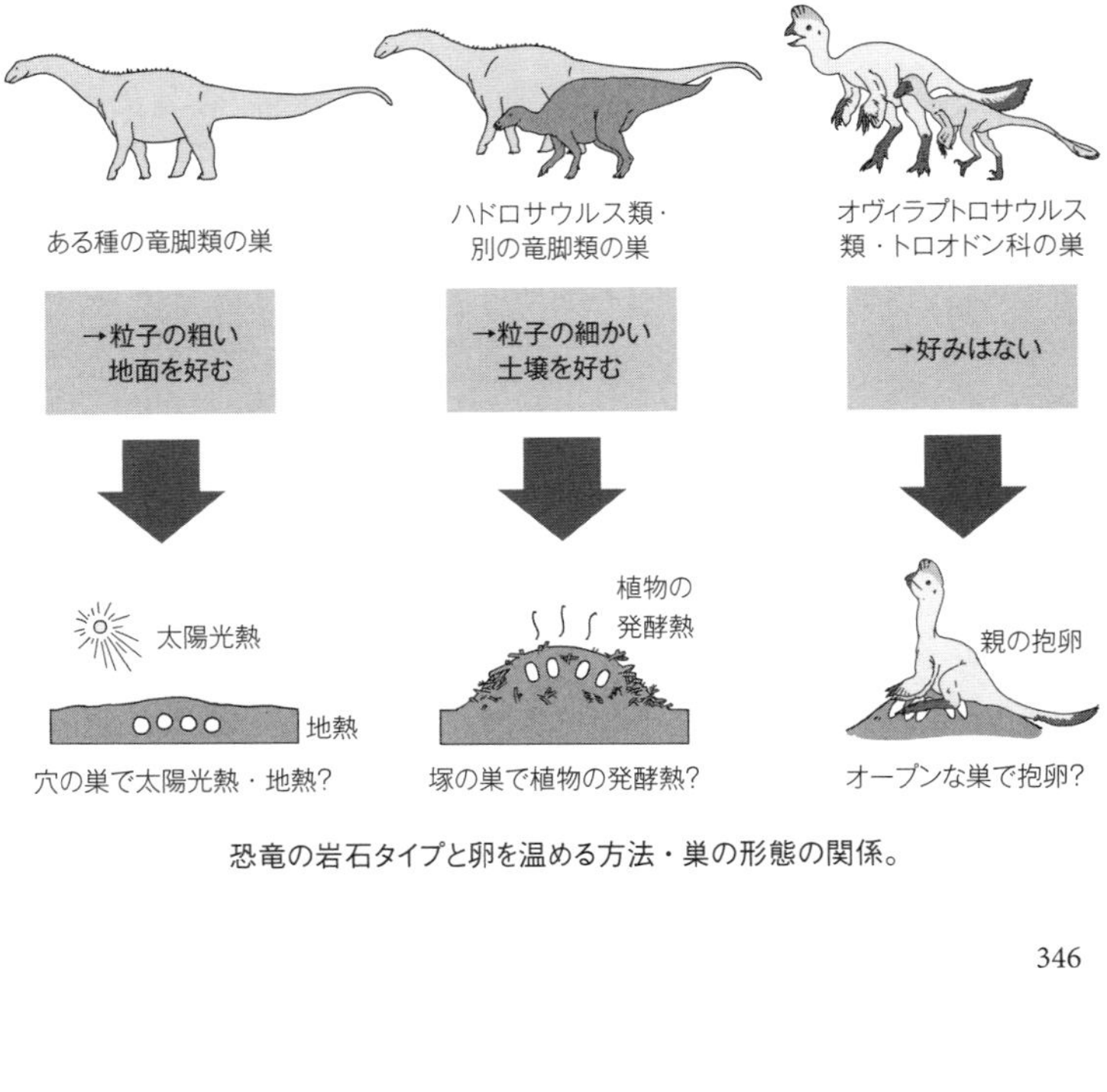

恐竜の岩石タイプと卵を温める方法・巣の形態の関係。

物として見つかることは滅多にない)。この研究でようやく、ハドロサウルス類と竜脚類がどうやって卵を温めていたのかが明らかになった。

現在のワニ類とツカツクリ科を見てみると、太陽光熱と発酵熱は頻繁に利用される方法だから、多くの恐竜もこのどちらかの方法を使って卵を温めていた可能性が高い。地熱は場所が限られるため、特殊な方法である。地熱を利用するワニ類は現在のところ知られていないが、ツカツクリ科のごく一部の種や集団は、オセアニアの火山島に棲み、火山や温泉の近くの熱せられた砂や砂利の中に卵を埋める。温泉卵にならないよう、ちょうどよい温かさ・深さの地面を探し出し、卵を埋めるのだ。どういうわけかツカツクリ科は温度を感知する能力が備わっていて、卵の保温に最適な場所や深さを探し出す。

恐竜では、アルゼンチンのラ・リオハ州で見つかるファベオロウーリサス卵科の竜脚類が地熱を使っていたと推定されている。この地では地層の中から温泉地域特有の岩石や鉱物など、温泉があった証拠が見つかっている。その周辺からはなんと八〇個ものクラッチ化石が見つかったそうだ。白亜紀後期の当時、ここには竜脚類の一大集団営巣地があった。この地域の竜脚類は毎年繁殖期になると、熱すぎず冷たすぎず、卵を温めるのにちょうどよい温度の地中を探し、巣を作っていたと考えられる。砂風呂と一緒だ。ファベオロウーリサス卵科は、「太陽光熱・地熱タイプ」と推定される卵化石のグループだから、私の結果とピッタリ一致したことになる。

巣のタイプのメリットとデメリット

それでは、なぜ「穴の巣」派と「塚の巣」派がいるのか。考えてみてほしい。皆さんだったらどちらの巣を作りたいだろうか。私だったら「穴の巣」だ。適当な温度の地面に穴を掘って卵を埋める方が楽チンな気がする。「塚の巣」の建設には、植物や土をたくさん集めないといけないし、産卵後も定期的にメンテナンスが必要である。卵の温度が下がり始めたら塚の上から巣材をさらにかぶせて温度を上げ、逆に卵の温度が高くなりすぎたら今度は塚を少し削って、温度を下げなくてはいけない。親は涙ぐましい努力をするのだ。こういうことを考えると、抱卵しないけれど、塚の巣を作る親は大変である。

現在のワニ類を見てみると、「穴の巣」派が四種、「塚の巣」派が一六種、両方の巣を作るのが三種いて、圧倒的に「塚の巣」派が優勢である。ツカツクリ科でも、「穴の巣」派が三種、「塚の巣」派が一五種、両方の巣を作るのが四種で、「塚の巣」派がやはり優勢。なぜ、わざわざ面倒くさい塚の巣を選ぶのだろう。

私がその答えに気がついたのは、現在のワニ類とツカツクリ科の棲息地分布を調べている時だった。ワニ類とツカツクリ科は主に低緯度地域に棲んでいて、高くても北緯・南緯三七度までしか分布していない。「穴の巣」タイプと「塚の巣」タイプに分けてかれらの分布を比較した時、その違いが浮かび上がってくる。「塚の巣」を作る種の方が、ほんのちょっとだけ、「穴の巣」を作る種よりも分布域が広いのだ。その差、緯度にして二度程度。

「塚の巣タイプの方が、より涼しい環境にも耐えられるのかもしれない」

地下牢（ちかろう）のような研究室で世界地図とにらめっこしている時、直感的に思いついた。試しに、緯度の高い都市にある動物園で、ワニ類やツカツクリ科が繁殖していないか調べてみた。すると、「塚の巣」を作るツカツクリ科が、本来の棲息域よりもずっと北にある、ドイツのフランクフルト動物園で繁殖に成功していることが分かった。この個体は室内ではなく、野外で自然に繁殖したそうだ。フランクフルトと言えば北緯五〇度。北海道よりもさらに北だ。

「やはり、塚の巣タイプの方が、穴の巣タイプよりも涼しい地域で繁殖できるんじゃないか」

詳しく文献を調べたところ、ちょっとくらい外気温が低くても、植物の発酵熱は十分に有効な方法であることが分かった。例えば、気温が一六度くらいの涼しい場所でも、塚の巣は最大で六〇度にもなったという報告がある。巣をホカホカに保てるため、植物の発酵熱はより涼しい環境でも利用できるのだ。太陽光熱を利用した「穴の巣」の場合はそうはならず、卵を温めるのに最適な温度（三〇～三五度程度）と同じくらい気温の高い場所でないと巣作りができないようだ。だから太陽光熱を利用する種は暖かい低緯度地域に分布が限られる。塚の巣（＝植物の発酵熱）は場所の制約が少ない分、巣の建築やメンテナンスが面倒だ。でも、利点があるのだ。メンテナンスが簡単な穴の巣か、多少涼しい場所でも利用できる塚の巣か、というメリット、デメリットがある違いだったようだ。

恐竜の分布域

これで北極圏のハドロサウルス類がどうやって営巣していたのか説明がつく。極東ロシアでハドロサウルス類の卵殻化石が見つかったのは、今から約六八〇〇〜六六〇〇万年前の白亜紀最末期の地層だ。白亜紀は現在よりもずっと気温が高く、この地域の当時の気温を推定した研究によれば、年平均気温は一〇度、夏場の平均気温は一九度だった。この推定気温は現在のどこに近いのか調べていた時、私は衝撃を受けた。現在のフランクフルトの年平均気温とほとんど同じだったからだ。フランクフルトと言えば、植物の発酵熱でツカツクリの繁殖の成功例がある場所だ。つまり、当時の極東ロシアは、植物の発酵熱が使える地域だったのではないか。

北極圏では、この地域以外からも、恐竜が繁殖していた証拠が見つかっている。さらに緯度が高いアラスカ・デナリ国立公園では最近、ハドロサウルス類の赤ちゃんの足跡化石が報告されている。これは小林先生たちの研究だ。移動能力の低い赤ちゃんが見つかったということは、この地域で繁殖していたと考えるのが妥当だろう。抱卵をしない恐竜たちは、植物の発酵熱を利用することで、冷涼な北極圏でも繁殖できたと考えられる。北極圏からは他にも、パキリノサウルスやナヌークサウルス、テリジノサウルス類などの骨格・足跡化石が見つかっている。かれらの卵殻化石はまだ発見されていないが、状況的に考えれば、塚の巣を作っていた可能性が高いのではないかと思う。

白亜紀当時の極東ロシアやアラスカは、北米とアジアを結ぶ陸橋[※6]だった。恐竜が両大陸を行き来するには、必ず北極圏を通らなければならない。北極圏は気温が低く、冬場は太陽の昇らない過酷な世界である。恐竜たちにとって、北極圏は大きな障壁になっていたはずだ。この環境に適応できた恐竜のみ、通過を許された。抱卵や植物の発酵熱を利用した恐竜たちは繁殖することができ、西へ東へ分布域を広げていくことができたはずだ。

こうやって恐竜たちの分布を調べていくと、穴の巣を作っていたと考えられる恐竜（ファベオロウーリサス卵科）の卵化石は、低～中緯度地域でしか見つかっていないことに気が付いた。かれらは主に太陽光熱を利用して卵を温めたため、分布域に制限があり、高緯度地域に進出することができなかったのだろう。地熱を利用した場合はもっと北上・南下できるのだろうが、アルゼンチン・ラ・リオハ州の竜脚類以外、地熱タイプの証拠は見つかっていない。おそらく将来も、ファベオロウーリサス卵科の卵化石が高緯度地域から見つかることはないと私は見ている。

抱卵したとされるグループ、オヴィラプトロサウルス類やトロオドン科など、鳥類に近縁な獣脚類の卵・卵殻化石は、さまざまな地域から見つかっている。と言っても、多くは中緯度地域からの報告だ。一例だけ、トロオドン科の卵殻化石が極東ロシアから報告されている。親が自らの体温で卵を温めることができれば、冷涼な環境ででも巣作りできたはずだ。トロオドン科にはおそらく、そんな能力が備わっていたのではないかと思っている。ちなみに、オヴィラプトロサウルス類の卵化石はまだ北極圏から見つかっていない。トロオドン科の方が、オヴィラプトロサウルス類よりも卵を温める能力が高かったのかもしれない。

一四〇年の積み重ね

恐竜化石は地球上のすべての大陸から発見されている。なぜ、これほどまでに棲息地を拡大できたのか。その答えの一つは、かれらの営巣方法にあったのではないか。営巣方法は、恐竜たちの地理分布を制限する重要な要因であったと私は考えている。私の知る限り、恐竜の地理分布を営巣方法と関連付けて論じた研究はない。今後、恐竜たちの放散を議論する時は、運動能力や生理機能に加え、繁殖方法も議論されれば良いなと思っている。

この研究は一四〇年に及ぶ、先人たちの努力の積み重ねによってなし得たものである。卵化石の研究者全員による共同研究と思いたい。

私は一息つき、発表を聞きに来てくれた傍聴者を眺めた。皆一様に私の方を向いている。私は博士課程で進めてきた四つすべての研究の説明を終え、最後に、これら四つの研究から導かれる「考察とまとめ」を話した。爬虫類から恐竜類、そして鳥類へと、繁殖戦略が徐々に移り変わっていく様子が推測できる。

恐竜の繁殖行動の研究は、いまだにパズルのピースが足りていない。たかだか博士課程程度の研究では、パズルは完成しないのだ。少しだけ失われたピースを戻すことができたにすぎない。もっとも、それが本当に正しいピースだったかは、これから未来の研究者によって吟味されていくことになるだろう。パズルのピースを探す作業は、今後も永久に続いていく。決して完成しないパズルを眺め、私たちは絵の全体像を想像するのだ。

9　ラスト・ディフェンス・ラウンジ

無事合格

博士課程学位審査試験は無事合格した。ほっと胸をなでおろし、夕方、私たちはぞろぞろと、キャンパス内にある大学院生専用のバー「ラスト・ディフェンス・ラウンジ（通称ＬＤＬ）」

に向かった。フードコートが入る建物の最上階にあり、入り口が分かりづらいので、大学院生や教員御用達の隠れ家的なバーだ。試験後はここでお祝いするのがカルガリー大生の習わしである。バーが差し入れてくれたシャンパンで乾杯した後は、肉汁とチェダーチーズが溶けだしたハンバーガーにかぶりつき、バー特製のＬＤＬエールビールを堪能する。一日の疲れが吹き飛んでいくようだ。みんなはわぁわぁとなにやら会話に熱中している。いつも思うが、カナダ人は本当に話好きで、話のネタが尽きる気配はない。彼らの会話に半分だけ耳を傾けながら、私は今後のことを考えていた。今月中に、学位論文を正式に提出すれば、博士課程は修了だ。ディフェンスが終わった直後に、各コミッティー・メンバーから学位論文原稿へのコメントをもらっていたので、そこを直して提出すれば良い。論文を提出するまでまだしばらく、研究室での生活が続きそうだ。それが終われば来年中に、学位が授与されるだろう。少しだけ肩の荷が軽くなった気がした。

外灯の光に青白く浮かび上がった雪を窓の外に眺めながら、「ああ、ついにこの長い博士課程が終わりつつあるんだな」と感じた。初めてカルガリーに来て、英語学校に通ったあの時から数えて八年半が経過していた。長いような短いような、不思議な時間の流れであった。

地下牢を離れる

それから帰国までの間、私は論文をまとめたり、引っ越し準備に追われたりした。私の荷物がスッカラカンになった研究室をコーヒー片手にC氏とぼーっと眺めていたら、地下牢のような部屋でも案外愛着があったことを感じた。ふと、部屋の一角に、カルガリー大学のペナントが飾ってあることに気が付いた。ペナントにはカルガリー大学フットボールチームのマスコットである恐竜（アルバートサウルスだろうか）が咆哮（ほうこう）しているイラストが描かれている。ユルかわいい。C氏に聞いてみると、かつての学生が置き忘れていったものらしい。

「いらないから、もらっていったら？」

私はありがたくペナントを頂戴した。いつか自分の研究室を持った時に、旗揚げのしるしとしてこれを部屋に飾ろう。

そしてとうとう帰国する日がやってきた。この数日間、KJ一家やダーラ研究室、大学院の友人たち、そして駐在の日本人の友人たちがそれぞれお別れ会を開いてくれた。今後しばらくは、KJたちと焚（た）き火を囲んでマシュマロを焼くことも、ダーラとコーヒーショップで激論を交わすことも、友人たちと近所のアイリッシュバー「キルケニー」でエールビールを飲むこともできない。荷造りを終えてがらんと広くなった部屋と、パンパンに詰まったスーツケースを見て、長い年月、ここに住んできたことを実感した。二〇代のほとんどを過ごしたカルガリーを離れるのは、少し寂しい。あくまで、少しだけである。今後もカルガリーに何度も戻ってくるだろうと確信していたから、そんなに寂しいと思わないことにした。今回はいったん、カルガリーを離れるにすぎないのだ。カルガリーにはいつでも帰る家がある。

※1　同じ地域に棲む動物たちが、エサの種類やエサを食べる場所などを絶妙に変え、共存すること。
※2　薄くて水っぽいという意味の名古屋弁。名古屋弁の基本であり、こんなんに註をつけとったらかなわんがや。
※3　コマツグミのこと。鮮やかなオレンジ色の腹が可愛い鳥。カルガリーではどこにでもいる。卵は目の覚めるようなターコイズブルー。
※4　ちなみにこれは現在も続けており、新しい論文が出るたびにデータセットを更新している。
※5　オヴィラプトロサウルス類はある程度は地面からの熱を得ていた可能性がある。
※6　橋のように、海で分断された地域を結ぶ陸地のこと。生き物は陸橋を移動することで両地域を行き来できる。

コラム　ティーチング・アシスタントは鍛えられる

たいていの大学院生はお金と時間を持ち合わせていない。ただし、さらに時間を削ればお金と教育経験を手に入れられる方法がある。それがティーチング・アシスタント（以下、ＴＡ）である。ＴＡとはその名のとおり、授業の補助をするアルバイトだが、アシスタントというわりには責任過多である。獅子は我が子を千尋の谷に落とすと言うが、教授はＴＡをピチピチした学部生のクラスに突き落とす。（主に）ムキムキの理系男子諸君を前にして、「じゃ、このクラスを担当してね」と言われたが最後、そのクラスの運命はＴＡの手に託される。

北米の大学では、一科目につきたいてい週三時間の講義がある。カルガリー大学の場合、「古生態学」なら月水金の四限目だ。これに加え、火曜か木曜に三時間の実習（ラボという）がある。この実習クラスを一人で切り盛りするのがＴＡである。事前にラボの内容を勉強しておき、自分なりに内容をかみ砕いて講義スライドを作成する。当日は簡単な講義を行った後、全員が時間内に課題を提出できるよう、学生に助け舟を出す。提出された課題を採点し、返却し、オフィスアワーで学生の対応をする。テストがあればＴＡみんなで採点を行う。

と書くと、「TAは大変だ」と思ってしまうだろう。実際、TAになる前の私はビビりまくっていた。うまくクラスをまとめられるだろうか、言葉が（いろいろな意味で）通じるだろうか、専門的な質問に答えられるだろうか、云々。しかし、それは杞憂であった。TAが大変なことに変わりはないが、十分に準備をして挑めばトラブルは（あまり）ない。何週間か経つうちにクラスは軌道に乗って、学生と打ち解ける。案外、飛び込んでしまえば何とかなるものだ。今まで教えてもらう立場にいた学生が、急に教える立場に回るのだから、自分の説明に納得してもらえた時の嬉しさはハンパない。学期末、初めて担当したクラスの学生から「今までで最高のTA」と評された時は、「TAをしてよかった」と思えたものである。

TA業はたいてい室内実習だが、夏には野外実習に駆り出されることがある。研究室に閉じこもって博士課程を進めていたある夏、「野外地質調査法入門」という野外実習科目を担当することになった。地球科学科の学部三年生たちと、アルバータ州やブリティッシュコロンビア州の各地をめぐるのだ。

この実習では、フィールドを歩き回って地質調査を行い、夜は地質図を作成する。これを休みなく三つの地域で行う。暇さえあれば学生はグータラしてビールを飲み始めるので、気を抜かないようハードな課題が与えられる。

ティーチング・アシスタントとして学生と一緒に野外を駆けずり回る。

ある日は炎天下のバッドランドで、ある日は凍えるような雨の降りしきる山の中で、またある日は山火事の煙漂う火山岩の台地で、学生は答えを探して自然の中を駆けずり回った。私は学生を補助すべくその土地を何往復もし、学生の地質図作成に付き合った。鬼軍曹のような教官は、夜中一二時に「もう一度やり直し」を学生に突きつけ、唖然とする学生とともに課題に取り組んだ。いつの間にか窓の外が白んでいく。学生にとってもTAにとっても地獄の実習であった。あの時は「早く終わってくれ」と願っていたが、怒涛の二週間が過ぎてカルガリーに戻り、冷気を帯びた風にあたると、「あれはあれで充実した夏だったな」と思うから不思議である。思い返せば、時間のある日はみんなでバーベキューをしたり、サプライズで学生の誕生日を祝ったり、溶岩台地の上で恐竜研究について語ったりと、楽しい時間は幾度もあったのだ。

この実習を共にした学生とはずいぶんと仲良くなり、今でも連絡を取っている。日本に遊びに来た学生もいた。あの時のＴＡの経験が、現在筑波大学で教壇に立つ自信につながっている。

コラム　日本語学校で恐竜を教える

カルガリーには三〇〇〇人ほどの日本人が住んでいる。私のような留学生はもちろんのこと、ワーキングホリデーで短期滞在中の若者やカナダ人と結婚した日本人、カルガリーで働く会社員など、さまざまな職業の日本人がいる。三〇〇〇人というのはとても少ない数だ。たいてい友達の友達くらいで網羅できてしまう。私は初対面の日本人の方に、「恐竜を研究している人ですね」と言われたことがある。恐竜研究が特殊だからか、それとも日本人の数が少ないからか。それくらい世間は狭い。カルガリーは、日本人にとって小さな村である。これは良い面もあるし、不便に感じることもある。

私の家の近所には、奥さんが日本人の家庭があった。旦那さんはカルガリー大学の語学学校で、私に英語を教えてくれた先生だ。そういうわけで私はしばしば彼らの家に招かれ、子供と一緒に遊んだり、夕食をごちそうになったりした。自分以外の人が作る日本食は、なんと美味しいのだろう。この家庭にお邪魔した時だけ、日本に帰った気分であった。

鍋をつつきながら、奥さんは日本語学校で働いていることを教えてくれた。カルガリーには、日本語を習いたい子供向けの学校がいくつかあるそうだ。学校とはいっても実際は習い事のようなもので、金曜の夕方にだけ開校される。生徒は日本人とカナダ人の間に生まれた子供が多く、子に日本語を話してほしいと希望する親が入れるようだ。

「康平さん、幼児向けクラスで、恐竜の特別授業をやってくれないかしら?」

奥さんに頼まれた。すでにたらふく鍋を食べ、ビールを二本も飲んでいる。

「分かりました。やりましょう!」

私は即座に答えた。

幼稚園児のクラスを担当することになり、さっそく担任の先生と研究室で打ち合わせることになった。幼稚園児と言えば、日本語をどうこう言う以前に、長時間、椅子に座って話を聞くことすら難しい年齢だ。どういう授業が良いか、先生とアイディアを出し合う。テーマは恐竜だから、夢のある内容がいい。何か全員が主役になれるような内容を練ることに。

研究室にはたくさんの恐竜のレプリカが置いてある。古生物学を知らない人から見れば、さぞや不思議な空間だろう。これは何ですかと担任の先生がレプリカを指さす。なるほど、私たちにとっては超有名な恐竜の頭骨でも、一般の人にとってはナゾの物体なのだ。化石レプリカは授業で使えそうだ。

「そうだ。恐竜研究を体験してもらおう」

お話は最大でも一五分程度で切り上げることにして、いくつかのアクティビテイをしてもらうことにした。班ごとに恐竜化石をスケッチし、生きていた時にどんな姿だったのか想像してイラストを描いてもらう。何を食べて、どういうふうに暮らしていたのか。最後に「学会」と称して、一人ずつ自分の考えを発表してもらう。授業の方針が固まった。ダーラは気前よく標本を貸し出してくれた。ダーラもしばしば、子供向けの授業を行っていたのだ。こういう環境の研究室にいたから、外に対して科学を伝える活動に目が行くようになった気がする。子供に話を理解してもらうのは、学会以上に気を使う。

当日、子供たちに加え、保護者も参観に来た。クラスは満員御礼である。研究室から借りてきたドロマエオサウルスの全身骨格模型を教室に展示した。これがあるだけで、教室の雰囲気がガラッと変わる。チビッコ諸君、恐竜教室へようこそ!

日本語学校でチビッコ諸君に恐竜の授業を行った。

私の予想をはるかに超え、子供たちは熱中して授業を楽しんでくれた。みんながんばって日本語で自分の考えを伝えてくれた。私も熱が入り、ストップが入るまで授業を続けた。なんとも充実した時間であった。親も楽しんでくれたようで、子供たち以上に親からたくさんの質問を受けた。子供のために来たはずが、大人の方が楽しんでしまうのは恐竜イベントでよくある光景だ。

その後、改良を重ねながら、私はカナダを去る年まで毎年恐竜の授業を続けた。その学校では「幼児クラスでは、恐竜の授業があるらしい」という噂(うわさ)まで流れるようになった。もう日本語学校で教えられないのが本当に残念だ。

子供と接する時は、教えるというよりも、私自身が存分に楽しむことにしている。子供と会話しながら、「恐竜はすごい生き物だよねえ」ということを共有したい。子供と同じ目線で、議論すべし。

このスタンスは、大学教員となった今も変わらない。私は時々ＮＨＫのラジオ番組で、子供たちから電話で寄せられる恐竜の質問に答える仕事をしている。練習無しのぶっつけ本番一発勝負。たまにヒヤッとすることはあるが、このラジオ番組の出演には、カルガリーでチビッコ諸君と遊んだ経験が存分に生かされているように思う。

第7章
恐竜学者は止まらない！

1　再びジャックポット！

成功の兆し

「出ました！」

石割隊の中からひときわ大きな声が弾んだ。急いで化石を確認しに行く。バリッと砕かれた岩片には、たくさんの卵殻化石が詰まっていた。

「これは何の卵殻でしょう？」

調査隊員が興奮しながら尋ねる。

「たぶん、ターゲットの小型獣脚類だと思います。やっぱり、このあたりにたくさん埋まっていますね」

ハンドレンズを顔から離して答えた。私の声も心なしか興奮している。

兵庫県丹波市での卵化石発掘の様子。奥に石割隊がいる。

ようやく見え始めた成功の兆し。卵殻片の発見は、発掘調査決行が正しかったことを物語っていた。私は胸をなでおろした。

石割隊の活躍

二〇一九年一月八日から始まった兵庫県丹波市での大規模発掘調査は、卵化石をターゲットにしていた。今回私たちが発掘しているのは、過去に恐竜の骨化石や卵殻化石が見つかった地点から二〇メートルほど離れた新しい現場。地層で言えば、過去の層準（そうじゅん）から七メートルほど上位の地層である。

この地点では、数年前から卵化石が見つかっていた。地元の有志が試掘調査を行い、成果を上げていた場所だ。当時、カルガリー大学の大学院生だった私の元に連絡がきたのは、二〇一五年の秋。メールに添付された写真には、細長い卵化石が写っていた。オヴィラプトロサウルス類やトロオドン科が産む卵によく似ている。形状を留めた卵化石は、日本でまだ見つかっていないはずだ。しかも、狭い範囲から卵化石が複数見つかったという。巣を掘り当てた可能性さえある。衝撃的だ。これは大発見ではないだろうか。メールには「とにかくすぐ調べてほしい」とあった。

その後、兵庫県立人と自然の博物館と繰り返し連絡を取り、いかに今回の発見が重要であるかを説明した。そして兵庫県の皆さんのご尽力により、大規模発掘調査が実現したのだ。ここまで、三年半かかった。

しかし、いざ発掘調査が始まると、卵殻片の一枚も出てこない。威勢が良かった隊員も、徐々に口数が減っていった。なんとも言えない重い空気が漂い始めた。現場監督とともに調査の指揮を執る私の肩に、重圧がのしかかる。

「これだけ予算をつけて調査を始めて、何も見つからなかったらどうしよう」

不安が頭をよぎる。

手がかじかむ真冬の発掘。すぐ横を流れる篠山川（ささやまがわ）の水位が下がる冬を狙って調査を開始したのだが、この時期の発掘は精神的にも肉体的にもこたえる。雪が舞い散る中、削岩機の轟音（ごうおん）だけが谷間にこだましていた。

そんな中、一筋の希望は石割隊の中から生まれた。「石割隊」とは、削岩機で切り落とされた硬い岩石を、小指の先ほどの大きさになるまでハンマーでさらに細かく砕き、中の化石を確認するチームだ。石割隊には、多くのボランティアの方々に参加いただいた。

石割隊が大きな岩石を砕くと、中からワッと卵殻化石が現れた。私はぴょんぴょんと発掘の最前線を飛び越えて石割隊が待つブルーシートへ向かった。化石を確認し、私は心の中で叫んだ。

「ジャックポット（大当たり）だ！」

2　新たな研究が始まる

ポスドク生活

カルガリー大学で博士課程を終え、二〇一七年三月に帰国してから三年半が経った。その間、恐竜の卵化石研究にのめり込んだままだ。私はさらに研究に邁進(まいしん)していた。

帰国後、私はポストドクトラル研究員（通称、ポスドク）となった。ポスドクとは大学や研究所で働く任期付き（一～五年程度）の博士研究員のことで、大学院生と大学教員の中間的立場にあたる。授業も業務もなく、研究に専念することが己に課せられた唯一の仕事だ。

この夢のような立場は、国（日本学術振興会）が主導するポスドク制度のおかげだ。博士課程の最終年度に申請書を送り、採用されれば翌年から希望する大学や研究所でポスドクを開始できる。三年間、研究費と生活が保障される。若手研究者の登竜門的制度だ。

私がポスドクを行う拠点として選んだのが、名古屋大学博物館だった。名古屋大学博物館には古生物学の教員が在籍しているからアドバイスをもらえるし、研究機材や標本など、環境が整っている。そして名古屋と言えば私の出身地だから、目を閉じても歩ける庭のような感覚だ。

とはいえ、名古屋で暮らすのは高校生以来であった。いつの間にか街は姿を変え、最寄り駅にはヒルズウォークという大型ショッピングモールができていた。便利すぎて名古屋のノンビリエリア、緑区という実感がない。いつこんな摩天楼ができたのか。全然、目を閉じて歩ける庭じゃない。ただし、相変わらずコメダ珈琲店の赤いソファはフカフカだったし、台湾ラーメンはやたら辛かった。名古屋人の好みは、一三年前から変わっていないようだ。

名古屋大学博物館に在籍中、私は世界中を飛び回った。ある時はオタワにあるカナダ自然史博物館の展示室で脚立に登り、巨大な竜脚類（りゅうきゃくるい）の骨格を測定した。ある時はワシントンDCにあるスミソニアン博物館の標本庫でゾウガメ骨格のフォトグラメトリーを作成した。またある時はロンドン自然史博物館で恐竜になる直前の動物の化石を観察した。毎月のように国内外のどこかへ出かけ、データ集めに終始した。自由に研究できることの幸せ。時間とお金のなかった博士課程の頃に比べれば、とても恵まれている。就職すれば研究以外の仕事も増え、純粋に研究に費やすことのできる時間は次第に限られてくるから、時間があるうちに、ネタとデータを増やしておくのが得策である。

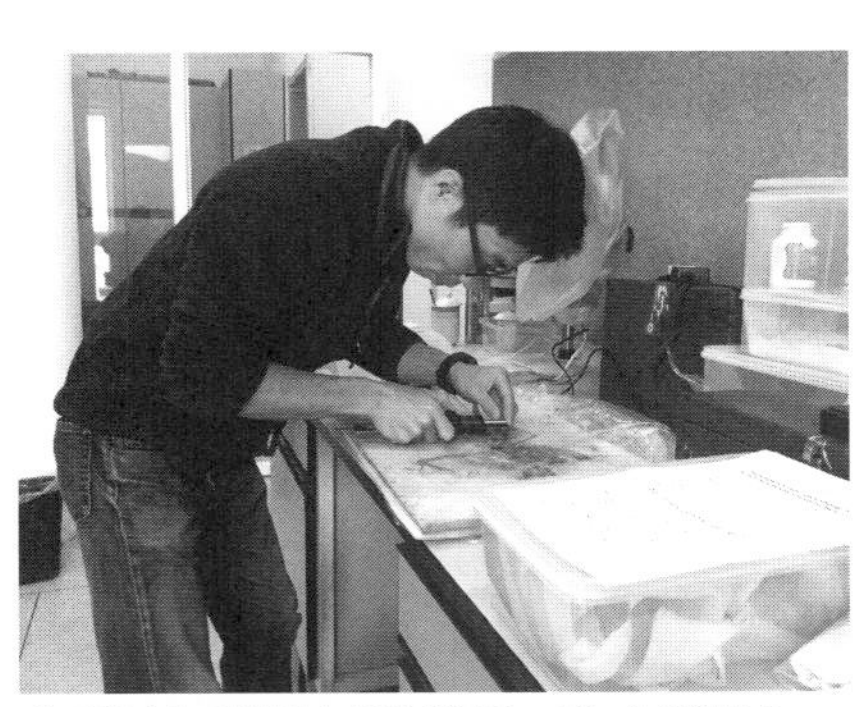
ポスドクとして世界中を飛び回り、データを集める。

そしてポスドクを開始してから二年も経たないうちに幸運に恵まれ、筑波大学に就職した。一つのポストをめぐる若手研究者の競争はひどく熾烈であると言われている。公募が出れば、それに応募が殺到する。古生物学の分野でもそれは同じで、就職口が非常に少ないそうだ。どこかの大御所の先生が退官しなければ、席は空かない。しかも昨今の不景気や少子化に伴う規模縮小で、ポストは減る一方である。就職口は博物館にもあるから、古生物学者は大学と博物館の両方で就職先を探すことになる。幸いなことに、私がポスドクを続けている間に、何件か大学教員の公募があった。そのうちの一つが筑波大学である。採用の連絡を受け、最初に連絡したのは北海道大学の小林快次先生だった。小林先生は電話を取るなり、「おめでとう」と言ってきた。なんという勘の鋭さ。まだこちらは何も言っていないのに……。小林先生はエスパーだろうか。

そういうわけで再び名古屋を離れることになった。さよならきしめん、ウェルカムなっとう。

サイエンスは面白い

朝、筑波大学の研究室に着くと、電子ケトルのスイッチを入れ、パソコンを開く。窓を開けると、朝のひんやりした風が研究室にフワッと入り、壁に飾ったカルガリー大学のペナントを揺らした。空気の冷たさに夏の終わりを実感する。

新型コロナウィルスの影響で、この夏は外国へ出かけられず、もっぱら論文の執筆に取り組んでいた。研究室の相棒は三匹のカブトムシである。旅行できないのをいいことに、私はカブトムシを飼い、静かな夏を楽しんでいた。存分にカブトムシを愛でられる。こうしてノンビリと過ごす夏は、子供の時以来だ。

思えば、恐竜研究者になりたいと夢見ていたチビッコの時から、二〇年以上経っていた。今の私の年齢は、あの時の小林先生の年齢である。あの時とは、大学二年生の私が小林研究室のドアをノックし、小林先生に初めて会った時のことだ。今でも鮮明に思い出せる。開けたドアの向こうに立っていた小林先生は（いい意味で）圧倒的威圧感を放っていた。エネルギーを身にまとっていた。同じ年齢になって気が付いたが、あの時のオーラはただごとではない。小林先生のように、私もエネルギー過多でやっていけるだろうか。オーラはどこに落ちていますか。

パソコン画面をにらみ、私は今進めているプロジェクトを思案した。筑波大学に来てから、私はいくつかの研究プロジェクトを抱えている。もちろん、卵化石のプロジェクトも含まれているが、それにとどまらず、自分にとって未知の領域のプロジェクトにも取り組んでいる。一研究者となった今、いろいろな研究に挑戦できるのはとても幸せなことだ。

私が今も変わらず研究に前のめりである理由、それは、サイエンスが面白いからに他ならない。仮説を立てて必要なデータを集め、検証する。この過程が本当に楽しい。化石という限られた証拠に基づき、アイディア次第でいくらでも恐竜たちの生き生きとした暮らしぶりを解き明かすことができるのだ。外国の砂漠で新種を見つけるのも楽しいが、自分の仮説を検証する過程はもっと楽しい。カナダから帰国して、私の研究に対する熱量はさらに増加していた。

私が今後重点を置いて取り組みたいプロジェクトは、主に三つある。恐竜の繁殖に関する研究、恐竜の生きざまを考える研究、そして新たな恐竜化石産地を開拓する研究である。

3　世界最小の恐竜卵化石を発見！

ナゾだらけ

カナダに留学していた時の研究で、恐竜たちの繁殖方法を少しずつ紐解(ひもと)いてきた。オヴィラプトロサウルス類などの獣脚類恐竜の中で埋蔵型の巣からオープンな巣へと変化し、抱卵(ほうらん)行動が生まれた。大型恐竜でも抱卵しただろう種がいたことも分かったし、抱卵しない恐竜でも、時にはコロニーをつくって巣を守っていたことが分かった。わずかながらも、恐竜の繁殖に関する研究に貢献できたのは誇らしく思う。

しかし、私が提唱したのはあくまでも一説にすぎない。本書ではそれがあたかも正しいかのように語ってきたが、タイムマシンを持たない私たちには、真実など分からない。読者の皆さんには、私の考えは仮説の一つとして受け取ってもらえれば良いと思う。私の論述を鵜呑みにしてはいけませんぜ。もしかしたら未来の研究者が、私と違う見解を示すかもしれない。それはそれで良い。少しずつ答えに近づいていけば良いのだ。永遠に正解が分からないところに、恐竜研究の面白さがある。自然界の仕掛けた謎解きを存分に楽しむことができるのが、恐竜研究のだいご味である。

恐竜の繁殖には、まだまだ分からないことがたくさんある。現在の鳥を見ていると、疑問がたくさん思い浮かぶ。卵の大きさや形状はどうやって決まるのだろう。胚は卵の中でどのように成長するのだろう。ヒナの成長スピードはどれくらいだろう。托卵していた恐竜はいたのだろうか。ナゾだらけだ。何とかして推定する方法を見つけ、ナゾを解き明かせないだろうか。引き続き、恐竜たちの「生きる」を理解したい。恐竜の繁殖研究をさらに押し進めていくべし。

そんな中、新たな卵化石調査が舞い込んできた。兵庫県丹波市での卵化石発掘調査だ。調査が始まったのは二〇一九年一月で、私が筑波大学に着任する一か月前だ。大学の仕事もあるから、ずっと発掘に参加するわけにはいかない。つくばに引っ越してからは、主に土日に参加することになった。

多くのスタッフやボランティアが集めた卵殻化石は、合計で一五〇〇枚以上にもなった。これほどの数の卵殻化石が日本で見つかるのは初めてのことだ。この調査では、とても正確に化石の分布を記録した。地層の平面上（層理面という）に碁盤の目のようにマス目を書き込み、削岩機を使ってマスごとに徐々に掘り込んでいく。化石層に到達したらハンマーに持ち替え、慎重に発掘する。

卵殻片が見つかると逐一記録を取る。ノギスを使ってサイズを測り、外表面の向きをノートに書き込む。そして高精度の測量機器を使って位置情報を記録するのだ。卵殻が密集状態で見つかった地点では、この作業が無限に繰り返された。

「これ、期限内に終わるのか？」

兵庫県立人と自然の博物館の研究員が、永遠に続く作業を嘆いた。嬉しい悲鳴と受け取っておこう。卵殻の発掘は地味で根気が必要なのだ。

皆さんの努力のおかげで、世界的にも例のないほど高精度のデータが収集できた。私たちの論文をチェックした査読者は「これが世界のスタンダードになると良いくらい素晴らしい」と評してくれた。化石の分布図があると、得られる情報はグッと増えるのだ。卵殻が無数に散らばる外国では、なかなかこれだけの精度で発掘はできない。日本ならではの繊細な調査スタイルと言えるだろう。

できあがった卵殻化石の分布図を見てみると、どの地点からどういう化石が見つかったかが一目瞭然になった。発見は一か所に集中していることが分かる。密集地点では、形状を留めた卵化石が複数見つかり、大量の卵殻片が散らばっていた。ここから周辺に行くほど徐々に卵殻の数は減少し、卵殻片の大きさも小さくなる。白亜紀の当時、密集地点あたりに巣があったことを示しているのだろう。日本初の巣（の残がい）化石の発見だ。

世界最小の恐竜卵ヒメウーリサス

今回の調査で四種類の恐竜卵殻化石が確認でき、うち二種類は新卵種であることが分かった。私たちはこの二種類を「ヒメウーリサス・ムラカミイ」と「サブティリオリサス・ヒョウゴエンシス」と名付けた。それぞれ、「村上氏の可愛らしい卵の石」と「兵庫県の繊細な卵の石」という意味である。ちなみに「ヒメ」は日本語の「姫」からとっていて、とても小さい（約四・五センチメートル×二センチメートル）ことにちなんでいる。「村上氏」は発見や発掘に長年貢献してきた村上茂氏に由来する。

系統解析というコンピュータ解析の結果、ヒメウーリサスは鳥類ではない小型獣脚類の卵と推定された。非鳥類型恐竜類の卵としては世界最小の大きさだ。生きていた当時は一〇グラム

ヒメウーリサスの実物大模型（左）と巣と親恐竜の復元画（イラスト：長手彩夏）

ほどしかなく、一〇〇円玉二個分の重さである。

これまで世界最小と考えられてきた恐竜卵は、タイで見つかった長さ二センチにも満たない化石だった。ヒメウーリサスよりもずっと小さい。しかし、フランスの研究チームが卵の中に残されていた胚化石を再分析したところ、トカゲに属することが分かった。二〇一五年のことだ。そういういきさつがあり、ヒメウーリサスは運よく世界最小の座を手に入れた。ちなみに、世界第二位の小型卵は、インドで見つかった長さ五・三センチの獣脚類の卵化石だ。

超小型の恐竜卵の発見は、とても大きな意義がある。丹波で、おそらくカモメくらいの大きさの恐竜が産んだであろう卵が見つかったことは、この地に小型恐竜が存在していたことを意味する。骨化石は大きな種の方が保存されやすく、小動物は見つかりづらいというバイアスがある。一方、硬質の卵殻は大きさに関係なく保存されるから、小型恐竜の多様性を探るうえで重要である。私たちが知らなかっただけで、実は丹波にはいろいろな大きさの恐竜が暮らしていた。丹波市では日本最大級の恐竜（丹波竜ことタンバティタニス）と最小（ヒメウーリサス）の両方が見つかっている。卵殻化石は、これまで不明だった小型恐竜の存在を明かしてくれるのだ。卵殻化石を通して、恐竜時代を垣間見ることができる。

論文公表と記者発表を終えてしばらくたった二〇二〇年の夏、一通のメールが届いた。送り主は「ギネスワールドレコーズ」とある。ナンノコッチャと思いながらメールを読むと、なんと、ヒメウーリサスを世界最小の恐竜卵化石としてギネスブックに登録したいとのこと。こんなことがあるんだなあと思いながら、私たちはありがたく認定証を受け取った。

チビッコ諸君、日本からも世界一となる恐竜化石は見つかるのだ。あきらめてはいけないぞ。

4　恐竜たちの「生きる」をめぐるナゾ

現生種のフィールドワーク

兵庫のヒメウーリサスは、日本の卵化石の可能性を知るうえでとても良い発見だった。ヒメウーリサスを使って、今後新たな繁殖研究が生まれることを期待している。

恐竜類の繁殖行動を探るには、卵化石を分析するのが王道である。もっとも直接的な証拠が卵だからだ。しかし、卵以外にもヒントはたくさんあるはずだ。これまでは卵に着目してきたが、卵以外の化石にも注目し、新たな研究を切り開きたい。親恐竜の骨格化石を調べるのも面白いだろうし、赤ちゃん化石も捨てがたい。卵から骨へ、徐々に守備範囲を拡大していこう。

ある日、海鳥のヒナの成長について知りたくなった私は、北海道大学水産学部で海鳥の研究をする綿貫(わたぬき)豊教授のフィールドワークに同行させていただけることになった。現生種のフィールドワークは初めての経験である。大学院生の時はできなかった調査だ。

場所は北海道天売島(てうりとう)。島民三〇〇人に対し、一〇〇万羽の海鳥が飛来する海鳥パラダイスである。島と島をひもで結んだら、島が飛んで行ってしまうのではないかと思うほどだ。

ウトウを追いかける

羽幌(はぼろ)港から荒波にぶらんぶらん揺られること一時間。抹茶エクレアのような天売島が見えてきた。水産学部の大学院生が港まで迎えに来てくれ、彼らのねぐらに荷物を降ろす。かつての郵便局の建物を改造したという木造二階建ては見るからに年季が入っている。隙間風がぴうぴう吹いてきて、四月の終わりといえど、朝晩の寒さは地獄であった。寝ている時、床からジワジワと冷気がしみ込んでくる。朝になったらカチンコチンに凍っていないだろうか。私が借りた部屋はオバケが出るそうだが、この冷気は霊気だったのか。カナダで培ったはずの寒さへの耐性は、もろくも崩れた。霊気への耐性はそもそもない。

天売島では、ウトウをはじめとするさまざまな海鳥が繁殖を行う。ウトウはなんとなくペンギンぽいずんぐりむっくりした鳥で、くちばしの上に角がある。英語では、「ユニコーン・パフィン」とも言うそうだ。キューキュー鳴く姿が愛らしい。ポケモンかい、君は。

日中を海で過ごすウトウは、夕方になると一斉（いっせい）に島に戻ってきて巣穴に潜り込む。島にはなんと三八万個の巣穴があり、夕方の帰宅ラッシュは壮観である。風のない月夜に、ウトウの羽音だけが響き渡る。東京の帰宅ラッシュに疲れたら、天売島の帰宅ラッシュを見に行ってほしい。こんなにも幻想的なラッシュアワーは初めてだ。

ある晩のこと、ウトウの調査に同行させてもらった。昆虫採集の要領で網を使ってウトウを捕獲し、計測する。卒業研究を始めたばかりの四年生の実地訓練のはずだったが、私は学生よりも夢中でウトウを追いかけた。ズボっと巣穴を踏んではいけないから、道路に出てきたやつを捕まえるしかない。しかし、ウトウも必死である。私が近づくとすぐに巣穴に逃げ込むので、簡単には捕まらない。恐竜学者が無謀にも鳥類を追いかける画となった。あまり怖がらせてはいけないので、静かに近づいてサッと網を振る。網を持つのは小学生の時、カブトムシとカラスアゲハを追いかけた夏以来だ。とうとう私に捕まってしまったウトウは、網の中で観念したようにクルクル鳴いていた。可愛いやつ。ちなみに、計測後はそっとリリースする。ありがとう、鳥類型恐竜君。

素手で行け！

このように、かれらの活動時間に合わせ、夜にフィールドワークするというのはとても新鮮だった。夜に化石発掘はできないから、古生物学者ならウイスキー片手に焚き火を囲んで語り合っている時間である。ああ、生き物を扱うフィールドワークは大変なんだな、と思い知った。

調査最終日の早朝、私たちはウトウの卵の採集に出かけた。ウトウの巣穴は深さ一メートルほどもあるトンネル構造になっており、奥で親鳥が卵を温めている。一〇個の卵を拝借する予定だったが、ここでも私は苦戦した。穴は意外と深く、肩まで突っ込まないと手が届かない。先の見えない穴に手を突っ込むのは恐怖である。親鳥は最後の抵抗として嚙みついて応戦して

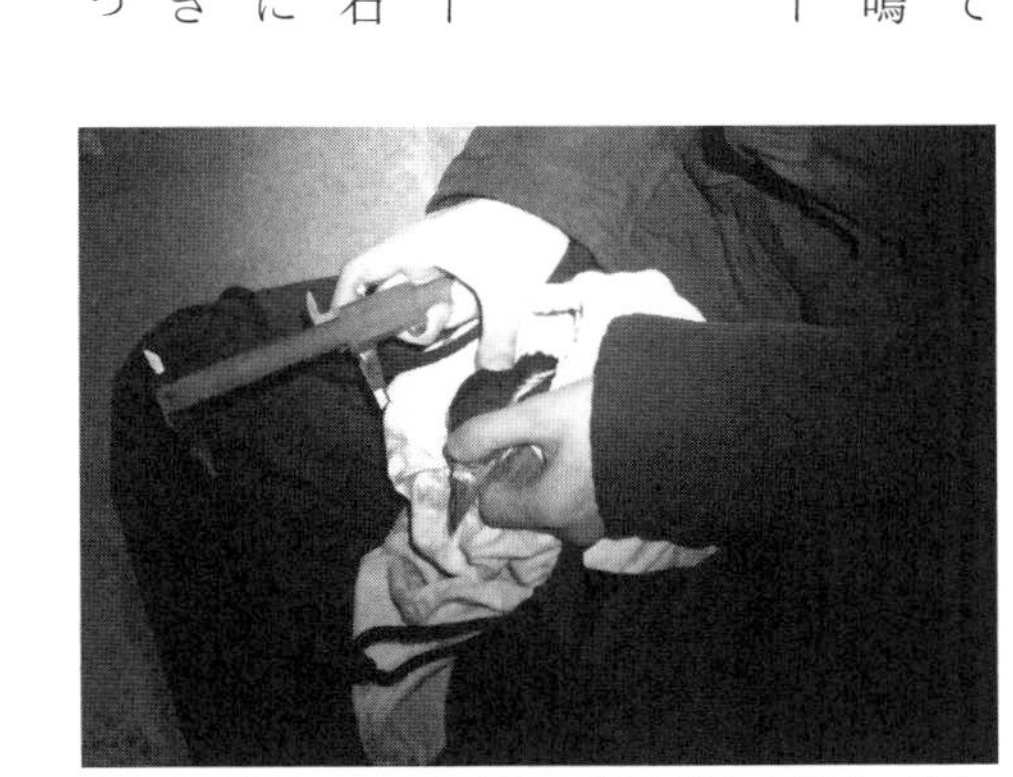
夜のウトウ調査。この愛くるしい鳥を捕まえて計測し、リリースする。

くるので、私はビビッてすぐに手を引っ込めてしまう。「噛まれているうちに取るんだよ！」と言う綿貫教授のセリフは、まさに百戦錬磨（ひゃくせんれんま）の戦士のそれである。

「軍手なんてしていたら、卵の感触が分からないから、素手で行け！」

怖いのが親鳥なのか教授なのか分からなくなってきた。結局、ほとんどの卵を教授とその弟子が採集した。さすが鳥類学者。ちなみに、卵の採集はしかるべき機関に申請し、許可を得ているのでご安心を。

次のミッションは、卵を安全に筑波大学まで運び届けることである。ただ今の時刻、午前八時二分。一四時間に及ぶ運び屋の仕事が始まった。

卵との旅

一〇個の卵は移動用孵卵器（ふらんき）に入っていて、一定の温度（三七度前後）に保たれている。まずは午前九時四〇分出港の「おろろん号」に乗船し、羽幌港を目指す。出港前の船内で、一回目の転卵を行う。転卵とは、卵を回転させ、中のヒナがうまく発育できるようにする行動である。野生では親鳥が時々くちばしで卵を転がし、転卵するのだが、ここでは私が行う。卵が冷えるといけないので、素早く孵卵器を開けて転卵する。これを、だいたい一時間に一度行うのだ。

「AM9：30」

転卵した時刻をメモした。ふと、転卵行動はどのタイミングで進化したのだろうと疑問が浮かんだ。転卵した恐竜はいたのだろうか。どうすればそれを推定できるだろうか。新たなナゾ（＝研究の種）が生まれた。

羽幌港から札幌（さっぽろ）行の高速バス「はぼろ号」が出発するまで、まだ二時間近くあった。お腹が減ったが、不必要な移動は避けたいところだ。スーパーで弁当を買い、バスの待合室で昼食とする。その間も、転卵を忘れてはならない。今まで死んだ生き物ばかり扱ってきたから、命ある卵には大変緊張した。心なしか卵に触れる手が震える。卵は温かく、命の重みを感じた。今まで私が触った卵は、すべてひんやりしていたのと対照的だ。

そして最大の難関、飛行機がやってきた。ゴールデンウィークの新千歳空港は、旅行者で混雑している。楽し気な観光客のグループに混じって、ガチ登山用のザックを背負った三〇代男が一人。薄汚れた服を着て、右手に金属製の箱を抱えている。箱の表面には液晶パネルがあり、謎の数字（温度）が記されている。緑と赤のランプが点灯している。どう見てもアヤシイ。あれは爆弾ではないだろうか。「空港」と「爆弾」は絶対にあってはならない組み合わせだ。観光客の、私に対する視線が怖い。「これは違うんですよ」と大声で言いたい。

卵は荷物として預けられないため、手荷物として機内に持ち込むことになっていた。事前に航空会社に連絡し、事情を説明してあったから、スタッフは箱が何かを知っている。孵卵器を保安検査場のX線に通す。

「おっと、気を付けてください。揺らしちゃダメですよ」

私の後ろに並ぶ乗客はさぞやビビっていただろう。ちなみに、孵卵器は充電池式だが、すぐにバッテリーがなくなるため、たくさんの予備充電池を用意しないといけない。機内に持ち込める電池の量は決まっているから、それも考慮して旅に備えた。

機内では、孵卵器のために一座席確保していた。気のせいか、窓際の席に陣取った孵卵器は嬉しそうに見える。卵との旅も悪くない。卵君、孵化(ふか)する前に空を飛ぶ気分はどうだい。

「PM20：24」

羽田空港の到着ロビーで最後の転卵時刻をメモした。筑波大学に着いた時にはすでに午後一〇時を回っていた。研究室で据え置きタイプの孵卵器に卵を移す。あとは孵卵器が自動で転卵してくれる。無事、卵を運び終えることができ、ホッと一息ついた。

ここまでがんばって卵を運んだのにはわけがある。ヒナ（胚）の成長様式が知りたかったのだ。ウトウは孵化までの日数がとても長いという点で恐竜に似ている。卵の中の胚はどうやって成長するのだろう。現生種から得られた知見を、ゆくゆくは恐竜に応用したい。恐竜胚のヒミツの鍵を握るのがこの卵たちなのだ。卵の中には、生きるためのヒミツがたっぷり詰まっている。繁殖行動を調べて、恐竜たちの「生きる」を知る。この一貫した考えは研究を始めた当初からずっと変わらない。
研究はまだ始まったばかりである。将来、成果を発表するのが楽しみだ。

5 謎解きはランチの後で

恐竜たちの一生

私の住む茨城県つくば市は平坦で、まっすぐな道と整然と並ぶ家々が北米の郊外を思わせる。巨大なコストコ（大型のスーパー）やショッピングモールがあるところも似ている。広くてきれいな歩道には、「ロボットが通行します」という張り紙が。先ほどすれ違った大学教授風の紳士は、超高性能ヒト型ロボットだったのかもしれない。心なしか、三ミリメートルほど宙に浮いていた。さすが研究学園都市だ。もはや人とロボットの区別もつかない。

北部には筑波山がそびえていて、街には緑が溶け込んでいる。新興住宅街の所々に林や畑、小川があり、キジやウグイス、カエル、セミ、秋に鳴く虫と、目と耳で季節を感じることができる。この夏はアパートにカブトムシも飛んできた。東京から近いのに、大変落ち着く街である。

私は研究に行き詰まると、アパートの周りを散歩することにしていた。すぐ近くに大きな寺があり、わずかに残ったツクツクボウシが最後のひと花とばかりに鳴いている。全盛期にはあれだけ蟬時雨（せみしぐれ）が降っていた寺も、今は少し寂し気である。境内の巨木にはセミの抜け殻がまだくっついていて、その足元には天国へ旅立ってしまったセミたちがひっくり返っている。夏の終わりの寺は、生と死が混在しているようだ。

卵化石を使って恐竜の「生きる」を研究する一方、恐竜たちの「死」も解明できたら面白そうだ。私が、「今後重点を置いて取り組みたいプロジェクト」の二つ目に選んだのは、恐竜の「一生」である。死は、誕生と対をなす。両方を追求することでようやく恐竜たちの一生が完結する。生活史戦略という、恐竜たちの生きざまが見えてくるはずだ。今まで取り組んできた研究は、恐竜たちの一生のほんの始まりにすぎなかったのだ。

時間の概念を、化石記録から取り出す――これは、私が博士課程の時から取り組んできたテーマでもある。孵化日数に続いて、一生という時間を推測することができるだろうか。

自分の研究と学生指導

遡ること半年前、同じ筑波大学に所属している海鳥の研究者と話す機会があった。先の海鳥調査チームの一員、庄子（しょうじ）晶子先生である。北大の海鳥研究者とのツテが、意外なところでつながった。

研究アイディアは、ふとした時や、新しい化石が見つかった時に思い付いたりするものだが、この時私たちは、ある企てをしていた。すなわち、分野の異なる研究者同士が集まって話し合い、新たな研究を創出しようというのである。会議で研究アイディアを生み出すというのは今までにないパターンだった。

大学構内にあるハラルフードのカフェ。ここには広いウッドデッキがあり、木立の中で食事を楽しむことができる。食事をしているのは留学生ばかりだから、再び留学している気分だ。

庄子先生とランチを取りながら、どういう研究を始めるか、会議がスタートした。まずはキーワードを決めてもらい、それを軸に研究計画を膨らませていく。鳥類研究者の方とは話が嚙み合わないのでは、と思ったが、意外と話が盛り上がる。「それが恐竜で分かったら面白そう」とか、「それなら骨化石から推定できるかも」と、鳥類学者と知識をぶつけることで、今までにない研究が生まれそうな予感がした。

筑波大学。北大のように広く、緑に包まれている。

今回、私たちが目を付けたのは「一生」である。恐竜の一生は意外と分かっていない。何千万年も前にこの世を去った動物の生きざまを推測するのはとても難しいからだ。

例えば、恐竜たちは何歳で死んだのだろうか。長命だったのだろうか、短命だったのだろうか。ティラノサウルスはだいたい三〇歳くらいで死んだとか、ブラキオサウルスは四〇年以上も生きた、というような研究はあるが、研究の余地はまだ十分にある。これまでの繁殖研究で養った知識を生かせないだろうか。

研究に対する熱量は増える一方で、研究に費やせる時間は限られている。教員となった現在、研究や授業に加え、次世代の研究者となる学生の指導もしなくてはならない。古生物学はたいていどこの大学でも人気の分野だから、自然と学生は集まる。やる気のある学生が来てくれるのは嬉しい限りだ。しかし、私にとって指導は未知の領域である。現在の私の年齢は、当時の小林先生の年齢だから、あの時の私に対し、小林先生がどのようにふるまっていたか思い出しながら指導している。

私一人では繁殖研究も「一生」の研究もいっぱいいっぱいだから、学生とタッグを組むのはどうだろう。名古屋大学博物館に在籍していた時、恐竜研究の先輩かつ上司的な存在だった藤原慎一先生の考えに感銘を受けたことがある。藤原先生はもともと、トリケラトプスを使って恐竜の姿勢の研究をしていた。骨の形からその機能を探る、機能形態学という分野だ。「硬組織と筋肉のある生き物なら何でも研究します」をモットーに、藤原研究室は恐竜にとどまらず、貝やカニなどの無脊椎動物まで研究していた。大変視野の広い研究者である。そんな藤原先生としょっちゅう、八事にある「魚道」で最終電車がなくなるまで飲んでいた。二人とも酔っ払いだから、飲み会の席で話す内容は毎度まったく同じである。

「学生に研究テーマをどうやって与えるか。私は、自分で研究したかったけれど、どうしてもできなかったテーマを学生に取り組んでもらっているんだ」

藤原先生はとっておきのプロジェクトを、学生に挑戦してもらうと言うのだ。その懐の広さには感心するばかり。白穂乃香（ビール）でふんわりと酔っぱらった頭がさらに熱くなる。一押しプロジェクトであるが、それを生かすも殺すも学生次第。きっかけを与えた藤原先生は学生を見守り、助け舟を出しながら指導するのだ。だから藤原研究室では皆楽しそうに研究に取り組んでいるのか。藤原先生も学生について話をする時は嬉しそうである。

学生を巻き込んで研究を遂行していく――これは今までの私にはなかったやり方だ。最初のきっかけを渡し、後は自分で大きくしてもらえれば良い。とはいえ、恐竜の「一生」を調べる研究も、学生指導も、今がスタートライン。まずは軌道に乗せられ

白穂乃香と寿司。

るか、挑戦が始まった。

6　新たな恐竜化石を探して旅に出よう！

フロンティアを求めて

恐竜の「繁殖」の研究と「一生」の研究、そしてもう一つ進めているプロジェクトがある。それは、恐竜化石発掘プロジェクトである。大学院生の間は、フィールドワークを十分に行うことができなかった。研究室や博物館にこもって行う調査が大半だった。学生のうちは発掘をメインに据えると、不発に終わった場合、その代償が大きい。慎重なダーラは、「フィールドワークは、誰かの発掘に付いていく程度にしておいた方が良い」とアドバイスをくれていた。

しかし、大学に職を得た今、新しいことを始めるにはちょうど良いタイミングだ。これからはフィールドワークにも挑戦しよう。学生を指導する立場になった今、自分の野外調査地があれば、何かと指導もしやすい。小林先生が毎年、学生を引き連れてモンゴル・ゴビ砂漠で調査をするように、どこかでフィールドワークをできないだろうか。

そこでカナダから日本に戻ってからは、アンテナを張りながら研究を続けていた。国内では兵庫県丹波市で調査を行ったのは前述のとおりだ。ただし、二〇一九年の丹波市での大規模発掘調査は異例のことで、毎年行っているわけではない。

ポスドクとして名古屋大学博物館に在籍していた時は、館長（当時）の大路樹生教授と岩手県田野畑村へ調査に出かけた。なんでも、大路教授が古くから調査を行っている田野畑村で、新たに白亜紀の露頭が見つかったというのである。事前の調査によって、琥珀が見つかる陸成層であることが分かっている。私たちはすぐに現場へ急行した。私たちに残された時間は二日間。調査地はその後、工事で埋め立てられる予定だった。

いわて花巻空港へ向けて最終着陸態勢に入った機体の外には、美しい山々と田園風景が広がっていた。イーハトーヴの景色に魅了され、私は空港から歩いて市街地に向かうことにした（そしてその距離に圧倒された）。大路先生とは翌日落ち合う予定だ。抜けるような青空の下を歩きながら、調査の成功を予感した。しかし、無情にも次の日から雨となり、琥珀をいくつか確認しただけで二日間はあっさりと終了した。トホホ。

国内でのフィールドワークは芳しくなかったが、海外で調査という手もある。ポスドクになってから再びカナダ・アルバータ州に戻り、ダーラや小林先生とレッド・ディア・リバー沿いでフィールドワークをした。肩の荷が下りてから臨むカナダのフィールドワークは、ずいぶんと楽しい。

アルバータ州を今後も訪れる調査地として押さえつつ、私はさらなる化石調査地を探した。アルバータ州は大変ステキな地域だが、恐竜化石調査のフロンティアではない。すでに一〇〇年以上も続く恐竜研究の歴史があるからだ。まったく新しい調査地を開拓するのもまた魅力的である。どこかに、恐竜化石発掘プロジェクトのフロンティアは残されていないだろうか。

いざウズベキスタンへ

筑波大学で仕事をしていたある日のこと、博士課程の大学院生であるオタベック君に声をかけられた。彼はウズベキスタン出身の留学生である。

「フィールドワークをしていたら、恐竜の化石を見つけましたヨ」

母国でフィールドワーク中、偶然恐竜化石を見つけたそうだ。オタベック君がさまよった場所は白亜紀前期の陸成層。彼が差し出した写真には、砂岩（さがん）の中に細長い骨状の物体が写っていた。

「むむ、これは本当に恐竜の化石かもしれない」

この地域では、恐竜化石の報告例はほぼゼロである。

ウズベキスタンで化石調査とは、なんて魅惑的な響きだろう。ウズベキスタンの恐竜のことを、私はよく知らない。というか、ウズベキスタンのことすら、私はほとんど知らない。そもそもどこにある国だろう。私の好奇心は存分に掻き立てられた。未知の国ウズベキスタンでの調査に向けて、さっそく、準備を始めることにする。

調査旅行にはオタベック君はもちろんのこと、彼の指導教官である筑波大の久田健一郎教授（今は退官された）にも同行していただけることになった。久田先生はウズベキスタンの地質調査局で顔が効くため、調査をスムーズに進められそうだ。

もう一人、恐竜化石調査には欠かせない人物がいる。そう、ダイナソー小林先生だ。フィールドワークのノウハウを知る小林先生に来てもらえればとても心強い。小林先生が東京に来るタイミングで打診してみることにした。

二〇一九年七月、吉祥寺のライブハウス。半地下で薄暗く、熱気に包まれている。ここで私は小林先生に接触した。なぜライブハウスなのかと言えば、実はこの日、来日したＫＪのバンドがライブを行うことになっていて、小林先生と一緒に出かけることになっていたのだ。私と小林先生はカナダでもＫＪのライブに出かけるほど、彼の音楽が好きなのだ。

ライブハウスは人であふれかえり、少し動くたびに誰かとぶつかってしまう。ＫＪのバンドがこんなにも日本で人気とは知らなかった。ＫＪは英語にもかかわらずお客さんと仲良くなり、ライブハウスは一体となった。観客は飛び跳ねて喜び、私も小林先生も飛び跳ねて楽しんだ。普段は良きダディであるＫＪが、ライブでは観客の心をガッチリつかむパンクロッカーになるさまは、まるでスーパーマンに変身するクラーク・ケントのようである。見た目はどちらかと言うとマイケル・J・フォックスぽいけど。

さて、ライブが終わり、電車の中で小林先生にウズベキスタンの調査旅行に来てもらえないか聞いてみた。

「うん、いいよ、行こう」

小林先生は即決の男である。好奇心のアンテナがさっぽろテレビ塔よりも高くそびえている。このフットワークの軽さこそが、これまで幾度となく大発見をモノにしてきた小林先生の真骨頂なのだ。

必要なものは柿ピー

これでメンバーが揃(そろ)った。二〇一九年一〇月、私たちはウズベキスタンへと旅立った。初めての中央アジア。さて、今回はどんな冒険が待っているのだろう。韓国・仁川(インチョン)国際空港を経由して(マッコリをたしなみ)、首都タシケントを目指す。私たちの期待を一身に背負い、飛行機が滑走路

ウズベキスタンにて。色とりどりの雑貨が並ぶ。

を加速し始めた。飛行機は苦手だが、この先に大発見が待っているかもしれない……と思えば我慢できる。外の景色がカクンと傾き、眼下の街並みがみるみると小さくなっていった。

タシケントはアジアやロシア、トルコの街並みと似ているような、いや、やっぱり似ていないような、不思議な雰囲気の街だった。乾燥していて青空がまぶしい。街中は白いシボレーばかりが走っている。白い車が多いのは、夏が暑すぎるからだそうだ。

キレイな模様のパン。

さっそく、ウズベキスタンの地質調査局の協力の下、化石が見つかったという砂漠に向かう。私たちはごつい4WDに乗り込んだ。タシケントを抜けてしばらく走ると、夕焼けの空にカザフスタンから発射された宇宙ロケットの軌跡が見えた。ずいぶん遠くに来たんだな、と実感した。とっぷりと日が暮れてから、車は曲がりくねったハイウェイに入る。真っ暗な峠を猛スピードで走るのはちょっと怖い。もう少し安全運転を願えないだろうか。

途中、道路脇に連なる露店に立ち寄ることに。外気はひんやりしていて、ずいぶん登ってきたことが分かった。冬の星座が東の空から顔を出している。露店には見たことのない色とりどりの果物や乾燥チーズなどが並んでいた。頭にスカーフを巻いた、アジア人ともヨーロッパ人ともつかぬ顔の女性が店番をしている。

その後も車は猛烈な勢いで峠をひた走り、やがて平原に入った。久田先生は荒い運転を全然気にしていない様子。右へ左へ揺れる久田先生のかばんの中から、柿ピーが出てきた。私も自分のかばんから柿ピーを取り出す。「あれ」と言って、それを見た小林先生も柿ピーを取り出した。みんな考えることは一緒で、酒のつまみに柿ピーを持ってきていたのだ。日本から何千マイルも離れた外国に出かける時、必要なものは何か。旅の達人の答えは完全に一致していた。すなわち、柿ピーである。久田先生や小林先生と同じように、私もおじさんの域に足を踏み入れていることに軽くショックを受けた。

この日は小さな町のホテルに宿泊し、翌朝、食料を調達してから調査地に向かった。朝日を浴びたコットン畑とそれを区画するポプラ並木が、まるで外国の絵本のような美しさだった。

峠にあるハイウェイ沿いの露店。色とりどりの果物やチーズを売っている。

羊飼いを横目に見ながら未舗装の道に入ると、そこには広大なバッドランドが広がっていた。初めて見るユーラシア大陸のど真ん中のバッドランド。遠くの蒼(あお)い山脈と手前の赤い地層とのコントラストがまぶしい。

中央アジアの恐竜

ところで読者の皆さんは、ウズベキスタンや中央アジアの恐竜を一種でもご存じだろうか。すぐに答えが出てくる人は筋金入りの恐竜ファンだろう。そこそこ恐竜に詳しい人でも、なかなか名前が出てこないはずだ。正直に言えば、私もよく知らなかった。

それだけ、中央アジアの恐竜は世間に浸透していない。ユーラシア大陸の両端であるヨーロッパと東アジアでは、数多くの恐竜化石が見つかっている。ヨーロッパだったら、イグアノドンやバリオニクス、始祖鳥などが知られている。東アジアなら、タルボサウルスやヴェロキラプトル、マメンチサウルスなど、たくさんの恐竜を列挙することができる。だが、その中間に位置する中央アジアの恐竜は意外と知られていない。スター級の恐竜が不在なのである。

中央アジアの恐竜があまり知られていないのは、研究がまだ十分に進んでいないからだろう。実は、ウズベキスタンからは一〇種ほどの恐竜化石が見つかっている。小型のティラノサウルスの仲間であるティムランギアやドロマエオサウルス類のイテミルスなど、それなりに発見されてはいる。恐竜化石が見つかるのは主に西部のキジルクム砂漠。私たちが調査したのとはまた別の地域である。キジルクム砂漠は約三〇万平方キロメートルと広大だから、一〇種ほどと言っても、まだまだ研究は発展途上といった段階だ。

ウズベキスタンの恐竜は、ユーラシア大陸の東西をつなぐ役割を果たす。西側のヨーロッパと東アジアが交わる場所が中央アジアだ。中生代（ちゅうせいだい）の当時、恐竜たちが両端を行き来するには今の中央アジアを通らなければならなかった。北半球では、東アジアと北アメリカ西側の白亜紀後期の恐竜たちはとてもよく似ていることが分かっている。それでは、東アジアと中央アジアではどうか。中央アジアとヨーロッパではどうか。北半球の恐竜たちの分布や放散を考えるうえで、中央アジアは欠かせない地域なのだ。

人類にとって、ウズベキスタンがかつてシルク

ティムランギアは古いタイプのティラノサウルスの仲間。全長３〜４ｍと小型。

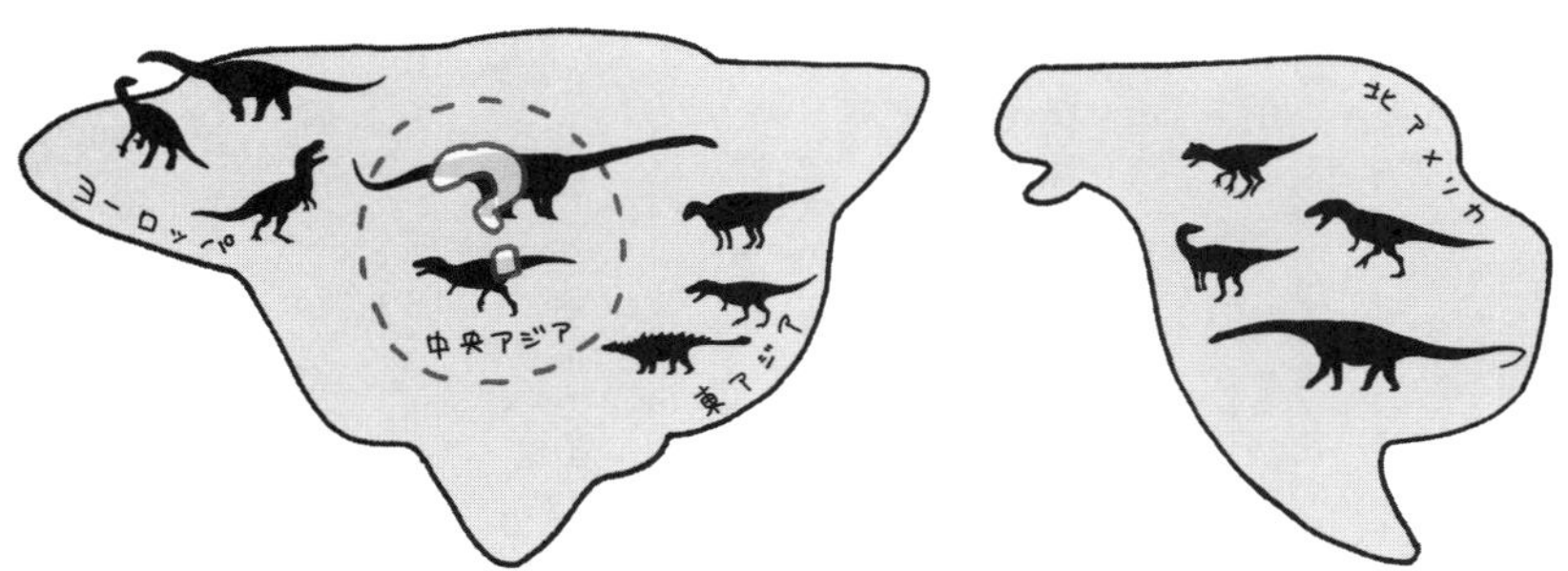

北半球の恐竜の分布地図。中央アジアは、ヨーロッパと東アジアの恐竜たちの行き来を考える上で重要である。

ロードの重要な中継地であったように、恐竜にとってもウズベキスタンは大事な中継地だったのかもしれない。そんな中央アジアの恐竜のヒミツを、もしかしたら私たちが明らかにできるかもしれない。

そういう期待を引っ提げて、私たちはウズベキスタンのバッドランドにやってきたのだ。つくづく嬉しく感じる。かつて、トロント大学に通っていた同期の千葉謙太郎君と灼熱のアルバータ州でセントロサウルスの発掘をしながら、「今、夢をかなえている瞬間じゃん」と話していたことを思い出す。

最高の仕事

私にとって、恐竜研究者になることは子供の時の夢だった。しかし、大学院に入るとそれを意識することはなく、夢をかなえようという考えはいつの間にか消えていた。頭にあったのは、研究が楽しいので、研究を続けたい、という思いだけだ。将来も研究を続けることしか考えていなかったし、それ以外のことを想像したこともない。夢をかなえようという考えが頭に残っていれば、どこかで脱線していたかもしれない。かなえることよりも、過程を楽しんでいれば案外うまくいく。研究者までの道のりは長いが、苦ではない。

しかし、博士となった今、私の夢は新たに増殖しつつある。あれも研究したい、これも研究したいと興味が膨らんできたのである。この場合、夢というよりは目標だ。努力さえすれば、いくらでも達成できる範囲内にいる。全部うまくいくかは分からないが、その過程を楽しんでいれば何とかなるだろう。研究は、始まりから、完成に至るちょっと前までが一番楽しい。とすれば、夢は多い方が楽しい。たくさんいろいろな夢があって、そのうちの一つでもうまくいけば、「夢がかなった！」とおおっぴらに表を歩けるではないか。一日に食べていいアイスは一個までと言われてきたが、一生でかなえて良い夢は一個までとは言われていない。夢や目標は、多い方が良い。ちなみに、大人になった私はその気になれば一日に二つのアイスを食べることもできる。

すべてのプロジェクトは、まだ始まったばかり。予期せぬ発見が私を待っているかと思うと、武者震いする。このワクワク感は、いつかアルバータ州のバッドランドで寝袋一つ持って一夜を明かしたあの時の感動に似ている。空に満天の星が輝くように、恐竜研究はロマンで満ち満ちているのだ。

高台に登ってウズベキスタンの美しい峡谷(きょうこく)を眺めながら、恐竜研究は最高の仕事だと感じた。こんなにもきれいな場所に来て、これから日没近くまで恐竜化石を探す。最高の贅沢(ぜいたく)である。そのことをすぐ横で同じく峡谷を眺める小林先生に伝えると、小林先生もまったく同意していた。小林先生はこれをもう、何十年も噛みしめてきたのだ。

そうして私たちは崖を降りていき、バッドランドに飛び込んだ。

恐竜学者は、止まらない。

おわりに

乗客まばらな新幹線。窓の外を流れる緑がまぶしい。ウグイス色のピスタチオアイスを買い、本書の原稿を読み返す。なんとか一冊分書き切ることができ、ホッと安堵する。あとは読者の皆さんが楽しんでくれるかどうかだ。これが一番コワい。

原稿をパラパラとめくりながら、研究はなんて楽しいのだろうと改めて感じた。この楽しさを初めて味わったのは、いつのことだっただろう。そもそも、サイエンスに触れたのは、いつのことだっただろう。思い出すのは、中学一年生の冬のことだ。

その日、私は友人たちと愛知県の山奥で一泊二日の天体観測会に参加していた。小さい時から恐竜や昆虫など生き物が大好きだったが、天体はノーマークだった。夕食を終えて宿舎の外に出ると、そこには異世界が広がって、冷気が体に染み込むことさえ忘れてしまった。あふれんばかりの星たちが黒々とした空を埋めていたのだ。あたりは静寂に包まれているのに、ざわめきが聞こえてくるほどの数だった。私をさらに驚かせたのは、一緒に観測会に参加していた友人である。父親から借りてきた一眼レフカメラで、天体写真を撮っていたのだ。後日、現像された写真を見せてもらうと、あの夜のオリオン座がはっきりと写っていた。

「プロでもないのに、星の写真が撮れるなんて！　自分でも天体写真を撮ってみたい」

それ以来、私は天体写真にはまった。山を歩き、山野草の写真を撮るのが趣味の祖父から古いカメラを譲り受け、一緒に山を歩きながらカメラの基礎を教えてもらった。中学・高校と、毎晩のように天体観測に明け暮れ、天体写真の腕を磨いた。当時の私はビクセンの天体望遠鏡カタログを愛読し、穴があくくらい、隅から隅まで目を通していた。それまで好きだった恐竜はいったんなりを潜めた。

天体写真は、失敗と改善の繰り返しである。当時、デジカメはまだ画質が悪く、フィルムカメラが主流だった。二四枚撮りのフィルムで、絞りとシャッタースピードを少しずつ変え、ベストな組み合わせを探る。やみくもに撮るのは無駄だから、まずは最適な組み合わせを予測し、それを中心に異なる組み合わせを決めていく。月や惑星の写真ならこれでうまくいく。星夜写真では、星の軌跡をイメージして構図を決め、露出時間を定める。レンズの焦点距離、絞り、フィルムの感度、闇夜か月夜か、風はあるかなど、変数はたくさんある。良い写真が一本のフィルムに一枚あれば良いという感覚だ。結果は現像してからでないと分からないから、ノートに記録を残しておく。後日、データと写真を見比べ、どういう条件の時に最適な写真が撮れるのか探っていく。そして再び挑戦するのだ。このプロセスは研究に似ている。仮説の設定と検証(と失敗)、そして新たな仮説の設定と再検証の繰り返し。ゴールはないが、徐々に確かなほうへ近づいていく。まさにサイエンスなのだ。とても楽しい。知らぬ間に私はサイエンスにどっぷりとはまっていったらしい。天体写真の記録ノートは何冊にも増えていった。

ちなみに、大学で天文学や物理学を勉強したいとは全く思わなかった。天体観測は趣味で良い。眺め、撮るのが楽しい。一方、趣味で恐竜発掘はできない。だから大学では古生物学を専攻しようと決めたのだった。

そういうわけで、恐竜だろうと天文学だろうと、どんな分野でも研究は楽しいはずである。研究はいつもナゾに溢れていて、発見の連続なのだ。それぞれの分野でやりがいがある。私が書いたような体験談は、研究者なら誰でも持っているはずだ。

その中で、恐竜研究は時空を超えた謎解きがある。わずかに残された証拠から、何千万年も前に起こった事件を解明すべく、手を変え、品を変え、答えを探す。六六〇〇万年以上も前に絶滅した大地の支配者のナゾを、自分が世界で最初に解き明かせる嬉しさ。こんなスリリングな分野は、なかなかないと思う。ついでに天体観測もできるしね。

本書から、研究の興奮を少しでも味わっていただけたなら幸いである。「はじめに」でも書いた通り、研究の楽しさが伝われば、それ以上言いたいことは何もない。本書を読んで研究に興味を持った方や、未来の研究者が増えてくれたら嬉しい限りである。

以前、とある書籍で、恐竜研究は終わりのないリレーのようだと書いたことがある。恐竜学者は前へ前へとバトンを渡しながら、ゴールを目指す。走者は代わっても、目標は同じだ。永遠に答えが分からないところに、恐竜研究の面白さがある。私たちの役割は、少しでも前進してからバトンを次の走者に渡すことだ。小林快次先生やダーラやジュンチャンが全力で走ってきてくれたからこそ、私は研究のバトンを手にすることができた。次のバトンを受け取るのは誰だろうか。

そういうわけで、本書が次世代ランナーへの懸け橋になればとても嬉しい。もっとも、私はまだ走り始めたばかりだから、ストップする気などさらさらないけれど……。並走する準備はできているので、若い読者は研究のバトンを自分の手にしてほしい。

本書の執筆にあたり、とても多くの方々のお世話になった。小林快次博士、ダーラ・ザレニツキー博士、フランソワ・テリエン博士、故ジュンチャン・ルー博士、モルモン教のホストファミリー、KJ一家、久保田克博博士、K子さん、C氏、綿貫豊博士、庄子晶子博士、北大海鳥研の皆様、久田健一郎博士、オタベック君、坂田智佐子さん、池田忠広博士、藤原慎一博士、大路樹生博士、北澤周子さん、その他関係者の皆様。ここにお礼申し上げます。

庄子晶子博士には、お忙しいなか原稿をチェックしていただき、有益なアドバイスを寄せていただいた。ただし、本書に何か誤りがあれば、それは全て私の責任である。

本書に大変ステキなイラストを添えてくれたのは長手彩夏さんだ。ちょうどイラストレーターを探していた時、私の元に筑波大学新聞が届いた。そこにはなぜか可愛らしい羽毛恐竜の挿絵が描かれていた。いったい長手さんとは何者だろうと思っていたら、なんと彼女は私の所属する地球進化科学専攻の修士学生で、私の目の前で修士研究発表をしているではないか。こんな偶然あるだろうか、いや、ない！　かくして長手さんはその才能を存分に発揮し、本書を一〇倍にも一〇〇倍にも良くしてくれた。

最後に、忍耐強く私と仕事をしてくれた編集者の宮﨑さんにお礼申し上げます。「ですます調にすることで文字数が稼げるのデス！」という阿呆な私に苦笑しながら、本書を出版までこぎつけてくれた（ちなみに、ですます調案は早々に却下された）。

さあ、次の目的地ではどんな発見が待っているだろうか。時刻通りに三河安城駅を通り過ぎた。そろそろ降車なのに、アイスクリームは硬いままだ。皆さま、またどこかでお会いしましょう。研究は続く。

二〇二一年七月

田中康平

個人的卵化石研究の歴史年表

1859年	フランスで巨大卵化石が報告される(最初の恐竜卵化石の記録か)。
1860年	卵化石に学名が初めて付けられる（ちなみに名前はウーリセス・バソニッセ)。
1923年	モンゴルでアンドリュース隊がオヴィラプトルの骨格と卵化石を発見。オヴィラプトルに卵どろぼう疑惑がかけられる。
1975年	中国人研究者によって卵化石の副分類法が発展する。
1979年	アメリカで子育て恐竜マイアサウラが命名される。 恐竜卵のガスコンダクタンス研究が初めて発表される。
1987年	カナダで「悪魔の峡谷」と呼ばれる恐竜営巣地跡が見つかる。
1993年	世界最大の恐竜卵化石マクロエロンガトウーリサスが見つかる。 オヴィラプトル類の胚化石と抱卵姿勢の化石が見つかる。卵どろぼうは濡れ衣だった。
1997年	アルゼンチンで竜脚類の世界最大の集団営巣跡が発見される。
2009年	北極圏で初となる恐竜卵殻化石が報告される。
2012年	恐竜の翼はもともと繁殖行動のために進化したことが判明。
2019年	恐竜の卵の色が初めて明らかになる。
2019･2020年	柔らかい卵を産む恐竜がいたことが判明。
2020年	丹波市で世界最小の恐竜卵化石ヒメウーリサスが見つかる。

著者略歴：**田中康平**（たなか・こうへい）

1985年名古屋市生まれ。2008年北海道大学理学部卒業。2017年カルガリー大学地球科学科修了。Ph.D.日本学術振興会特別研究員（名古屋大学博物館）を経て、現在、筑波大学生命環境系助教。恐竜の繁殖行動や子育ての研究を中心に、恐竜の進化や生態を研究している。恐竜の卵化石を探して、世界中を飛び回る。主な著書に『まどあけずかん　きょうりゅう』（共監修、2019年、小学館）、『恐竜の教科書』（共監訳、2019年、創元社）、『恐竜と古代の生き物図鑑』（監訳、2020年、創元社）、『いまさら恐竜入門』（監修、2020年、西東社）、『アメリカ自然史博物館　恐竜大図鑑』（監訳、2020年、化学同人）、『恐竜研究の最前線』（共監訳、2021年、創元社）などがある。NHKラジオ「子ども科学電話相談」の回答者としても活躍中。

恐竜学者は止まらない！――読み解け、卵化石ミステリー

2021年8月20日　第1版第1刷発行
2023年5月30日　第1版第4刷発行

著者 ―――― 田中康平
イラスト・装画 ―― 長手彩夏
発行者 ―――― 矢部敬一
発行所 ―――― 株式会社 創元社　https://www.sogensha.co.jp/
〈本　社〉〒541-0047 大阪市中央区淡路町4-3-6
Tel. 06-6231-9010　Fax. 06-6233-3111
〈東京支店〉〒101-0051 東京都千代田区神田神保町1-2 田辺ビル
Tel. 03-6811-0662
ブックデザイン ―― 関弘美（in April）
印刷所 ―――― 図書印刷株式会社

ISBN978-4-422-43041-6　C0045

本書の感想をお寄せください
投稿フォームはこちらから ▶